首批国家级一流本科课程（国家虚拟仿真实验教学一流课程）配套教材

煤制甲醇全流程生产虚拟仿真

王训遒 主 编
李 鹏 宁卓远 高 健 副主编

中国石化出版社

内 容 提 要

本书为首批国家级一流本科课程（国家虚拟仿真实验教学一流课程）配套教材，涵盖煤气化制甲醇全流程生产3D虚拟仿真工厂实训、中控室操作模拟实训和半实物仿真工厂实训三大单元，按照其工业生产流程顺序分别介绍了煤气化、煤气变换、煤气净化、甲醇合成和甲醇精制等五个工段的背景知识、工艺原理与主要设备，并概述了岗位操作（包括开、停车）、仿真界面、主要阀门与仪表的功能等。此外，还介绍了国家虚拟仿真实验教学项目网络平台使用方法和相关化工安全基础知识。

本书可作为高等本科院校、高职高专、中等职业学校化工及相关专业仿真实训的教材，也可作为相关企业技术人员和生产操作人员的参考书。

图书在版编目(CIP)数据

煤制甲醇全流程生产虚拟仿真 / 王训遒主编. —北京：中国石化出版社，2021.6

ISBN 978-7-5114-6243-5

Ⅰ.①煤… Ⅱ.①王… Ⅲ.①煤气化-甲醇-生产工艺-计算机仿真 Ⅳ.①TQ223.12

中国版本图书馆CIP数据核字（2021）第108832号

中国石化出版社出版发行

地址：北京市东城区安定门外大街58号

邮编：100011 电话：(010)57512500

读者服务部电话：(010)57512575

http://www.sinopec-press.com

E-mail：press@sinopec.com

北京富泰印刷有限责任公司印刷

全国各地新华书店经销

*

787×1092毫米 16开本 14.5印张 5插页 302千字

2021年6月第1版 2021年6月第1次印刷

定价：48.00元

前言

培养新工科人才，强化工程教育，工厂实习实训环节是必不可少的。煤气化过程涉及化工过程中主要的单元操作以及典型设备等，能帮助学生实现从理论知识到工程应用的提升，可作为典型的工程教学案例。然而该生产过程涉及 CO、H_2 等易燃、易爆、有毒物质，且其生产连续化和自动化程度高，不能随意开停车，也不能让学生进行岗位操作，学生进入化工厂主要是参观，走马观花，学习效果欠佳，很难达到提升学生工程素养的目的。

为此，郑州大学建立了“煤制甲醇全流程生产虚拟仿真实训系统”，建成了 3D 虚拟仿真工厂实训、中控室操作模拟实训和半实物仿真工厂实训三大单元。该系统具有多专业共享、工厂情景化、操作实际化、故障模拟化、控制网络化的特点，操作环境与实际生产的中控室相似，操作参数、故障设置、出现故障时参数的变化及处理方法均来源于工厂实际，具有贴近真实生产操作系统的界面，有很强的交互性、重复性等特点。通过模拟真实化工厂布局和生产环境，学生能够完成化工厂整体认知、化工设备结构和原理的学习，掌握工艺流程的学习和操作，模拟工厂中控室 DCS 操作，并可在半实物仿真工厂实操演练开停车和故障处理。该虚拟仿真项目作为工程专业课程设置和教学改革的创新环节，多次受到教育部工程专业认证专家组一致好评，已成为郑州大学化工专业实践环节的亮点。同时，基于该系统，获批了 2018 年度国家虚拟仿真实验教学项目，并于 2020 年 11 月被教育部认定为首批国家级一流本科课程（国家虚拟仿真实验教学一流课程）。

为充分利用仿真软件和实训装置，提高教学效果，相关任课教师在总结近十年来实训课程教学经验的基础上，对授课内容和相关知识进行了系统总结和归纳，编写了本教材。教材以工段为单位设置章节，第一章为国家虚拟仿真实验教学项目网络平台，通过平台可进入“煤制甲醇全流程生产虚拟仿真实训系统”进行在线学习；第二章为化工安全知识，第三章～第七章分别是煤气化工段、煤气变换工段、煤气净化工段、甲醇合成工段和甲醇精制工段。对每个工段，在介绍相关背景知识、工艺原理与主要设备的基础上，对岗位操作（包括冷态开车和正常停车）的步骤、仿真界面、主要阀门与仪表的功能等也进行了详细的说明。

本教材第一章和第五章由宁卓远编写，第二章及全书 3D 认知实训部分由李鹏编写，第三章和第四章由高健编写，第六章和第七章由王训遒编写。全书由王训遒教授统稿。

本教材得到2020年度河南省新工科研究与实践项目（2020JGLX008）及郑州大学2020年度教材建设项目资助。本教材在编写过程中，得到中国石化出版社、郑州大学教务处、郑州大学化工学院、天津睿智天成有限公司、北京东方仿真有限公司和北京欧倍尔软件技术开发有限公司的大力支持和帮助，在此一并表示感谢。

由于编者水平有限，错误和疏漏之处在所难免，敬请广大读者和同行批评指正。

编　者

2021年5月

目录
CONTENTS

第一章 绪论

第一节　国家虚拟仿真实验教学项目简介

国家虚拟仿真实验教学项目，是推进现代信息技术融入实验教学项目、拓展实验教学内容广度和深度、延伸实验教学时间和空间、提升实验教学质量和水平的重要举措，是示范性虚拟仿真实验教学项目建设工作的深化和拓展。而“实验空间——国家虚拟仿真实验教学项目共享服务平台”网站，则是整合了入选国家虚拟仿真实验教学项目的在线实验平台，所有的虚拟仿真实验项目对社会开放。

该网络平台的建成使用，使得学生可以在连接网络教学平台下载客户端后，在自己的计算机上安装并激活仿真软件，在连接网络的宿舍、教室等任何地方随时反复练习，使得实训从课堂向课下延伸，从实验室向教室和宿舍延伸，从而摆脱了时间和空间的限制，可以反复练习，自主学习。课下学生可在线进行所有工段全流程仿真操作，改变了传统的教学模式，让学生不受实验室、实验学时和实验项目的限制，独立完成实验。教师可以在系统后台查看学生成绩。

在化工专业实践教学过程中，化学工业生产的特殊性（危险因素多、连续化和自动化程度高等）决定了仿真实训的重要性。化工过程通常涉及易燃、易爆和有毒物质，过程步骤繁多且操作复杂，化工类学生的培养难以接近实际生产装置，更不可能到现场进行操作。而仿真实训过程安全、经济、环保，学生在仿真系统上操作无人身危险、设备损坏、环境污染等经济损失和安全事故。一方面有效降低成本并规避潜在的安全风险，另一方面增加了真实装置不具备的功能，例如感受生产事故带来的严重后果，按照操作规程完成单元设备或过程的冷态开车、正常操作、停车及故障处理等。

煤制甲醇全流程生产虚拟仿真系统涵盖了化工过程中的典型单元操作原理和设备，是典型的工程教学案例。郑州大学化工学院联合天津睿智天成有限公司、北京东方仿真有限公司和北京欧倍尔软件技术开发有限公司，以河南能化集团义马气化厂实际生产过程为背景，合作开发了煤气化制甲醇生产仿真实训系统以及相关网络教学平台，2011年12月开始投入运行，2018年获批度国家虚拟仿真实验教学项目，2020年11月被教育部认定为首批国家级一流本科课程（国家虚拟仿真实验教学一流课程）。

本虚拟仿真教学项目设置了三大模块，即3D工厂认识实训、工厂中控室操作模拟实训、半实物仿真工厂实训。在进行虚拟仿真项目学习前，学生需查阅资料，预习相关实验原理、煤气化与煤气变换、煤气净化、甲醇合成和精制的生产工艺和设备。随后，学生登录网站，注册账号，通过预习，了解生产实训内容，熟悉软件操作和使用方法，并总结存在问题，进行在线答疑。然后分模块，依次学习3D工厂认识实训、工厂中控室操作模拟实训、半实物仿真工厂实训。

一、3D工厂认知实训

工厂漫游，熟悉工厂布局，完成安全教育培训，参加考试并通过考核；点击界面“知识点”按钮，学习工艺流程；点击设备可查看阀门、泵、气化炉等设备的图文和视频资料；可对典型设备进行拆解和重新组装，了解其结构及工作原理；在3D工厂中，可模拟外操员进行操作，体验阀门等设备的调节过程。该模块通过情景化的工厂布局，以设备认知、流程认知和操作认知为主要教学内容，使学生建立对现代工业生产运作方式的认知，激发学生的学习兴趣。

二、工厂中控室操作模拟实训

登录在线学习系统，熟悉软件操作，同时教师提供在线答疑。选择项目，熟悉工艺流程，并按照要求进行开车、停车以及故障处理操作，在操作过程中，实时关注温度、压力、液位、流量等参数的变化，并能根据装置参数的变化判断事故原因及处理方法。完成规定操作，学生在操作质量评分系统会看到自己对应每一步的得分。煤气化、煤气变换、煤气净化、甲醇合成、甲醇精制五个工段内容均包括冷态开车、正常运行、故障处理及停车操作。该模块的中控室DCS具有操作实际化、故障模拟化、控制网络化的特点，提供了一个与真实生产非常相似的操作环境，其中各种画面的布置、颜色、数值信息动态显示、状态信息动态指示、操作方式等方面与真实工厂中控室的DCS操作相同。

三、半实物仿真工厂实训

学生在通过3D工厂认知实训、工厂中控室操作模拟实训考核后，申请进入半实物仿真工厂进行操作。这部分教学在线下建设的对应的半实物仿真工厂进行，该系统的操作参数、故障设置、出现故障时参数的变化及处理方法均来源于河南能化集团义马气化厂生产实际，按真实化工厂的1:10进行缩建，包含最接近真实化的仿真中控室。学生通过仿真软件完成开停车和故障处理练习，对设备进行拆分和组装，认识设备结构和工作原理。

项目设置的三个模块，从感性认知，到模拟演练，再到实战操作三个层次，要求学生熟悉现代化工厂生产运作方式，掌握化工过程基本原理、典型化工单元操作、相关工艺流程与参数、化工设备的结构与原理，建立化工流程系统概念，理解化工生产的整体性和联动性，提高综合分析和协调控制能力；通过模拟实训，以及内操与外操协同操作，培养学生的独立思辨、团队协作和应变能力，树立系统观念、协作观念和工程观念。

本实训平台适合化工及相近专业的三年级及以上的学生，例如化学工程与工艺、应用化学、过程控制与装备工程、制药工程、冶金工程、环境科学、安全工程、能源与动力工程等，从事化工相关行业的从业人员，以及对化工有浓厚兴趣的中学生及非专业人员。在进行本虚拟仿真实验项目之前，学生应了解化工原理、化工仪表及自动化、化工工艺学、化工设备设计、化工安全、化工设计、专业实验等相关专业课程的基本概念和基本原理。

第二节　国家虚拟仿真实验教学项目网络平台使用方法

一、网络平台网址

打开网络浏览器，输入http://www.ilab-x.com/details/v3?id=3032，即可进入国家虚拟仿真实验教学项目网络平台煤气化及煤气变换和净化生产仿真实训主页，如图1-1所示。

图1-1　国家虚拟仿真实验教学项目——煤气化及煤气变换和净化生产仿真实训主页

二、网络平台注册账户及登录

在该实训主页，点击右上角“注册”，界面如图1-2所示。

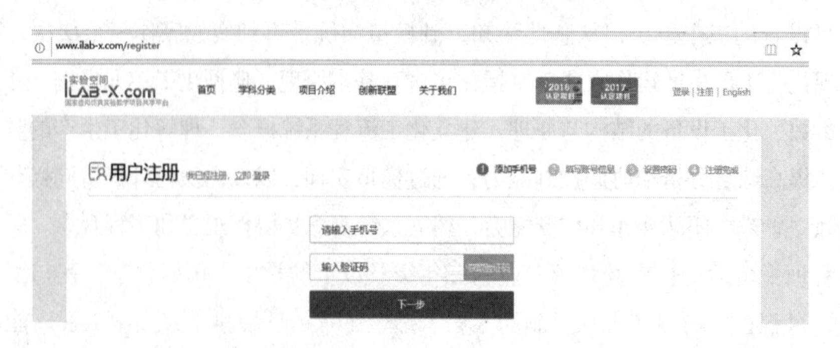

图1-2　用户注册界面（1）

在图1–2界面中输入手机号码，点击“获取验证码”，输入手机收到的短信验证码，并点击“下一步”，出现图1–3所示界面。

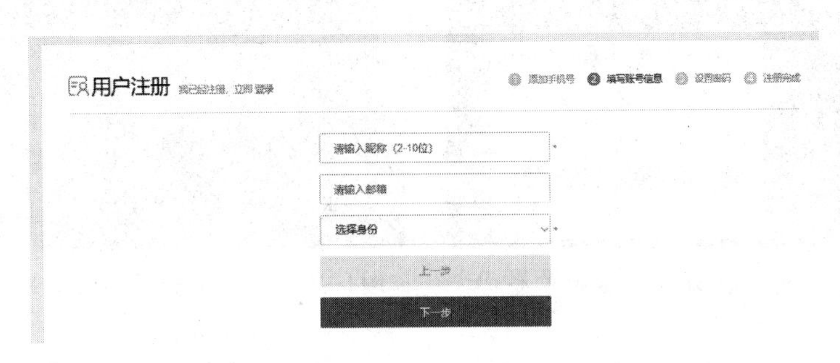

图1–3　用户注册界面（2）

在图1–3所示界面中，输入昵称及邮箱，在“选择身份”下拉菜单中进行选择，例如选择“学生”，此时出现“省份”和“学校”下拉菜单进行选择，例如选择“河南省”和“郑州大学”，出现图1–4所示界面。

图1–4　用户注册界面（3）

然后点击“下一步”，出现图1–5所示界面。

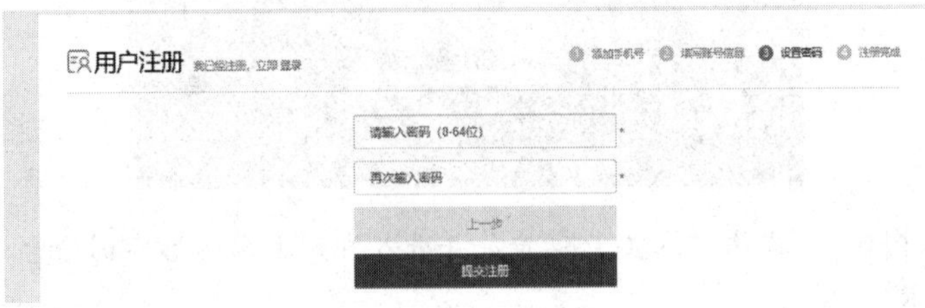

图1–5　用户注册界面（4）

在图1–5所示界面中输入密码，并再次输入密码进行确认，点击“提交注册”。此时系统提示注册成功，并在5s内自动跳转至登录界面，如图1–6所示，输入注册的手机号和密码进行登录。登录之后，右上角会出现之前注册的昵称。此时界面如图1–7所示。

图1-6　用户注册成功后跳转登录界面

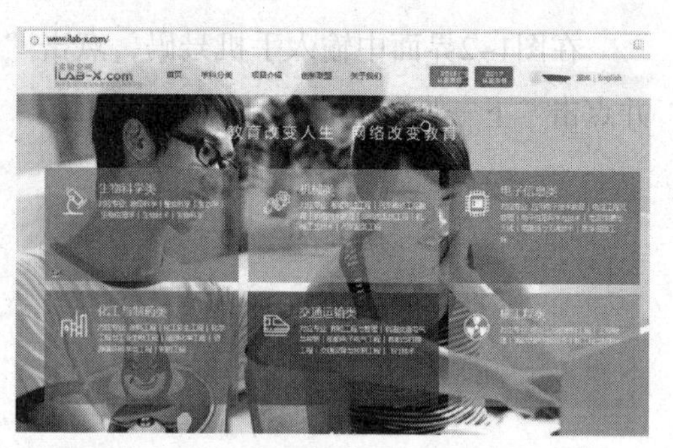

图1-7　用户注册成功后，跳转登录之后出现的界面

三、网络平台使用方法

注册并登录之后，再次在浏览器网址栏中输入http://www.ilab-x.com/details/v3?id=3032#，并点击图1-1左侧的蓝色按钮“我要做实验”。此时出现对话框提示，如图1-8所示，直接点击链接即可。然后进入图1-9所示界面，点击“进入”。

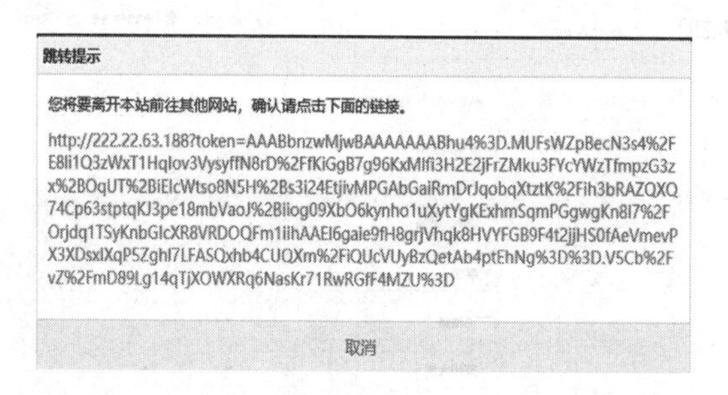

图1-8　点击“我要做实验”，出现网址对话框

图1-9　点击“我要做实验”并进入郑州大学网络实训平台

1. 3D认知实训

点击图1-10页面左侧“3D认知实训”，有“煤气化工段生产操作认知实训（3D）”“煤气变换工段生产操作认知实训（3D）”“煤气净化工段生产操作认知实训（3D）”“甲醇合成与精制工段生产操作认知实训（3D）”等工段可以使用进行练习。

以“煤气净化工段生产操作认知实训（3D）”为例，选择“煤气净化工段生产操作认知实训（3D）”，然后点击“开始学习”。如图1–10所示。

图1−10　3D认知实训包含的各个工段

在出现的“单元安装”界面点击“确定”，如图1–11所示。安装完成后，3D认知实训软件启动，如图1–12所示，点击左上角“启动项目”按钮。

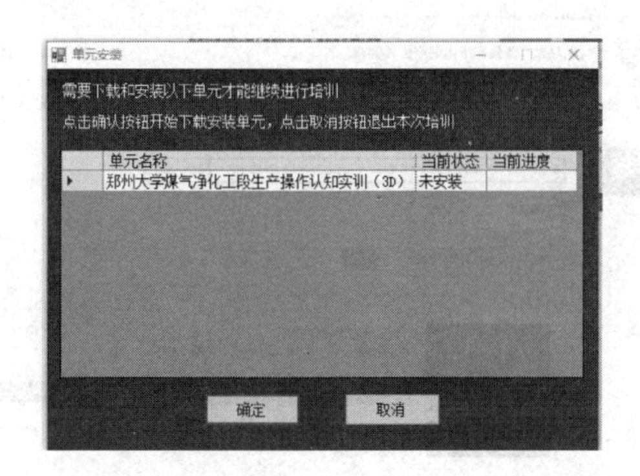

图1−11　3D认知实训（煤气净化工段）

在弹出的窗口中进一步点击“Play”，如图1–13所示，按照操作说明操作3D认知实训软件。该3D软件可以多次进行练习，其成绩以最后一次提交的成绩为准。

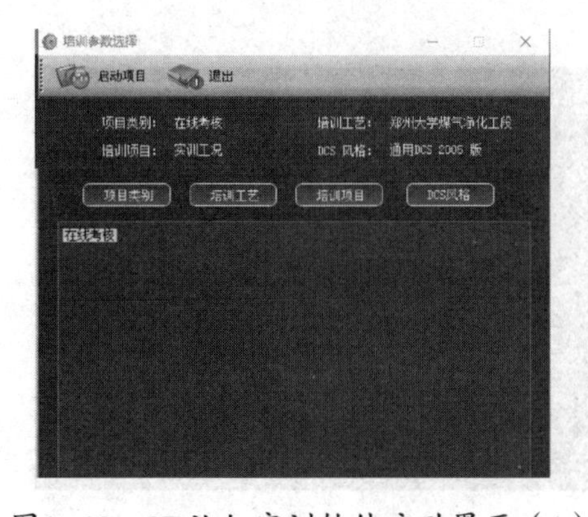

图1−12　3D认知实训软件启动界面（1）

图1−13　3D认知实训软件启动界面（2）

2. 中控室操作模拟实训

进入图1-14所示界面，点击界面最左侧“中控室操作模拟实训”。

图1-14　郑州大学网络实训平台主界面

此时进入图1-15所示界面。第一次使用时，按提示点击“下载客户端”。

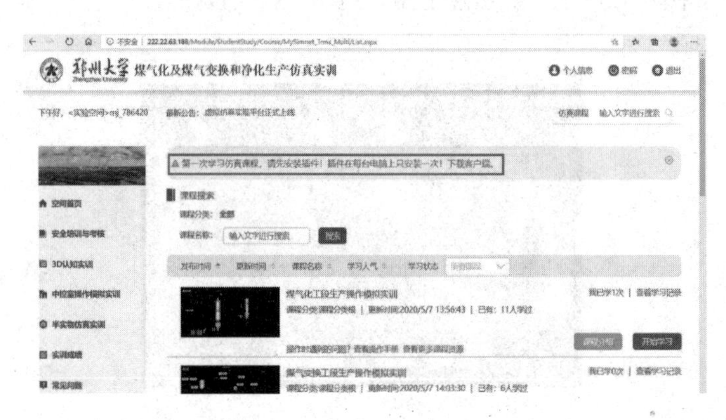

图1-15　中控室操作模拟实训主界面

点击下载的压缩文件，解压缩之后打开文件夹，如图1-16所示，点击其中的“Es_Autorun”文件或“setup”进行安装。出现图1-17所示客户端软件安装界面，进一步选择“全部自动安装”。

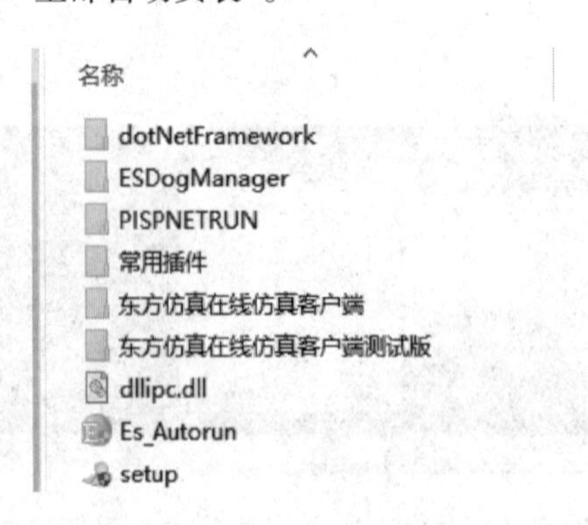

图1-16　客户端安装文件解压缩后的文件

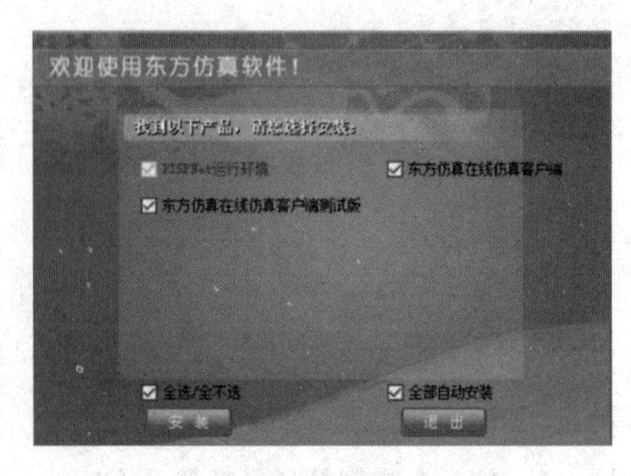

图1-17　客户端安装过程

对部分未安装“.NET ramework 3.5”的计算机，如果提示需要安装“.NET Framework 3.5”，则会出现图1–18所示界面，按照提示安装即可。

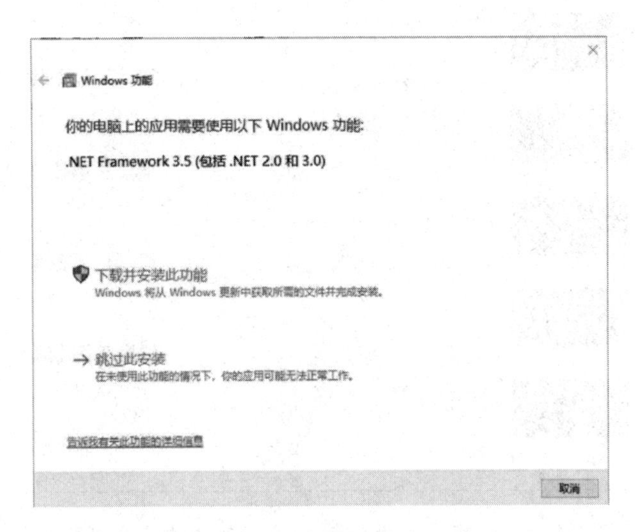

图1–18 .NET framework 3.5安装界面

直到分别提示“PISPNet运行环境安装成功”和“东方仿真在线仿真客户端安装成功”，如图1–19和图1–20所示。

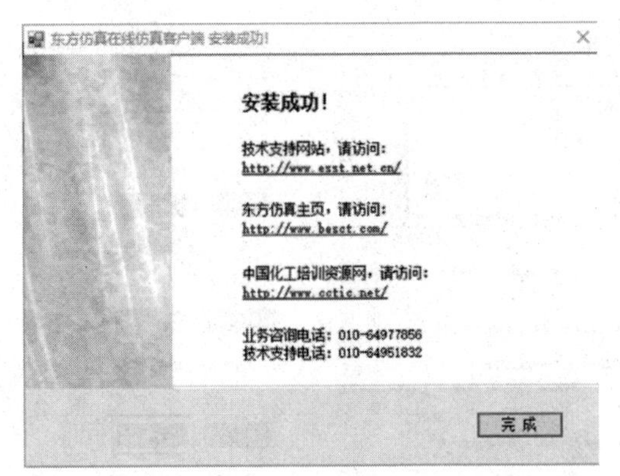

图1–19 “PISPNet运行环境安装成功”提示界面

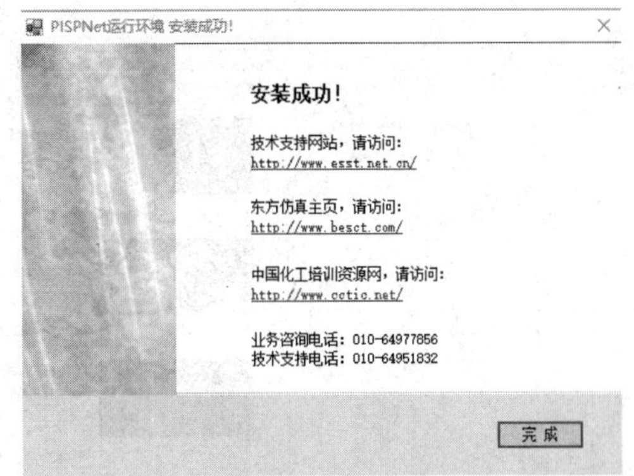

图1–20 “东方仿真在线仿真客户端安装成功”提示界面

此时回到图1–15所示网页界面，点击左侧的“中控室操作模拟实训”，有“煤气化工段生产操作模拟实训”“煤气变换工段生产操作模拟实训”“煤气净化工段（前段）生产操作模拟实训”“煤气净化工段（后段）生产操作模拟实训”“甲醇合成工段生产操作模拟实训”“甲醇精制工段生产操作模拟实训”等工段可以使用进行练习，如图1–21所示。

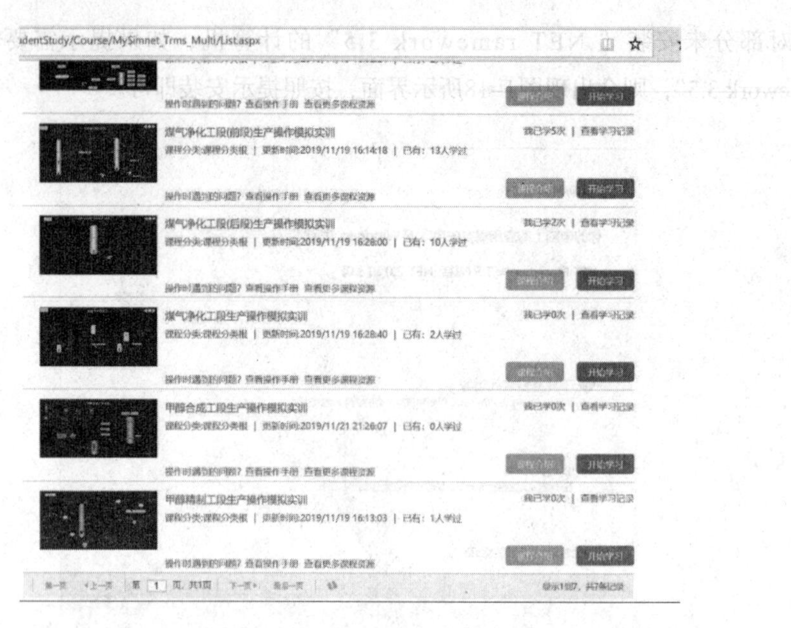

图1-21　中控室操作模拟实训包含的各个工段

以“煤气净化工段（前段）生产操作模拟实训”为例，点击“开始学习”，以微软Edge浏览器为例，在提示“此站点正在尝试打开PISP.NET”时，点击“打开”，如图1-22所示。

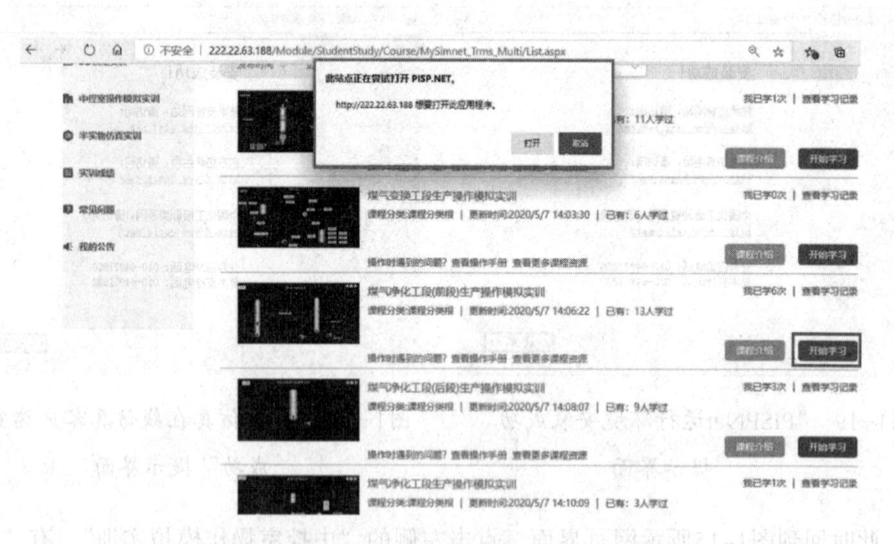

图1-22　“开始学习”按钮点击后出现界面

此时出现图1-23所示界面，在弹出的对话框中点击“是”进行软件安装。安装完毕出现图1-24所示界面，在“培训项目”中选择“冷态开车”，并点击“启动项目”。进入仿真操作的“培训参数选择”界面。

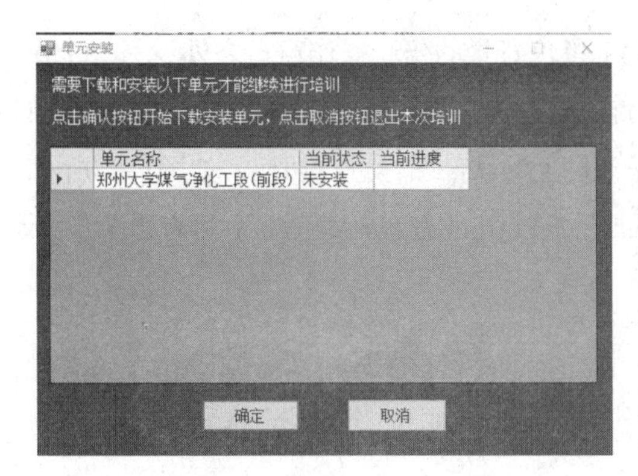

图1–23　“单元安装”界面

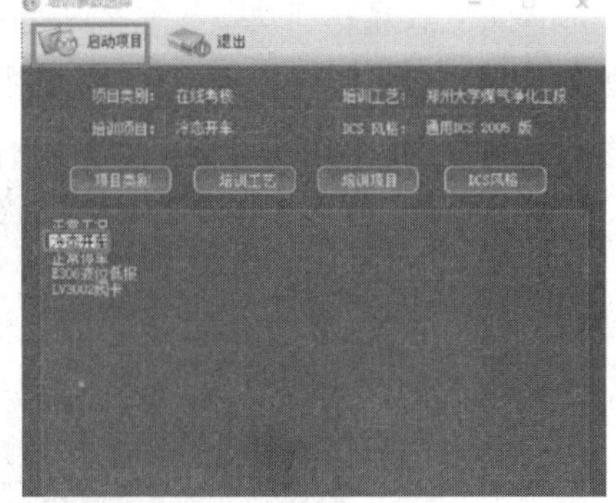

图1–24　“培训参数选择”界面

此时出现仿真软件界面，通过任务栏上方的两排按钮，可以在各个DCS图之间进行切换，如图1–25所示。而在各个设备的DCS界面中，如图1–26所示，通过左上角“去FIELD”，或者直接点击塔、换热器等设备，可以在DCS图和现场图之间进行切换。

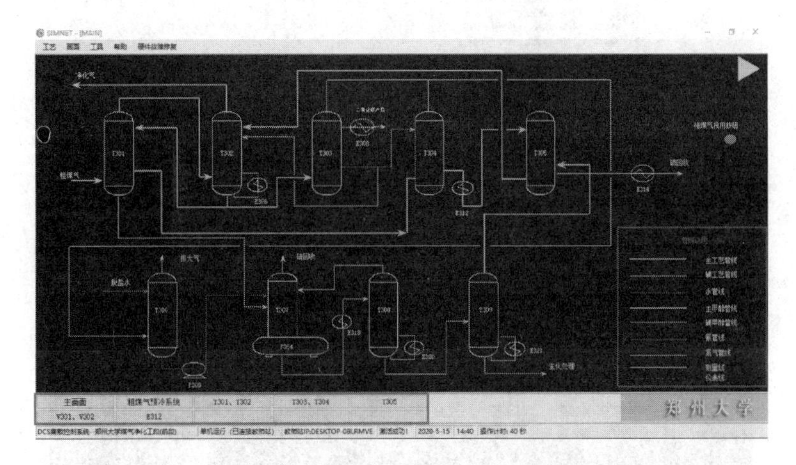

图1–25　中控室操作模拟实训DCS主界面

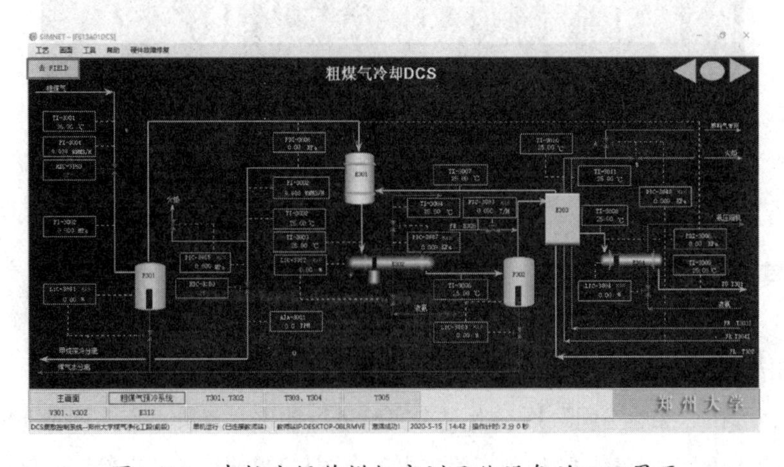

图1–26　中控室操作模拟实训具体设备的DCS界面

总体上，仿真软件分为两个窗口。除了黑色背景的仿真操作窗口之外，另一个窗口是操作质量评分系统，可按照其提示进行操作，并查看成绩，如图1–27所示。两个窗口重叠在任务栏的软件图标上，可以通过任务栏上的软件图标进行切换，如图1–28所示。

此外，在图1–21中，点击“查看操作手册”，或点击“查看更多资源”，可查看操作手册。

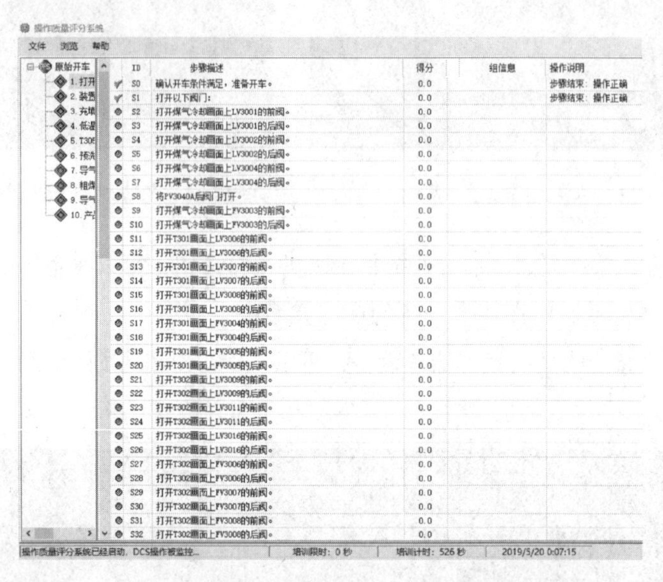

图1–27　中控室操作模拟实训操作质量评分系统

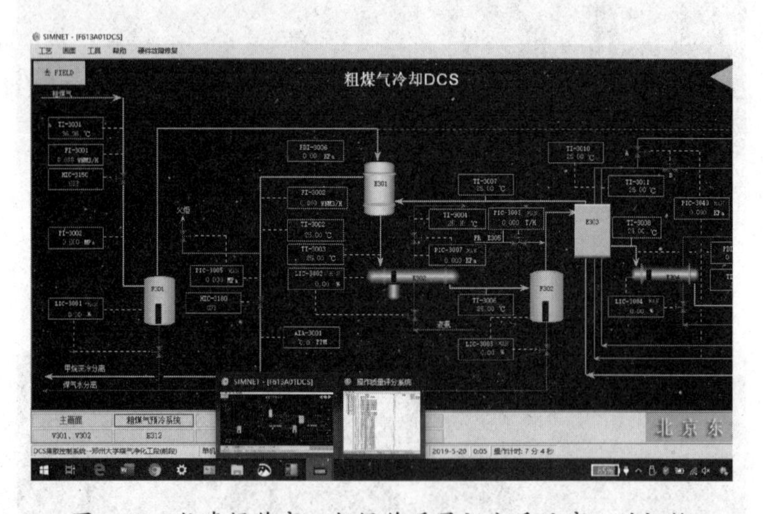

图1–28　仿真操作窗口与操作质量评分系统窗口的切换

3. 其他

在图1–15的界面上点击左侧的“实训成绩”，即可查看操作记录及每次实训操作的成绩。点击“常见问题”，可浏览系统使用的常见问题及回答。

此外，可在“实验空间”网站上对本实验进行评价及点赞。点击网址 http://www.ilab-x.com/details/v3?id=3032# 回到实验主页，在图1–1界面点击“点赞”按键即可点赞，在“实验交流”-“输入评论内容”处进行评论，并点击“发表评论”。

四、相关操作说明及基础知识简介

1. 客户端软件界面及功能简介

中控室操作模拟实训客户端软件启动，并进入软件界面后，启动两个窗口：

1）流程图操作窗口

如图1–29所示，各章中“仿真界面”一节的截图都是流程图操作窗口图，是进行仿真操作的窗口，窗口左上角的下拉菜单包括“工艺”“画面”“工具”和“帮助”等几项。其中“工艺”菜单（见图1–29）包括重新开始仿真实验、切换培训项目或工艺、存盘、读取存盘、暂停以及退出软件等常用操作。“画面”菜单见图1–30，在“流程图画面”子菜单中，可以进行各个DCS界面的切换。在“控制组画面”和“趋势画面”子菜单中，可以在各个DCS对应界面的控制组和趋势图中进行切换。在“报警画面”中，可打开如图1–31所示界面。

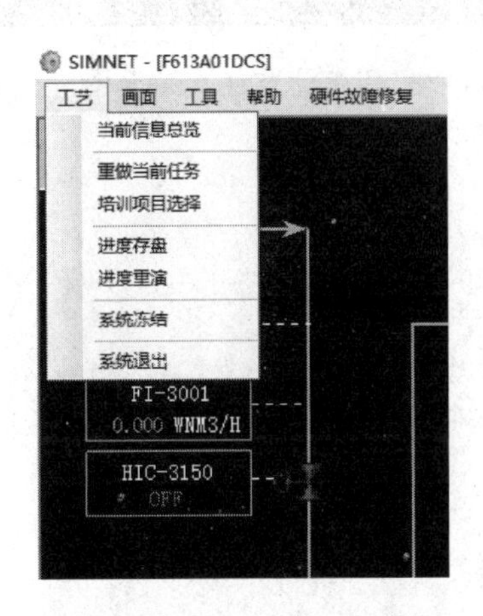

图1–29 流程图操作窗口

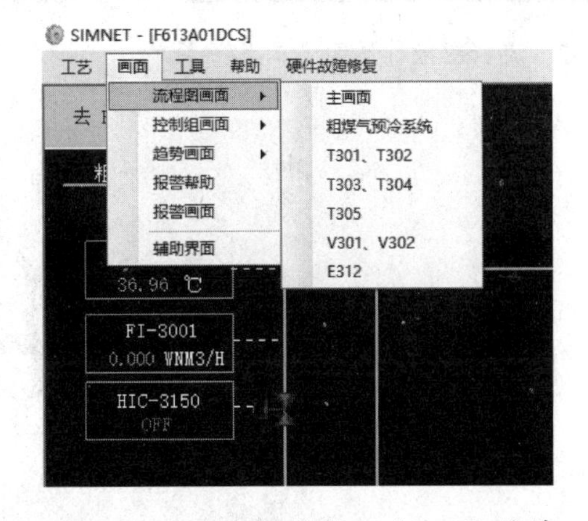

图1–30 流程图操作窗口“画面”菜单

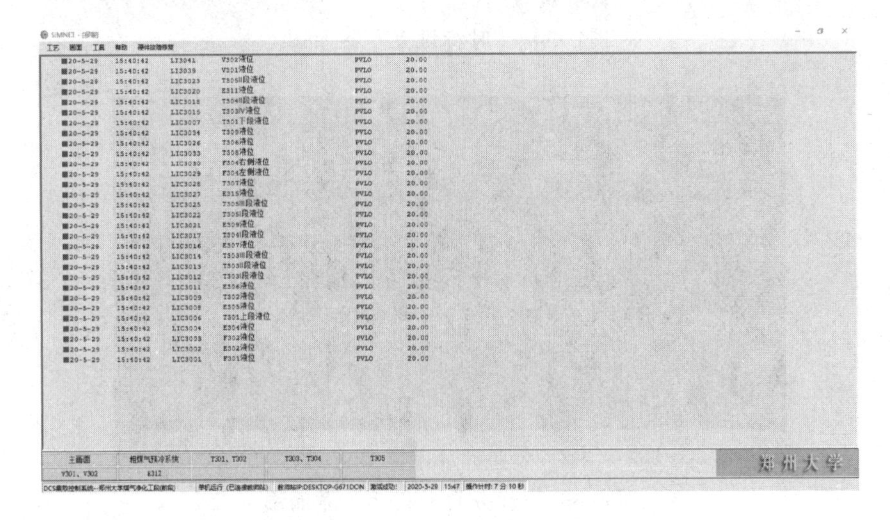

图1–31 “报警画面”图

在“工具”下拉菜单中（见图1–32），点击“变量监视”，出现图1–33的变量监示界面，标注有工艺参数当前值及合理范围。点击“仿真时钟设置”，出现图1–34所示界面，可以进行时标修改，进而加快或减慢仿真实验参数变化的速率。点击“评分自动提示”，出现图1–35所示界面，操作步骤提示以透明方框的形式出现在窗口的右上角，操作步骤提示框的位置可以进行移动，透明度可通过滑块进行调节。点击“成绩爬升图”，则出现图1–36所示界面，以曲线的形式描述实时成绩的变化。

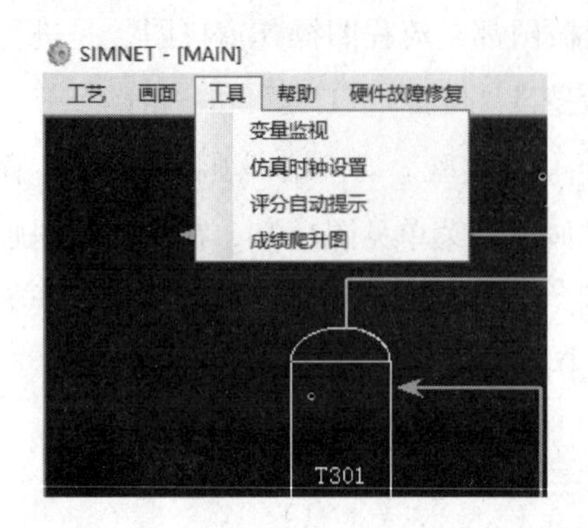

图1–32　流程图操作界面“工具”菜单

变量监视

文件　查询

ID	点名	描述	当前点值	当前变量值	点值上限	点值下限
1	LI3001		0.000000	0.000000	100.000000	0.000000
2	LI3002		0.000000	0.000000	100.000000	0.000000
3	LI3003		0.000000	0.000000	100.000000	0.000000
4	LI3004		0.000000	0.000000	100.000000	0.000000
5	LI3006		0.000000	0.000000	100.000000	0.000000
6	LI3007		0.000000	0.000000	100.000000	0.000000
7	LI3008		0.000000	0.000000	100.000000	0.000000
8	LI3009		0.000000	0.000000	100.000000	0.000000
9	LI3011		0.000000	0.000000	100.000000	0.000000
10	LI3012		0.000000	0.000000	100.000000	0.000000
11	LI3013		0.000000	0.000000	100.000000	0.000000
12	LI3014		0.000000	0.000000	100.000000	0.000000
13	LI3015		0.000000	0.000000	100.000000	0.000000

图1–33　“变量监视”界面图

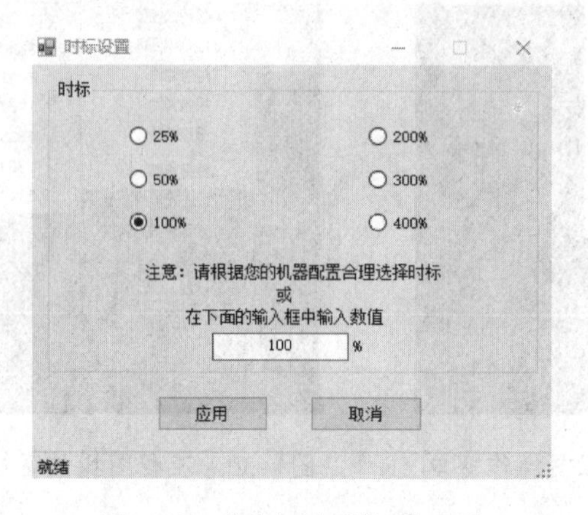

图1–34　“时标设置”界面图

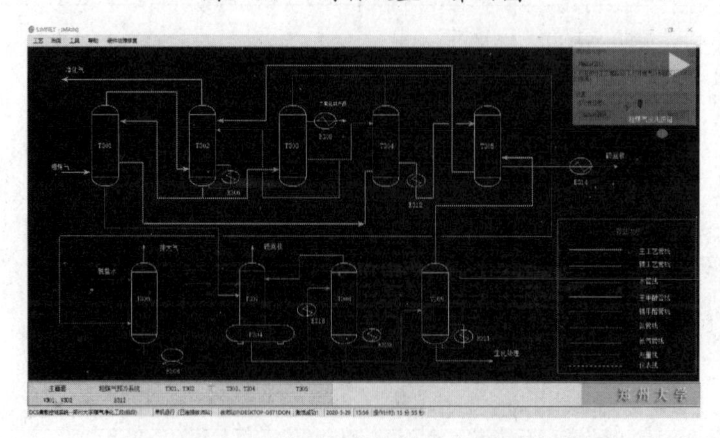

图1–35　“评分自动提示”界面图

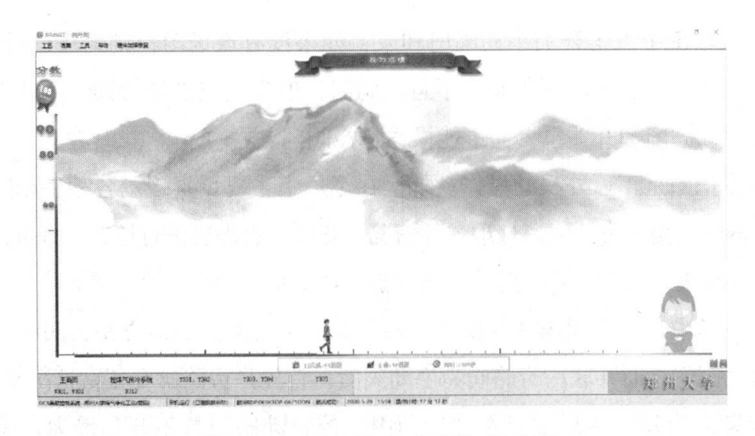

图1–36 “成绩爬升图”界面图

流程图操作窗口包括DCS界面和现场（Filed）界面，点击下方接近任务栏的按钮可以在不同部分的DCS和现场图进行切换，以甲醇合成工段为例，如图1–37所示。也可以通过左上角的切换按钮进行切换，或直接点击较大的设备进行切换，如各种塔设备、换热器、储罐，但点击小设备如离心泵、阀门、仪表等则无法进行切换。可通过右上角的作用箭头进行DCS图或现场图之间的切换。

总图	压缩系统DCS图	合成系统DCS图	CONTENT	甲醇合成基础知识
	压缩系统现场图	合成系统现场图		

图1–37 DCS和现场图切换按钮

DCS，即Distributed Control System，称为“分布式控制系统”或“集散控制系统”，其主要特征是集中管理和分散控制，采用危险和控制分散而管理和操作集中的设计理念。具有控制功能丰富、监视操作方便、信息和数据共享、系统扩展灵活、安装维护方便、系统可靠性高等优势。在仿真软件中，DCS界面即是高仿中控室的实际控制软件，是实际工厂软件中本身具有的界面，画面和工厂DCS控制室中的实际操作画面一致。在DCS图中显示温度、压力、流量和液位等工艺参数，并在此界面可调节各种自动调节阀，但不能在此界面操作截止阀或其他手动阀门。

在DCS图中的操作模拟了工厂内操的操作。工厂内操的主要任务即操作中控软件。在中控室依据工艺指标，控制各个自控阀门，并通过通信装置通知外操控制现场手动阀门及泵等手动调节设备，调节各个工艺参数，包括温度、压力、流量、液位和气体组成等，使之维持在工艺要求值附近，并保持稳定。因此，内操需对软件操控和现场装置均非常了解。

现场图则是根据仿真实训教学需要加入的界面，在工厂实际生产的控制软件中无此界面。加入现场图，可以使学生更加清楚地了解设备和管道的相对位置，因为在DCS图中只画出了自动阀门以及自动阀门所在的管线，而对于手动阀门及其所在管线并未画出，因此现场图较DCS图更为完整。此外，在不连接现场硬件进行的纯软件仿真操作中，需要在现场图中点击开关手动阀门和泵，如果没有现场图，则无法进行仿真操作。需要注意的是，虽然在现场图中画出了自动阀门，但无法点击进行操作，即在现场图中只可以操作手动阀门和开关泵，而不能操作自控阀门。

现场图模拟的是工厂外操的操作。外操在工厂中主要负责现场各种手动阀门和开关的调节，在内操的指令下，快速处理各种情况。此外，也需要进行巡查，查看设备运行情况及一些现场仪表。因此，外操需对现场设备、管线及手动阀门的使用等情况非常熟悉。

在实际教学中，学生现场图和DCS图相关操作中易混淆的地方是：四组阀结构中主控阀门为自动阀门，而并联的旁路阀为手动阀门，首先是旁路阀在正常情况下不用开启，在主管线故障时启用；然后注意在现场图中主控自动阀门打不开是因为自动阀门须在DCS界面操作，学生常因此不知所措，误认为在现场图中打开旁路阀即是打开主控阀门。

2）操作质量评分系统窗口

操作质量评分系统窗口如图1–37所示，此窗口一是包含了冷态开车或正常停车的操作步骤和说明，指导学生进行操作，二是对学生的操作进行评价，自动给出评分。系统评分分为两种，一种是得分，某些操作步骤，如果操作正确即得10～50分，并显示“步骤结束，操作正确”，操作错误则不得分；另一种是扣分，此步骤未开始或操作正确，显示零分，操作错误则得分为负数。

得分步骤可分为两种类型，一种是操作正确即可得分，得分一旦给出，即不再发生变化，例如打开某阀门或泵；另一种是质量控制步骤分，若工艺参数在控制系统设定范围内，越接近工艺要求值得分越高，越偏离工艺要求值则得分越低，在软件退出之前，分数会随着参数实际值的变化而变化，而不是一个固定的分数。若参数超出了工艺允许值，则扣为零分，并显示“质量评定严重错误”，后续操作即使重新将此参数调整回到正常工艺要求值范围内，系统评分仍维持为零分，因为在工业生产中，事故一旦发生则无法挽回。

每个操作步骤之前，都有相应的小图标以表明这个步骤的状态，见图1–38。

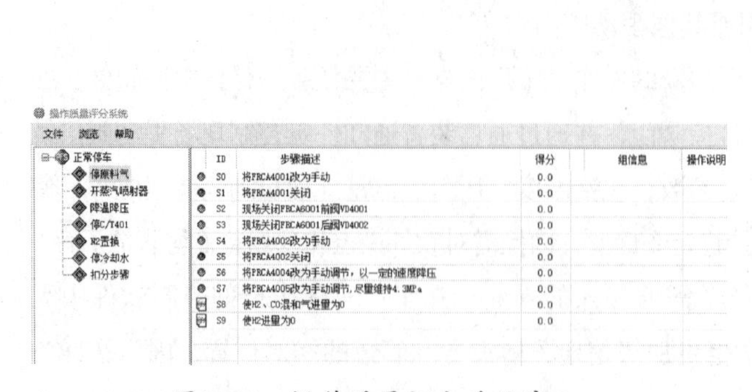

图1–37　操作质量评分系统窗口

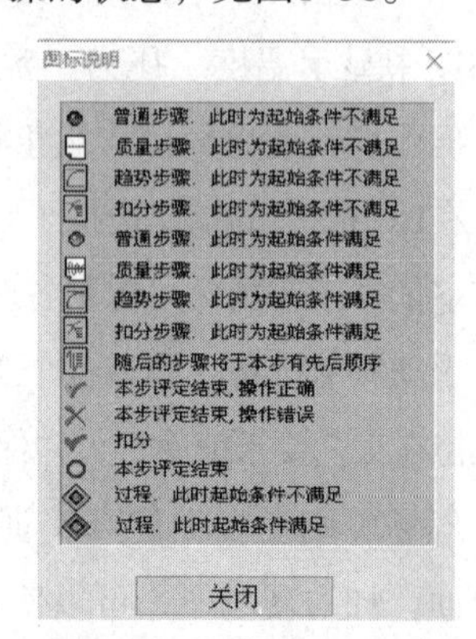

图1–38　操作步骤说明之前图标的含义

3）四组阀及自动控制系统简介

四组阀是各个工段常见的阀门组合，其结构是主管线和副管线并联，主管线的自动阀门前后各有一个球阀，副管线则设置一个旁路截止阀，这三个阀门均为手动操作。前后手阀一是可以防止内操的误操作带来影响，二是维修时封闭主管线使之与流程隔离。旁路阀则是在主管线出现故障时起到调节流量作用的手动阀。手动阀门的操作相对简单，这里简要介绍自动阀门的操作。

如图1-39（a）所示，以低温甲醇洗前段的PV3005自动阀门为例，此阀门受测控仪表PIC3005的控制，在DCS图中点击PIC3005所在方框，出现图1-39（b）所示界面，点击“MAN”后出现三个选项，分别是“MAN”“AUTO”和“CAS”，可以点击选择其中一项。其中“MAN”是Manual的简写，表示手动控制；“AUTO”为自动控制；而“CAS”是Cascade的简写，表示串级控制。下面三行分别是PV、SP、OP及其值。其中PV是Process Value的简写，表示仪表的实际测量值；SP是Set Point的简写，表示自动控制的设定值；OP是Output的简写，表示阀门的开度大小。OP以阀门开度的百分数来表示，是没有单位的量，有效值为0～100，而SP和PV则是有单位的量。具体单位依控制的参数而不同，例如此处PIC3005测控的参数是气体压强，因此此处SP和PV数值的单位是MPa。

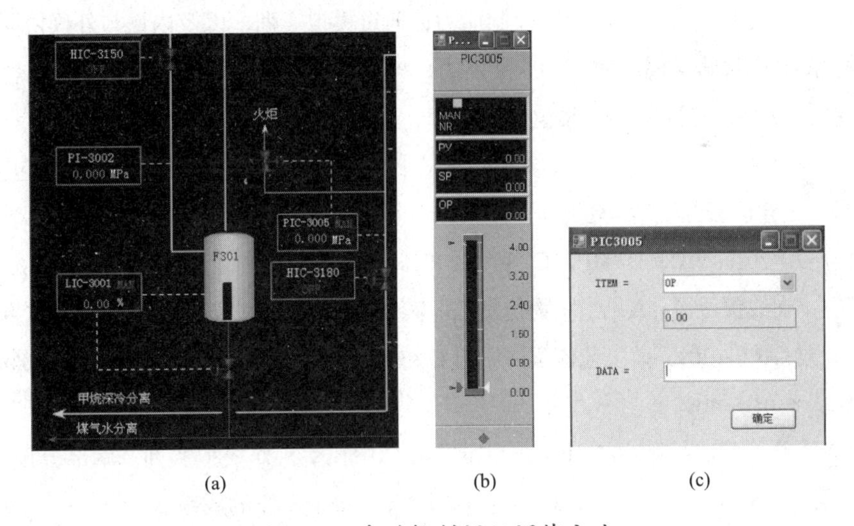

(a)　(b)　(c)

图1-39　自动控制阀门调节方法

在MAN即手动模式下，可以设置阀门开度OP的大小，从而实现对阀门开度的调节，此时SP是无法进行设定和输入的。在AUTO即自动模式下，可以设置SP的数值，然后系统自动比较SP和PV的差值，进行OP数值的调节，此时是无法手工输入OP数值的。在CAS即串级模式，通常需要至少两个自动控制阀门联用使用，其中一个设为自动，另一个设为串级。以液位-出塔流量串级控制为例，可将液位设为自动，SP设为工艺指定值，而将出塔流量设为串级，则流量会根据实际液位与设定液位的差值，自动调节大小，以适应液位变化，使液位向设定液位靠近。点击SP或OP，出现图1-39（c）所示界面，可在其中输入SP或OP的数值。

上述自动控制模式属于简单控制系统，串级控制是复杂控制系统的一种形式，在自动化控制中，简单控制系统由于设备投资较低，维修、运行及整定较为简单，需要的自动化工具也较少，可满足大量定值控制的要求，应用最为广泛，通常约占全部自动控制系统的80%。但是，当控制对象滞后较大、干扰剧烈或频繁时，若仍采用简单控制系统，其控制质量往往较差，无法满足工艺要求。这时需要采用复杂控制系统（例如串级控制）以减小和克服滞后，降低扰动，这也是串级控制较简单自动控制的优势所在。

第三节　考核说明

项目设置了三个模块，从感性认知，到模拟演练，再到实战操作三个层次，要求学生熟悉现代化工厂生产运作方式，掌握化工过程基本原理、典型化工单元操作、相关工艺流程与参数、化工设备的结构与原理，建立化工流程系统概念，理解化工生产的整体性和联动性，提高综合分析和协调控制能力；通过模拟实训，以及内操与外操协同操作，培养学生的独立思辨、团队协作和应变能力，树立系统观念、协作观念和工程观念。

成绩按百分制进行考核，共包括三部分，其中在线预习占比为20%～30%，半实物仿真工厂实训考核占比为40%，而实验报告占比30%～40%，其中实验报告部分包括“实验目的”“工艺流程图”“实验步骤”和“分析与讨论”四部分。

总分=A×20%～30%+B×40%+C×30%～40%

其中：在线预习得分A；半实物仿真工厂实训考核得分B；实验报告成绩得分C=“实验目的”分数×10%～20%+“工艺流程图”分数×30%～40%+“实验步骤”×10%～20%+“分析与讨论”×30%～40%。

而在线预习的成绩则由“3D认知实训”和“中控室操作模拟实训”两部分预习成绩组成，具体考查学生实际练习的总次数、总时长和每个工段的成绩。

考核明细表如表1-1所示。

在项目实施过程中，各个工段设计的操作步骤均在20步以上，包含普通步骤操作和质量步骤操作，质量操作步骤具有较强的交互性。对于普通步骤操作，正确得到相应的步骤分，错误不得分。对于质量操作步骤，根据操作精准度评定得分，如果出现失误，根据其严重程度进行扣分，当达到警戒值时，扣完本步操作分值；如继续恶化至非常严重的程度，将再扣除本步操作分值的1.5倍。

表1-1 考核明细表

项目	考核内容	分值	考核形式
3D工厂认知实训	考核内容包含化工厂布局与设计理念，化工厂安全守则与规章制度，化工设备与仪表认知，典型设备拆分与组装等	40分	随机从题库中抽取50道选择题，题目包含煤气化制甲醇的相关技术、设备及其结构和原理、安全、环保、工艺参数测量机控制方法、仪表等
	简化版工艺流程操作	60分	系统对操作过程及质量进行自动评分
中控室操作模拟实训	普通操作：阀门调节，泵的启动等	15～35分	软件操作同步考核。反映学生操作控制质量，具体的物理量的实际值越接近设计值，得分越高。对于错误操作，根据错误的严重程度进行扣分，允许出现负值
	质量操作：液位、压力、温度、流量调节与控制等	65～85分	
半实物仿真工厂实训	普通操作：阀门调节、泵的启动等，在现场完成	15～35分	该环节的所有操作均在中控室和现场半实物装置上进行，在操作相应的阀门时应严格按照规定进行，调节阀门应缓缓打开。建立液位，同样要注意操作细节
	质量操作：液位、压力、温度、流量调节与控制等，在中控室通过内操完成	65～85分	
提交实验报告	实验目的	10～20分	按照要求完成实验报告，认真撰写心得体会，总结实验过程遇到的困难与问题，提出意见与建议
	工艺流程图	30～40分	
	实验步骤	10～20分	
	分析与讨论（包括心得体会）	30～40分	

例如：煤气净化工段，甲醇、水和轻油的共沸精馏塔T308的液位控制，塔釜液位及采出是该塔操作需要控制的主要指标之一，塔釜液位的设计值应为50%，过高（>80%）或过低（＜20%）均不允许，若液位低于20%或高于80%将扣50分，若低于10%或高于90%将再扣150分。

学生所得总分包括普通步骤操作得分和质量步骤操作得分两部分，普通步骤操作得分占总分的15%～35%，质量操作得分占总分的65%～85%，主要是因为不同的工段操作步骤数量有较大差别，需要将两种操作得分在一定的范围内调整。举例说明，某学生实际操作过程的详细评价记录如图1-40所示。

学员姓名:李■

操作单元:煤气化工段冷态开车

总分:5460.00　　实际得分: 4305.32　　百分制得分:78.85　　测评历时 10924秒

其中,普通步骤操作得分1150.00,质量步骤操作得分3705.32;操作失误导致扣分550.00,各过程操作明细如下:

		应得	实得	操作步骤说明	备注
气化开车前准备	过程正在评分	**20.00**	**20.00**		
步骤结束	操作正确	10.00	10.00	确定仪表空气压力正常	普通步骤
步骤结束	操作正确	10.00	10.00	联系供电	普通步骤
仪表、阀门联调	过程正在评分	10.00	10.00		
步骤结束	操作正确	10.00	10.00	正确投用各仪表和阀门，调试合格后点击“仪表阀门调试完成”	普通步骤
系统气密	过程正在评分	10.00	10.00		
步骤结束	操作正确	10.00	10.00	按要求进行系统气密	普通步骤
水联运	过程正在评分	1310.00	595.20		
步骤结束	操作正确	10.00	10.00	打开VA 1042建立灰水槽液位	普通步骤
		200.00	198.60	控制灰水槽液位为50%	质量步骤
			0.00	失误扣分灰水槽液位低于20%	
			0.00	失误扣分灰水槽液位低于10%	
			0.00	失误扣分灰水槽液位高于80%	
			0.00	失误扣分灰水槽液位高于90%	
步骤结束	操作正确	10.00	10.00	打开FV 1009前阀VD1025	普通步骤
步骤结束	操作正确	10.00	10.00	打开FV 1009后阀VD1026	普通步骤
步骤结束	操作正确	10.00	10.00	打开P107前阀VD1007	普通步骤
步骤结束	操作正确	50.00	50.00	当V110具有一定液位(>10%)后，启动P107	普通步骤
步骤结束	操作正确	10.00	10.00	打开FV1009建立T101液位	普通步骤

图1-40　学生实际操作过程的详细评价记录

第二章
化工安全基础

第一节　实验室安全

一、半实物仿真实训工厂安全要求

完成煤制甲醇虚拟仿真实训的3D认知实训及中控室操作模拟实训任务，并通过安全考核后，可申请进入半实物仿真实训工厂学习。半实物仿真实训工厂按实际工厂等比例缩小进行建设，展现了真实工厂的车间环境，包括设备、管路、阀门、仪表等，学生可进行阀门开度调节、流量调节、液位控制等操作，操作过程以电信号的形式传输到中控室电脑设备上。综上所述，与真实工厂相比，除了不能输出产品，其他的体验过程均能在半实物仿真工厂中实现。因此，学生需要严格遵守实验室规定，遵守安全守则，具体要求如下：

（1）未通过安全培训与考核，禁止进入实训工厂；

（2）禁止穿拖鞋、短裤，必须穿着工作服，佩戴安全帽；

（3）禁止在半实物仿真工厂中饮水、进食；

（4）禁止将长发暴露在安全帽外；

（5）禁止嬉戏打闹或快速跑动，上下楼梯请扶稳扶手；

（6）禁止未经许可打开或关闭电源开关；

（7）严格按照规程进行操作，实训工厂无实际物料，仅有水电，需严格按照要求使用水电；

（8）与虚拟危险源（热源、冷源、有毒有害原料储罐等）保持安全距离；

（9）认识并关注安全标志牌，如小心碰头、高空坠物等；

（10）离开实训工厂要检查电源及装置状态，确保无安全隐患方可离开。

二、实验室常用安全标志

根据《安全标志及其使用导则》（GB 2894—2008），安全标志是用以表达特定安全信息的标志，是向工作人员警示工作场所或周围环境的危险状况，提醒工作人员预防危险，从而避免事故发生，当危险发生时，能够指示工作人员尽快逃离，或者指示工作人员采取正确、有效、得力的措施，采取合理行为，对危害加以遏制。图2-1给出几种常用的安全标识。

安全标志是根据国家标准规定，由图形、符号、安全色、几何形状（边框）或文字构成，用此来表达特定的安全信息，可分为以下四类：（1）禁止标志，其含义是不准或者禁止工作人员的某种行为，有禁止吸烟、禁止通行等；（2）警告标志，其含义是使工作人员注意可能发生危险，有当心火灾、注意安全等；（3）指令标志，其含义是必须遵守的规定，有必须系安全带、必须戴防毒面具等；（4）提示标志，其含义是示意目标方向，有太平门、安全通道、消防器材存放地点等。

图2-1　三类常用的实验室安全标志

安全色有红、蓝、黄、绿四种颜色，其中：（1）红色表示禁止、停止，用于禁止标志、停止信号以及严禁人员触动的部位；（2）蓝色表示指令及必须遵守的规定，如必须佩戴某种防护用品，以及指引车辆行驶的标志等；（3）黄色表示警告、注意，各种警告譬如“注意安全、当心触电”等都以黄色表示；（4）绿色表示提示、安全状态、通行，如车间内部的安全通道、消防设备等用绿色表示。

第二节　化工厂一般安全注意事项

一、化工安全生产41条禁令

1. 生产厂区十四不准

（1）加强明火管理，厂区内不准吸烟；

（2）生产区内，不准未成年人进入；

（3）上班时间，不准睡觉、干私活、离岗和干与生产无关的事；

（4）在班前、班上不准喝酒；

（5）不准使用汽油等易燃液体擦洗设备、用具和衣物；

（6）不按规定穿戴劳动保护用品，不准进入生产岗位；

（7）安全装置不齐全的设备不准使用；

（8）不是自己分管的设备、工具不准动用；

（9）检修设备时安全措施不落实，不准开始检修；

（10）停机检修后的设备，未经彻底检查，不准启用；

（11）未办高处作业证，不系安全带，脚手架、跳板不牢，不准登高作业；

（12）石棉瓦上不固定好跳板，不准作业；

（13）未安装触电保安器的移动式电动工具，不准使用；

（14）未取得安全作业证的职工，不准独立作业，特殊工种职工，未经取证，不准作业。

2. 操作工的六严格

（1）严格执行交接班制；

（2）严格进行巡回检查；

（3）严格控制工艺指标；

（4）严格执行操作法；

（5）严格遵守劳动纪律；

（6）严格执行安全规定。

3. 动火作业六大禁令

（1）动火证未经批准，禁止动火；

（2）不与生产系统可靠隔绝，禁止动火；

（3）不清洗、置换不合格，禁止动火；

（4）不清除周围易燃物，禁止动火；

（5）不按时做动火分析，禁止动火；

（6）没有消防措施，禁止动火。

4. 进入容器、设备的八个必须

（1）必须申请、办证，并得到批准；

（2）必须进行安全隔绝；

（3）必须切断动力电，并使用安全灯具；

（4）必须进行置换、通风；

（5）必须按时间要求进行安全分析；

（6）必须佩戴规定的防护用具；

（7）必须有人在器外监护，并坚守岗位；

（8）必须有抢救后备措施。

5. 机动车辆七大禁令

（1）严禁无令、无证开车；

（2）严禁酒后开车；

（3）严禁超速行车和空挡滑车；

（4）严禁带病行车；

（5）严禁人货混载行车；

（6）严禁超标装载行车；

（7）严禁无阻火器车辆进入禁火区。

二、化工生产标准穿戴

个人防护装备是人员在生产和生活中防御物理（如噪声、震动、静电、电离辐射、非电离辐射、物体打击、坠落、高温液体、高温气体、明火、恶劣气候作业环境、粉尘与气溶胶、气压过高、气压过低等）、化学（有毒气体、有毒液体、有毒粉尘与气溶胶、腐蚀性气体、腐蚀性液体）、生物（细菌、病毒、传染病媒介物等）等有害因素伤害人体而穿戴和配备的各种物品的总称。劳动防护用品是直接保护劳动者人身安全与健康，防止伤亡事故和职业病的防护性装备，按其防护部分可大致分为头部防护、呼吸系统防护、眼（面）防护、听觉系统防护、手臂防护、脚部防护、躯体和皮肤的防护、防坠落用品等。例如空气呼吸器，广泛应用于消防、化工、船舶、石油、冶炼、仓库、实验室、矿山等部门，供消防员或抢险人员在浓烟、毒气、蒸汽或缺氧等各种环境下安全有效地进行灭火、抢险救灾和救护工作。进入工作区域应按规定穿戴相应的防护用品。

三、化工消防措施

企业消防工作中重点是要把预防火灾的工作放在首位，要时刻维护消防安全，在必要的位置充分设置相应的消防设施，同时履行好保护和爱护消防设施的责任，如手提式干粉灭火器、推车式干粉灭火器、消防栓等。火灾一般分为四类：（1）固体物质火灾，如木材、棉、麻、纸张等燃烧产生的火灾；（2）液体火灾和可融化的固体物质火灾，如汽油、煤油、原油、甲醇、乙醇、沥青、石蜡等燃烧产生的火灾；（3）气体火灾，如煤气、天然气、甲烷、乙烷、丙烷、氢气等燃烧产生的火灾；(4）金属火灾，如钾、钠、镁、钛、锂、铝等燃烧产生的火灾。一旦发生火灾，应根据不同的火灾类型，选择正确的灭火方式，同时做好厂房的安全疏散。

厂房的安全出口应分散布置，每个防火分区、一个防火分区的每个楼层，其相邻2个安全出口最近边缘之间的水平距离不应小于5m。同时，厂房的每个防火分区、一个防火分区内的每个楼层，其安全出口的数量应经过计算后确定，且不应少于2个，当符合下列条件时，可设置1个安全出口：（1）甲类厂房，每层建筑面积小于等于100m^2，且同一时间的生产人数不超过5人；（2）乙类厂房，每层建筑面积小于等于150m^2，且同一时间的生产人数不超过10人；（3）丙类厂房，每层建筑面积小于等于250m^2，且同一时间的生产人数不超过20人；（4）丁、戊类厂房，每层建筑面积小于等于400m^2，且同一时间的生产人数不超过30人；（5）地下、半地下厂房或厂房的地下室、半地下室，其建筑面积小于等于50m^2，经常停留人数不超过15人。地下、半地下厂房或厂房的地下室、半地下室，当有多个防火分区相邻布置并采用防火墙分隔时，每个防火分区可利用防火墙上通向相邻防火分区的甲级防火门作为第二安全出口，但每个防火分区必须至少有1个直通室外的安全出口。厂房内的疏散楼梯、走道、门的各自总净宽度应根据疏散人数，经计算后确定。但疏散楼梯的最小净宽度不宜小于1.1m，疏散走道的最小净宽度不宜小于1.4m，门最小净宽度不宜小于0.9m。当每层人数不相等时，疏散楼梯的总净宽度应分层计算，下层楼梯总净宽度应按该层或该层以上人数最多的一层计算，首层外门的总净宽度应按该层或该层以上人数最多的一层计算，且该门最小净宽度不应小于1.2m。高层厂房和甲、乙、丙类多层厂房应设置封闭楼梯间或室外楼梯；建筑高度大于32m且任意一层人数超过10人的高层厂房，应设置防烟楼梯间或室外楼梯。

四、化工安全教育

加强三级安全教育，即企业对新入厂职工的厂级、车间级、班组级安全教育。厂级安全教育是指厂部在新工人分配工作之前进行安全教育，主要包括：本企业安全生产一般知识，本企业内特殊危险地点注意事项，一般电气和机械安全知识及防火防爆知识，一般安全技术知识和伤亡事故教训。车间级安全教育是车间对新工人进行的车间安全教育，主要有：车间规章制度和劳动纪律，车间危险地区级事故隐患，有毒有害作业的防治情况及安全规定，车间安全生产情况及问题、曾发生事故的原因分析等。班组级安全教育是班组长对新工人到岗位前的安全教育，主要包括：本工段或班组的安全生产概况、工作性质、职责范围及操作规程，班组安全生产守则及交接班制度，本岗位易发生事故和有毒有害点，个人防护用品的使用和保管等。完成三级安全教育，使得新入职员工掌握必要的救护和自救措施，做到“三不伤害”，即在生产施工过程中，保证安全生产，减少人为事故，做到不伤害自己、不伤害他人、不被他人伤害的互相监督三原则。同时，新入职员工要掌握逃生自救的八要八忌：

一要保持火场镇静、忌惊慌失措；

二要牢记安全通道、忌随意乱跑；

三要低姿湿巾捂口、忌中毒窒息；

四要善用床单绳索、忌轻易跳楼；

五要快速撤离火场、忌贪恋财物；

六要视火情选生路、忌强行逃生；

七要关门塞缝湿水、忌乱开屋门；

八要发信号待救援、忌乱躲乱藏。

对员工做必要的急救技能培训。所谓现场急救，是指现场工作人员因意外事故或急症，在未获得医疗救助之前，为防止病情恶化而对患者采取的一系列急救措施。现场急救的基本环节和内容包括现场评估、判断病情、紧急呼救、自救与互助、心肺复苏术、外伤现场急救基本技术（止血、包扎、固定、搬运）以及常见内科急症、常见意外伤害、常见急性中毒、灾难及公共卫生事件等现场急救。例如人工呼吸、胸部按压、洗眼器的使用等。洗眼器是当发生有毒有害物质喷溅到工作人员身体、脸、眼或者发生火灾引起工作人员衣物着火时，用于紧急情况下，暂时减缓有害物质对身体的进一步伤害，进一步的处理和治疗需要遵从医嘱，避免或减少不必要的意外。

第三节 煤制甲醇生产现场安全分析及安全生产措施

在化工生产过程中，所涉及的原料及设备操作多具有易燃易爆、有毒有害、高温高压等特点，安全生产是重中之重，“安全第一”的思想应深入所有人的意识中，深入学习并严格遵守安全生产管理规定、工艺操作规程和安全纪律规章制度，深刻认识安全生产的重要性，牢牢掌握安全防范措施，排除安全隐患，杜绝安全事故的发生，保障安全生产顺利进行。

一、煤制甲醇工厂生产特点

煤制甲醇是指以固体煤炭经过气化制备合成气，合成气在催化剂的作用下合成甲醇，工艺流程包含气化、变换、净化、合成和精制五个工段，涉及易燃易爆、有毒有害、高温高压等不安全因素。化工生产所使用的原料、中间产品和成品，以及生产过程中所使用的各种吸收剂，分析化验所用的各种药品和辅助材料，乃至生产过程中排出的废水废气，大多是易燃、易爆、有毒、有害、有腐蚀性的物质，例如一氧化碳、硫化氢、氮氧化物、二氧化硫、氢气，以及甲醇、二甲醚、液氨等。腐蚀性介质，如硫化氢、二氧化硫等，会对设备、阀门、管道等造成严重的腐蚀，使壁厚变薄、强度降低，进而造成跑、冒、滴、漏。

此外，由于生产过程连续性和自动化程度高、生产系统庞杂、工艺流程长，生产过程产生的工艺气体不能长时间大量储存，工序之间要保持良好的连续性，避免气体在设备或管路中累积，从而引起压力升高，造成放空、停车或爆炸。在化工生产中，从原料到产品，要经过多个工序的化学反应和物理处理，包括原料的储存和加工，原料气的生产、变换、净化、压缩、合成、精制等诸多工序，以及供热、供冷、供水、供电等。各工序涉及的反应炉、塔、槽、泵、压缩机、气体管道、液体管道、蒸汽管道、动力电缆、电信电缆、信号连锁电缆，地上地下空中，相互交织，形成网络。各个环节的操作压力、温度、液位、流量等也需要严格控制。各工序之间、生产装置与辅助工序之间都联系紧密，任何一个工序、环节或设备发生故障，都会造成恶性累积，引发事故。

安全事故案例1：2019年7月19日17时45分左右，河南某气化厂C套空气分离装置发生爆炸事故，造成15人死亡、16人重伤。在爆炸气浪的冲击下，该厂周边两公里范围内建筑物的玻璃被震碎，房屋也出现了不同程度的损毁。经初步调查分析，事故直接原因是空气分离装置冷箱泄漏未及时处理，发生“砂爆”（空分冷箱发生漏液，保温层珠光砂内就会存有大量低温液体，当低温液体急剧蒸发时，冷箱外壳被撑裂，气体夹带珠光砂大量喷出的现象），进而引发冷箱倒塌，导致附近500m^{3}液氧储槽破裂，大量液氧迅速外泄，周围可燃物在液氧或富氧条件下发生爆炸、燃烧，造成周边人员大量伤亡。事实上，该厂2019年6月26日就已发现C套空气分离装置冷箱保温层内氧含量上升，判断存在少量氧泄漏，但未引起足够重视，认为监护运行即可。7月12日，冷箱外表面出现裂缝，泄漏量进一步增大，由于备用空分系统设备不完好等原因，企业却仍坚持“带病”生产，未及时采取停产检修措施，最终导致了7月19日的爆炸事故。

安全事故案例2：2019年3月21日14时48分许，江苏某化工有限公司发生特别重大爆炸事故，造成78人死亡、76人重伤，640人住院治疗，直接经济损失19.86亿元。事故调查组查明，事故的直接原因是该公司旧固废库内长期违法储存的硝化废料持续积热升温导致自燃，燃烧引发爆炸。事故调查组认定，该公司无视国家环境保护和安全生产法律法规，刻意瞒报、违法储存、违法处置硝化废料，安全环保管理混乱，日常检查弄虚作假，固废仓库等工程未批先建，相关环评、安评等中介服务机构严重违法违规，出具虚假失实评价报告。

二、煤制甲醇工厂风险分析与危险源

煤制甲醇工艺在我国的发展相对比较成熟，并且我国由于丰富的煤炭资源，所以在甲醇生产方面也主要依赖于煤炭。但是在煤制甲醇的生产工艺多个环节仍然存在着一定程度的安全风险，并且这些风险广泛存在于厂区的各个生产环节中。所以工作人员在日常工作过程中应该做好严格的安全防范，在煤制甲醇的生产全过程中彻底贯彻安全生产理念，将煤制甲醇的工艺水平和生产能力不断提高，最终为企业创造出更加稳定的生产环境，实现企业市场竞争力的提升。

1. 煤制甲醇生产工艺中主要的风险分析

1）原煤的准备过程风险

原煤在准备过程中主要分为破碎和筛分两个部分。这个过程中主要的危险源有噪声以及洗涤水等，具体说来主要有如下形式：

（1）破碎机和筛分机造成的噪声污染；

（2）在工艺处理过程中，所使用的洗涤水可能造成环境污染；

（3）在原煤的运输和处理过程中，会产生一定程度的粉尘，粉尘沉积在设备上，有可能引发设备机械事故，同时这些粉尘达到一定浓度后，遇到明火很可能会产生火灾和爆炸；

（4）粉尘颗粒在煤厂仓库的上空飘散，可能造成粉尘污染；

（5）煤泥水的管理问题、煤泥回收设备不够先进等因素，可能进一步引发环境污染。

2）液体、气体、固体输送过程风险

三态输送过程主要风险源为输送过程中的输送机械、输送管道等。这些风险源会造成爆炸及废气、废水等环境污染，具体形式为：

（1）当输送的是易燃介质时，设备和管道若没有良好的接地，将会有发生爆炸的环境风险；

（2）当输送机械的轴封装置被输送体腐蚀时，若再用于输送易燃、易爆、有毒介质，可能会造成爆炸及中毒。

3）反应过程风险

在反应过程中，风险源中的主要有害物料有可能发生外泄和爆炸，具体的形式如下：

（1）在封闭系统内，会随着反应的进行，反应器达到最大的工作压力，在达到最大工作压力以后，就会产生危险物质的释放，很可能造成大气污染；

（2）在反应器的高压条件下，金属物质的腐蚀会在氢元素的作用下加剧，产生氢脆现象，会产生物料外泄，最终导致环境污染；

（3）在生产过程中，大部分的化学反应都是在反应器中进行的放热反应，放热反应产生的热量会使反应的温度迅速上升，这些高温很可能导致爆炸事故的发生；

（4）在反应器中进出的气体和液体温度相对较高，这会导致反应器在连接处的元器件产生变形，从而造成气体泄漏。

4）蒸馏过程风险

（1）进入蒸馏塔的物质温度高、压力大，且多数还具有腐蚀性，法兰等易受热变形出现泄漏；

（2）物料中含有挥发性有毒气体，可通过放空口排放到空气中，造成一定的环境风险。

5）吸收过程风险

吸收过程中的风险主要涉及工艺过程中的化学物质和使用的反应装置。上述风险源很可能造成有毒物质的泄漏和爆炸，主要表现为如下几点：

（1）洗涤塔内的气体泄漏很可能引起爆炸事故；

（2）在煤制甲醇的生产过程中泄漏出的气体一旦遇见明火会产生火灾，火灾遇见易爆炸的气体，会产生爆炸事故，同时产生有毒气体造成工作人员中毒；

（3）在装置停止过程中的泄压速率较快，产生的温度急剧变化也很可能会使有毒气体排入环境中，最终引发大气污染。

2. 煤制甲醇主要危险因素

1）中毒

从煤制甲醇主要危害物及其分布位置分析来看，甲醇、水煤气、一氧化碳、硫化氢、二硫化碳、液氨等物质都会让人产生中毒。这些有毒物质主要是在设备故障或操作失误时发生泄漏，生产作业人员过量吸入产生中毒，如管道、阀门、仪表接头发生松动等。在煤气净化装置运行时，硫化剂二硫化碳、吸收剂甲醇以及冷冻剂液氨等会直接引发中毒，甚至使人窒息。

2）火灾爆炸

在煤制甲醇过程中，甲醇、水煤气、氨、硫黄、氢气、一氧化碳、硫化氢、二硫化碳、压缩氧等易燃易爆，易发生火灾爆炸。此外，原料煤在储存过程中也会产生一定概率的自燃，煤粉输送时遇到明火或高温，极易发生粉尘爆炸，造成人员伤亡和财产损失。

3）灼伤烫伤

盐酸、氢氧化钠等具有极强的腐蚀性，容易造成人体灼伤，也会给生产设备造成腐蚀。此外，在煤制甲醇过程中，设备中残留的液氧、液氮等低温物料和设备，一旦发生物料喷溅或者作业人员不慎触碰到这些物品时，会造成低温冻伤。一些生产设备外部温度较高，操作不当或保护措施未到位，极易造成生产作业人员体表灼伤或烫伤。

4）其他伤害

在煤制甲醇生产过程中，高处坠物、噪声、触电也是非常常见的危险因素。

3. 煤制甲醇主要危害物质及其分布位置

从煤制甲醇工艺流程来分析，甲醇在生产过程中会涉及生产材料、产品、副产品种类、位置分布及危险级别。具体来说，主要包括：

（1）煤尘。煤尘为丙类燃爆型粉尘，与空气混合达到爆炸极限与火源发生爆炸。直径在0.5 ~ 10μm的粉尘，对人体危害最大，能直接进入人体，沉积于肺泡内，并有可能进入血液扩散至全身。由于粉尘本身能吸附多种有毒物质，可形成多种疾病。

（2）甲醇。主要分布于甲醇罐区、甲醇装置设备及管道中。甲醇有毒，可经吸入、食入、皮肤及眼睛接触对人体造成伤害。甲醇属易挥发性易燃液体，蒸气能与空气形成爆炸性混合物，爆炸极限为5.5%~ 44%，工厂甲醇泄漏会发生火灾爆炸，属甲级危险品。国家规定车间中甲醇最高允许浓度为50 mg/m^3。

（3）水煤气。主要分布于煤气化、煤气净化装置，易燃易爆气体，易中毒，属甲级危险品。

（4）氨。主要分布于液氨储罐、空气及煤气净化装置，易燃气体，易中毒，属乙级危险品。

（5）硫黄。主要分布于液流池及硫黄储槽，属易燃固体，易火灾、爆炸，属乙级危险品。

（6）氢气。主要分布于煤气化、煤气净化及氢回收装置，属甲级危险品。

（7）一氧化碳。主要分布于煤气化、煤气净化装置，属乙级危险品。

（8）硫化氢。主要分布于煤气化、煤气净化及硫回收装置，易燃易爆、易中毒气体，易造成腐蚀等，属甲级危险品。

（9）二硫化碳。主要分布于煤气净化装置，易燃液体，易爆炸、中毒，甲级危险品。

（10）其他，如盐酸、氢氧化钠、杂醇油、压缩氧、液氧、氩、氦等均具有不同程度的危险性。

三、煤制甲醇安全生产措施

1. 健全安全风险防控体系

众所周知，在煤制甲醇的生产过程中，存在着大量的易燃易爆炸等有害物质，所以操作人员在生产和加工过程中应该严格树立风险防范意识，根据相关的作业指导和规定进行生产。企业内部应该组织相应的机构和体系对企业的操作人员是否安全生产进行日常考核，真正做好危险源的认真排查工作，达成风险的动态防护，最终实现危险事故的杜绝。

2. 加强危化品重点监督管理

对于甲醇生产过程中出现的各种有毒有害化学品，企业内部应该严格按照危险化学品监督管理条例的相关原则和要求进行处理，将生产过程中所涉及的化学原料作为严格的监管对象，对工作人员的生产作业流程做好积极的业务培训，从而实现工厂内部作业人员化学品安全防范能力水平的提升，应该根据生产环节中的不同工艺环节设置动态报警监测系统，从而实现生产企业对危险化学品的安全监督。

3. 提升生产工艺自动化水平

在煤制甲醇的各个工艺环节中，性能和工作状态良好的机械设备和仪器是必不可少的。除了上述这些性能优良的仪器和设备以外，对于生产过程中的工艺设计也要积极优化，在改良和优化过程中应该始终坚持安全生产为原则和导向，应该杜绝由于盲目追求经济效益而做出的“跨越式”改革，在生产过程中应该尽可能推广自动化设备，以便于使生产环节中事故发生率和失误率大大降低。例如，在车间内部可以安装煤气化炉紧急制动系统，制动系统一旦检测到安全风险，可以实现即时控制设备的停止，这样就可以保证压缩机的运行安全。

4. 按照安全生产标准规划厂区

在煤制甲醇的生产过程中要对厂区进行科学的规划。甲类生产设施（如装车平台等）一定要控制防火距离，并且对于生产厂区内部的各工作区之间的安全距离也应该严格规划和设计，安全消防通道绝不能被非法占用。只有这样，才能使场内密集的交通用道和设备的状态满足安全生产要求。

第四节 安全考核

安全培训与考核是本门课程的前提，学生需要按要求完成相关的学习和考核，才能进入煤制甲醇虚拟仿真实训课程学习。如图2-2所示，点击进入安全培训与考核，找到安全知识考核，点击开始考试，进入答题界面。

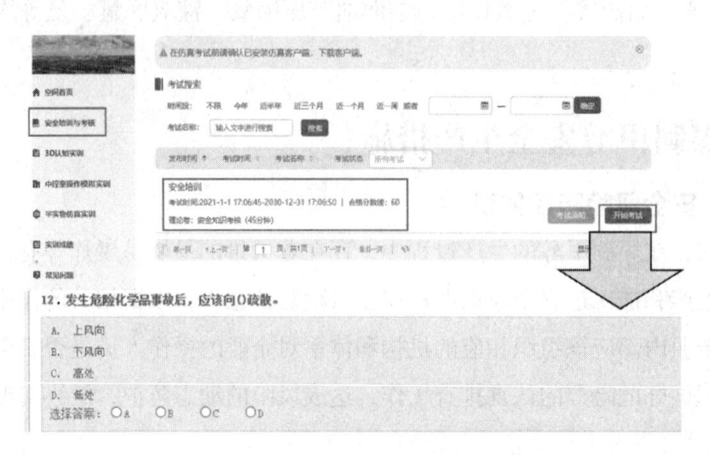

图2-2　安全知识考核界面

思考题

1. 煤制甲醇生产过程中，主要有哪几类危险源？主要的危险物有哪些？
2. 如何强化煤气化车间安全管理，排查安全隐患？
3. 简述化工常见安全标识牌及出现在工厂中的位置。
4. 进入半实物虚拟仿真工厂有哪些基本要求？
5. 化工厂中常用的安全消防设施有哪些，一般设置在什么位置？

第二章
煤气化工段

第一节　概述

随着原油资源日益匮乏，如何满足化学工业高速发展的需求以及保障国家能源安全，成为各国必须面临的严峻考验。因此，根据自身实际情况，各国均花大力气来缓解甚至消除因原油资源不足而带来的负面影响。由于我国煤炭储量相对较大，因此，以煤代替石油进行相关化学品生产是一条切实可行的技术发展路线。

作为一种化工原料和洁净燃料，甲醇在现代化工工业中的地位十分重要。以大型煤制甲醇为初始，进而加工为高附加值的烯烃及替代燃料，是我国目前化工产业的主要发展方向。

在煤制甲醇生产工艺中，煤气化技术是关键性技术。作为煤化工产业的龙头，煤气化技术的高低直接决定煤基合成油、合成化学品等产品的质量优劣。

煤气化是煤转化技术的最重要部分，其发展历史较为悠久，早在发电之前就已出现相关研究。20世纪20年代，研制出常压固定层煤气发生炉，在随后的30～50年代，用于煤气化的加压固定床鲁奇炉、常压温克勒沸腾炉和常压气流床K-T炉等被研制出来并相继实现工业化，这批煤气化炉型被视为第一代煤气化技术。

第二代煤气化技术的开发，始于20世纪60年代。当时国际上对石油和天然气资源开采技术水平不断提高和完善，使得制造合成气的投资和生产成本大大降低，一时间人们对于以天然气和石油资源为原料进而制取合成气的研究和应用趋之若鹜，这也导致煤气化新技术开发备受冷遇。但在全球出现石油危机后（20世纪70年代），煤气化新技术开发工作又得到迅猛发展，开发出的大批煤气化新技术应用于工业化生产，其中代表性炉型有德士古（Texaco）加压水煤浆气化炉、熔渣鲁奇炉（Lugri）、高温温克勒炉（ETIW）及干粉煤加压气化炉等。

第二代煤气化技术的主要特点是：提高气化炉的操作压力和温度，强化单炉生产能力，扩大原料煤的品种和粒度使用范围，改善生产的技术经济指标，提升环境质量以满足环保要求。

技术层面上，煤气化技术发展过程主要有两次重大突破：第一次为制氧工业装置的开发，即以O_2替代空气实现工业煤气化；第二次则为加压气化技术的开发及应用。

近年来，随着国内外煤气化技术的不断开发和发展，逐渐呈现以煤粉或水煤浆为原料、以高温和高压操作的气流床及流化床炉型为主的趋势。

一、煤气化定义

煤气化主要是指煤在特定设备内，在一定温度及压力下使煤中有机质与气化剂（如蒸汽/空气或氧气等）发生一系列化学反应，将固体煤转化为含有一氧化碳（CO）、氢气（H_2）、甲烷（CH_4）等可燃气体以及二氧化碳（CO_2）、氮气（N_2）等非可燃气体的过程。煤气化主要通过煤气发生炉即气化炉进行转化而实现。这其中，经气化得到的可燃气体被称为煤气。

煤气组成按煤质和气化剂类型的不同会有所区别，但其主要成分并不会发生明显变化，一般包含一氧化碳（CO）、二氧化碳（CO_2）、氢气（H_2）、甲烷（CH_4）等。

二、煤气分类及组成

根据所采用的气化剂和煤气成分不同，煤气的组成则取决于反应条件及反应深度，因此，煤气可分为以下四类：

（1）以空气或富氧空气作为气化剂的空气煤气，主要成分为CO_2、N_2、CO、H_2。

（2）以空气及蒸汽作为气化剂的混合煤气，也被称为发生炉煤气；两者之间的比例要保持在一定范围内；通常以满足自身热平衡为原则，即以反应系统放出的热量与反应系统需要吸收的热量相当为宜。

（3）以水蒸气和氧气作为气化剂的水煤气。水煤气是以水蒸气作为气化剂的煤气，因燃烧火焰呈蓝色，故也常被称为蓝水煤气，其主要成分包含CO和H_2（含量在85%以上），同时也会含有少量CO_2、N_2等杂质。

（4）以蒸汽及空气作为气化剂的半水煤气，也可是空气煤气和水煤气的混合气。一般比例范围控制在$n(H_2):n(N_2)=3:1$或$n(CO+H_2):n(N_2)=(3.1 \sim 3.2):1$为宜，$n$为物质的量。

三、煤气化方法分类

煤气化方法种类繁多，人们曾将它们分别归类，但因出发点不同，故分类方法有所不同。

（1）按原料形态分类，包含固体燃料气化、液体燃料气化、气态燃料气化和固液混合燃料气化。

（2）按入炉煤粒度大小分类，可分成块煤气化（6～100mm）、小粒煤气化（0.5～6mm）、粉煤气化（＜0.1mm）、油煤浆气化和水煤浆气化。

（3）按气化压力分类，分为常压或低压（＜0.35MPa）、中压（0.7～3.5MPa）及高压气化（＞7.0MPa）。

（4）按气化介质分类，分为空气气化、空气蒸汽气化、氧蒸汽气化及加氢气化。

（5）按排渣方式，则有干式/湿式、固态/液态、连续/间歇排渣等气化法。

（6）按供热方式则分成外热式、内热式和热载体三类。

（7）按入炉煤在炉中过程动态分类，则有固定床（或称移动床）、沸腾床（或称流化床）、气流床及熔渣池气化四种，而这也是目前广为使用的煤气化分类法。

四、煤气化过程简述

从节能及效率方面来考虑，一般煤气化技术多采用内热（自热）法，即气化（吸热）过程所需热量由燃烧（氧化）部分煤（碳）过程产生的热量所提供。气化炉中的气化反应所包含反应类别较多。由于煤的结构很复杂，其中含有碳、氢、氧和其他元素，因而在讨论气化反应时，一般只考虑煤中的主要元素碳，故人为地将其反应过程简单地分为氧化（放热）反应、还原（吸热）反应、甲烷生成（裂解）和水煤气平衡反应等。

1. 氧化（放热）反应

$$C+O_2 \rightleftharpoons CO_2 \tag{3-1}$$

$$2C+O_2 \rightleftharpoons 2CO \tag{3-2}$$

$$2CO+O_2 \rightleftharpoons 2CO_2 \tag{3-3}$$

上述三个反应均为放热反应。

2. 还原（吸热）反应

$$C+CO_2 \rightleftharpoons 2CO \tag{3-4}$$

$$C+H_2O \rightleftharpoons CO+H_2 \tag{3-5}$$

$$C+2H_2O \rightleftharpoons CO_2+2H_2 \tag{3-6}$$

其中，式（3-4）称为CO_2还原反应，该反应属于较强吸热反应，需在高温条件下才能进行；式（3-5）、式（3-6）是制造水煤气的主要反应，也称为水蒸气分解反应。反应生成的CO可进一步和水蒸气发生如下反应：

$$CO+H_2O \rightleftharpoons CO_2+H_2 \tag{3-7}$$

该反应称为一氧化碳变换反应，也称为均相水煤气反应或水煤气平衡反应，为一放热反应。在有关工艺过程中，为了把一氧化碳全部或部分转化为氢气，往往利用这个反应来加以实现。

3. 甲烷生成（裂解）反应

煤气中的甲烷，一部分由煤中挥发物经热分解而得到，另一部分则是气化炉内的碳与煤气中的氢气反应以及气体产物之间的反应的结果。

$$C+2H_2 \rightleftharpoons CH_4 \tag{3-8}$$

$$CO+3H_2 \rightleftharpoons CH_4+H_2O \tag{3-9}$$

$$2CO+2H_2 \rightleftharpoons CH_4+CO_2 \tag{3-10}$$

$$CO_2+4H_2 \rightleftharpoons CH_4+2H_2O \tag{3-11}$$

上述所表示出的甲烷生成反应，均属于放热反应类型。

五、煤中其他元素与气化剂的反应

此外，煤中还含有少量元素氮（N）和硫（S）。它们与气化剂O_2、H_2O、H_2以及反应中生成的气态反应物之间也可能进行如下反应：

$$S+O_2 \rightleftharpoons SO_2 \tag{3-12}$$

$$SO_2+H_2 \rightleftharpoons H_2S+2H_2O \tag{3-13}$$

$$2H_2S+SO_2 \rightleftharpoons 3S+2H_2O \tag{3-14}$$

$$C+2S \rightleftharpoons CS_2 \tag{3-15}$$

$$CO+S \rightleftharpoons COS \tag{3-16}$$

$$N_2+3H_2 \rightleftharpoons 2NH_3 \tag{3-17}$$

$$N_2+H_2O+2CO \rightleftharpoons 2HCN+1.5O \tag{3-18}$$

$$N_2+xO_2 \rightleftharpoons 2NO_x \tag{3-19}$$

由此会在煤气中存在一批含硫和含氮化合物，而且这些产物均有可能产生腐蚀和污染等负面影响，在气体净化时必须除去。其中含硫化合物主要成分是硫化氢（H_2S），其次为硫氧化碳（COS）、二硫化碳（CS_2）以及其他含硫化合物。在含氮化合物中，氨为主要产物，氮氧化物（NO_x）和氢氰酸（HCN）为次要产物。但是，上述这几种反应对气化反应化学平衡的影响作用并不重要。

前面所列各气化反应是煤气化的最基本化学反应，不同气化过程的化学反应均是由上述全部或部分反应以串连或平行的方式经组合而成的。

六、煤气化主要技术方法分类

煤气化时，必须具备三个条件，即气化炉、气化剂、供给热量，三者缺一不可。世界上不存在适用于任何原料和产品的煤气化技术，因此，对于不同的原料和产品就需要根据具体情况而采用与之相适应的煤气化技术方法。若按气化炉内煤料与气化剂的接触方式来区分，目前则主要有以下几种煤气化方法。

1. 固定床（移动床）气化

气化过程中，煤从气化炉顶部加入，气化剂则在气化炉底部加入，煤料与气化剂逆流操作。相对于气体的上升速度，煤料的下降速度则很慢，可视为固定不动，故称之为固定床气化；但由于煤料实际上是下降的，故也被称为移动床气化。

该气化技术具体可分为常压和加压两种。对于大型煤制甲醇设备来说，虽常压固定床投资低，但要求使用块煤，导致碳转化率低、能耗高、气化强度不够、污水含焦油和酚、处理复杂。而加压法则是对常压方法的改进，通常气化剂选用氧气（O_2）和水蒸气，这使得对煤种类的选择适应范围更为宽化。常见固定床气化技术包括以下三种。

1）常压固定床间歇式无烟煤（或焦炭）气化技术

目前该技术在氮肥产业中应用较多，其特点是采用常压固定床空气、蒸汽间歇制气，使用25～75 mm粒度的块状无烟煤或焦炭作为原料；但在实际生产过程中，此技术对原料利用率低、单耗高、操作繁杂、对大气污染严重，故该工艺也将逐渐被淘汰。

2）常压固定床无烟煤（或焦炭）富氧连续气化技术

其特点在于以富氧为气化剂、连续气化，采用粒度为8～10mm的无烟煤或焦炭为原料；与上一种方法相比，进厂原料利用率有所提高，对大气无污染，设备维修工作量小，维修费用低，适用于有无烟煤的地方。目前，该技术在我国大部分小化肥企业均有采用。

3）鲁奇固定床煤加压气化技术（Lurgi炉）

该技术多采用干法排灰，通过氧气-蒸汽连续鼓风，主要用于气化褐煤、不黏结性或弱黏结性的煤。该技术对煤质要求较高，即热稳定性高、化学活性好、灰熔点高。因此，适用于生产城市煤气或合成气。产生的煤气中，其焦油、碳氢化合物含量约为1%，甲烷含量约为10%。同时，因为其气化强度高，导致粗煤气中的甲烷含量较高，一般不宜用于合成气的生产，并且净化系统较复杂，对焦油、污水等处理很困难。鲁奇煤气化工艺流程如图3-1所示。

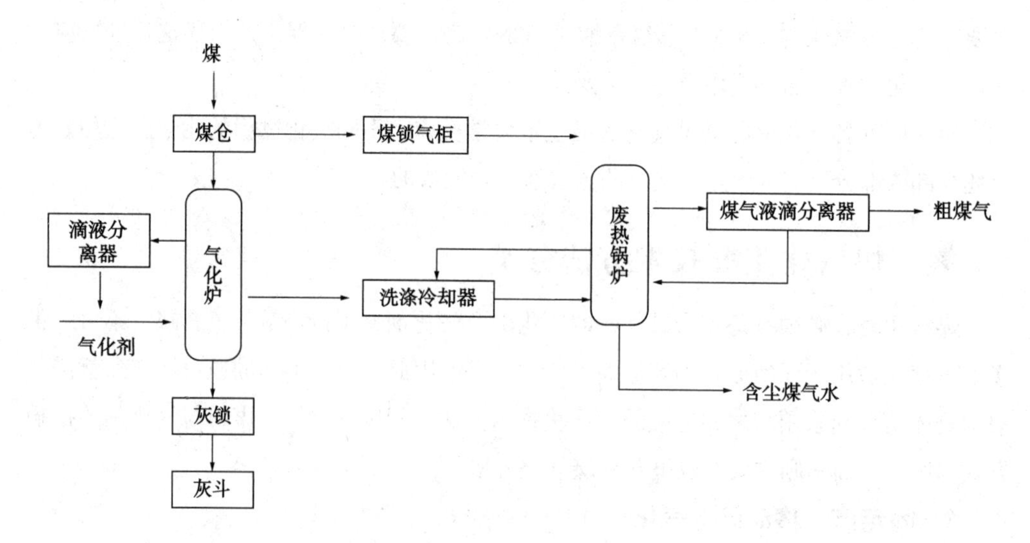

图3-1　鲁奇煤气化工艺流程图

2. 流化床气化

一般选择粒度为0～10mm的小颗粒煤为气化原料，为让其在气化炉内能够保持悬浮分散在垂直上升的气流中，则气化反应中的煤粒要始终处于沸腾状态，从而可以保证煤料层内温度相对均一、易于控制，提高气化效率。性能较好的流化床气化炉，都会将其设计成将炉膛内的物料和飞灰返回炉膛再燃烧。该气化技术具有对煤种适应性强、燃烧效率较高、环保效果较好的优点。

20世纪70年代开始，我国陆续引进了由美国能源部所开发的U-Gas炉。在此基础上，人们还开发出常压灰熔聚炉和FM1.6 型（1～13mm）的流化床气化炉。其中，灰熔聚流化床有较好的发展前景。目前，国内仅是处于试验阶段，但也积累了一定生产经验；而在大型生产方面的经验还很不足，若在常压或接近常压下进行生产，生产强度低、能耗高、气化温度略低、碳转化率只有88%～90%，即使投资成本相对较低，但要在大型甲醇装置中使用，还是会受到一定限制。常见流化床气化技术主要包括以下两种。

1）灰熔聚煤气化技术

该技术是经中国科学院山西煤炭化学研究所研制开发的，属流化床气化炉。其特点是煤种适应范围宽（可气化褐煤、低化学活性的烟煤和无烟煤、石油焦等），煤灰不发生熔融，仅使灰渣熔聚成球状或块状灰渣排出。该工艺投资比较少，生产成本低。

其缺点是操作压力偏低，在环境污染及飞灰堆存和综合利用方面还需进一步完善。当前仅局限于中小型氮肥厂，利用其就地或就近的煤炭资源以改变原料路线。

2）恩德粉煤气化技术

该技术是对温克勒沸腾床煤气化炉的改进，也属流化床气化炉，适用于气化褐煤和长焰煤，同时要求原料煤不黏结或弱黏结性，灰分＜25%～30%，灰熔点高、低温化学活性好。气化炉内的床层中部温度在1000～1050℃。目前，气化炉的产气量最大为$4\times10^4\ m^3/h$水煤气。

其缺点是气化压力为常压，单炉气化能力低，产品气中CH_4含量很高（1.5%～2.0%），飞灰量大，在环境保护及综合利用方面还是存在较大问题并亟待解决。此技术适合于附近有褐煤资源的中小型氮肥厂来改变原料路线。

3. 气流床气化

该技术一般采用并流方式进行气化，即固体燃料在气化的同时，由气化剂将煤粉或煤浆并流夹带进粒度气化炉内，进行气化和燃烧。由于煤料在气化炉中的停留时间很短，因此，这就要求燃料与气化剂之间的气化反应要极快完成。为实现这一目的，通常是保证气化炉内能够维持较高温度，提供较高反应推动力。在这种情况下，多选择氧气和一定量的水或水蒸气作为气化剂，而且煤料粒度要严格控制在＜0.1mm，以满足煤料在短时间内可以充分燃烧的需要。由于并流气化是高温气化过程（中心火焰温度高于2000℃），故灰渣多以液态形式排出气化炉。与固定床相比较，虽流化床有较多优点，但往往气化温度不能更高，而且对煤的反应性要求较高。针对流化床气化存在的这些不足，气流床则进行了改进和提高，也是目前更为先进的气化技术。

气流床气化具有以下特点：

（1）采用粒度＜0.1 mm的粉煤；

（2）气化温度一般为1400～1600℃，对环保有利，无酚和焦油，有机硫也很少，且硫形态单一；

（3）气化压力可达3.5～6.5MPa，大大节省合成气的压缩功；

（4）碳转化率高，均大于95%，能耗低；

（5）气化强度大。但气流床气化的投资成本很高，特别是Shell粉煤气化。由此可见，若进行的是大型甲醇煤气化生产则选用气流床进行气化为宜。

常见气流床气化技术主要包括以下几种。

1）GE水煤浆加压气化技术

该技术也被称为德士古（Texaco）水煤浆加压气化，最早由美国德士古石油公司研制并于1945年实现中试；该技术及相关业务在2004年被美国GE公司收购，故又称为GE水煤浆加压气化技术。该技术首次提出水煤浆的概念，替代传统的煤粉原料，使得原料输运更加简单、安全可靠且节约投资成本。

德士古水煤浆加压气化工艺简称为TCGP，包含制备煤浆、排灰渣、气化水煤浆等技术过程，其中的生产核心和关键技术主要集中在气化炉部分。气化炉主要结构通常采用的是单喷嘴下喷式的进料方式，耐火砖衬里；气化反应后的气体经水激冷方式进行净化和除尘处理，同时也起到增湿作用，无需价格昂贵的高温高压飞灰过滤器，节省投资。

TCGP工艺过程是水煤浆与部分氧气间的反应，涉及多个相关联的反应过程，是一种非催化的部分氧化反应。该反应是在高温、高压、非均相等条件下进行的，虽然对气化炉的研究在不断深入，但到目前为止，对于气化炉的内部反应过程仍存在很多疑问，亟待解决。因此，工业生产过程中的碳氧比、出口工艺气的水气比、气化炉内的物料停留时间、急冷室的控制以及灰水系统的pH值调节等均可能会对气化炉的内部反应效果产生较大影响。

该工艺在美国、日本、德国等均建有多套生产装置，单炉生产能力较大。目前，国际上已建成投产6套装置15台气化炉，气化炉的最大投煤量可达到2000 t/d，而国内已建成并投产的装置也很多，其气化炉的生产能力最大为1600 t/d。气化系统不需要外供热量及输送气化用原料煤的N_2或CO_2，气化系统总热效率高达94%~96%，高于Shell干粉煤气化热效率（91%~93%）和GSP干粉煤气化热效率（88%~92%）。已建成投产的装置最终产品有合成氨、甲醇、醋酸、醋酐、氢气、CO、燃料气、联合循环发电，各装置建成投产后，一直连续稳定长周期运行。

目前，行业中普遍达成的共识是，在所用煤质合适的情况下，应优先考虑选择水煤浆气化技术。但这是基于所用煤质具有较高使用品质的前提下（灰熔点＜1250℃）。该技术的不足则是气化效率和碳转化率相对较低，比氧耗略高，总能耗略高，气化炉耐火砖使用寿命较短，一般不到2年；并且，气化炉烧嘴使用寿命也较短。

2）多元料浆加压气化技术

该技术属于湿法气流床加压气化技术，是在添加助剂（如分散剂、稳定剂、pH值调节剂等）条件下将固体或液体含碳物质（如煤、沥青、石油焦、煤液化残渣等）与流动相（如水、废液、废水等）混合而配制出的料浆，以增加入炉料浆的含碳有效反应物浓度；经与氧气进行的部分氧化反应，可制得CO和H_2为主的合成气。该种方法可有效减少生产单位量CO与H_2所需氧气及原煤的消耗量，降低生产成本，从而提高经济效益。

西北化工研究院已开发出具有自主知识产权的这一煤气化技术。其是以重油（或原油）与水、乳化剂混合制备出油水乳化剂，再与原煤共混在磨机中磨制成料浆。该多元料浆的典型组成为含煤60%~65%，油料10%~15%，水20%~30%。

多元料浆加压气化技术与GE水煤浆加压气化技术之间的区别主要集中在气化原料上，其关键在于每一个加入的“元”对料浆性能的影响。

3）多喷嘴（四烧嘴）水煤浆加压气化技术

多喷嘴（四烧嘴）水煤浆加压气化技术是对GE水煤浆加压气化技术的改进，集中表现在：煤浆由隔膜泵加压，经由气化炉中上部同一水平上对称分布的四个喷嘴，与氧气一起喷射入气化炉进行气化反应；气化时，气化炉内同时存在颗粒的湍流弥散、对流加热、辐射加热、煤浆蒸发、煤料中挥发物的析出、气相反应、煤焦多相反应、灰渣的形成等；反应是在高温条件下进行，气化速率由传递过程控制，通过喷嘴的配置以及气化炉结构和尺寸的优化，以利于形成撞击流来强化混合并延长停留时间，使得碳的转化程度更加完全。

该技术由华东理工大学、兖矿鲁南化肥厂、中国天辰化学工程公司共同开发，并已实现工业化生产。2005年，山东德州华鲁恒生化工股份有限公司建设了1套气化压力为6.5MPa、处理煤750 t/d的气化炉系统，至今运转良好；山东滕州兖矿国泰化工有限公司也曾建设有2套气化压力为4.0MPa、处理煤1150 t/d的气化炉系统，至今也仍在运行。

4）Shell干煤粉加压气化技术

Shell煤气化技术是世界上较为先进的第二代煤气化工艺之一。该气化技术是在高温、加压条件下进行的。一般选用褐煤、烟煤、无烟煤、石油焦及高灰熔点的煤作为气化的原料煤。经干燥、磨细后的干煤粉作为入炉的粉煤。干煤粉与氧气、蒸汽在加压条件下并流进入气化炉内，并在极短时间内完成升温、挥发组分脱除、裂解、燃烧及转化等一系列物理和化学过程。由于气化炉内的温度很高，这使得在有氧存在的情况下，碳、挥发组分及部分反应产物（CO、H_2）主要发生的是燃烧反应过程；而当氧被消耗掉后多发生的是碳的转化反应，即进入气化反应阶段，可最终得到的是以CO和H_2为主的合成气（见表3-1）。

表3-1　典型Shell气化技术得到的煤气组分分布

气体成分（干）	CO	H_2	CO_2	CH_4	N_2+Ar	H_2S+COS
体积分数/%	67.10	23.84	3.84	微量	5.22	1700mg/m^3

Shell煤气化工艺流程如图3-2所示，原煤和助熔剂经磨煤机混磨（90%粒径<100 μm，质量分数）后，通过热风干燥、过滤，制得干燥的煤粉原料。在锁斗装置中，煤粉由加压气体（4.2MPa）输送进烧嘴中，并与预热的氧气、中压过热蒸汽一起进入气化

炉内，在1500~1600℃、3.5MPa条件下，发生燃烧反应。气化炉顶部排除的气体先经冷煤气激冷至900℃，后经换热器及合成气冷却器回收热量降至350℃，再通过过滤处理去除掉90%的飞灰。收集到的气体，一部分作为激冷气返回至气化炉的气体返回室中，另一部分则由高压工艺水脱除掉剩余的灰渣并被冷却至150~300℃后去净化装置。

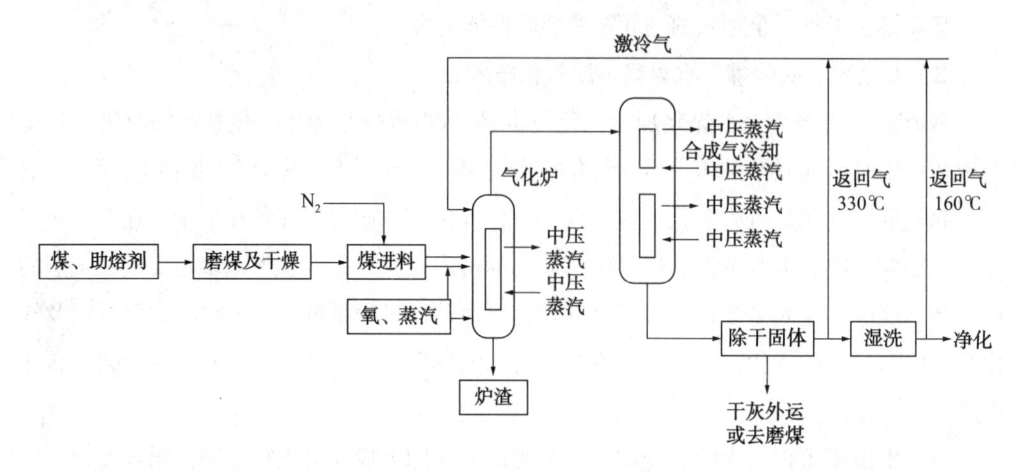

图3-2 Shell煤气化工艺流程图

气化炉内产生的熔渣经底部排出回收后，作为商品出售；收集到的飞灰经气提塔气体冷却至100℃后，一部分返回磨煤机，一部分则作为商品出售；气化炉膜式壁内及换热器中的水由泵提供动力并循环使用，产生的过热蒸汽则排入蒸汽包，经汽水分离进入蒸汽总管。

1978年，Shell煤气化在汉堡中试并运行成功。从1972年开始研发到2001年完全商业化，Shell煤气化工艺开发历经29年。目前，国外最大的气化炉处理量为2000 t/d煤，气化压力为3.0MPa。这种气化炉，采用水冷壁、无耐火砖衬里，可气化高灰熔点的煤，但在原料煤中需添加石灰石作为助熔剂。国内则自2000年以来先后已引进19台该类型气化炉，其目标产品包括合成氨、甲醇等，气化压力3.0~4.0MPa。由于我国引进的Shell煤气化装置时间较晚，相关可借鉴的经验较少，生产可能会存在一定的复杂性和挑战性，在煤化工生产中能否常年连续稳定运行仍有待于进一步检验。Shell煤气化工艺投资过大，若在化工方面进行使用则应谨慎对待。

5）GSP干煤粉加压气化技术

该技术是以煤为原料发电、燃料与制备化工产品，以化学残渣的气化和生物质液化为主要目的的煤化工技术，属于气流床加压气化技术。入炉原料煤为经干燥、磨细的干煤粉，采用气化炉顶进料方式将干煤粉送入炉内；气化炉内为水冷壁结构。其气化反应的机理是典型的粉煤气化过程，与Shell气化过程相同。

20世纪70年代，该技术由民主德国GDR燃料所成功研制开发并商业化。发展至今，由西门子公司对该技术具有拥有权。迄今为止，国外最大的GSP气化炉投煤量为720 t/d

褐煤。因采用水激冷流程，投资比Shell炉少，适用于煤化工生产。世界上采用GSP气化工艺技术的有3家，但均未采取气化煤炭方式进行生产。GSP煤气化工艺流程见图3-3。

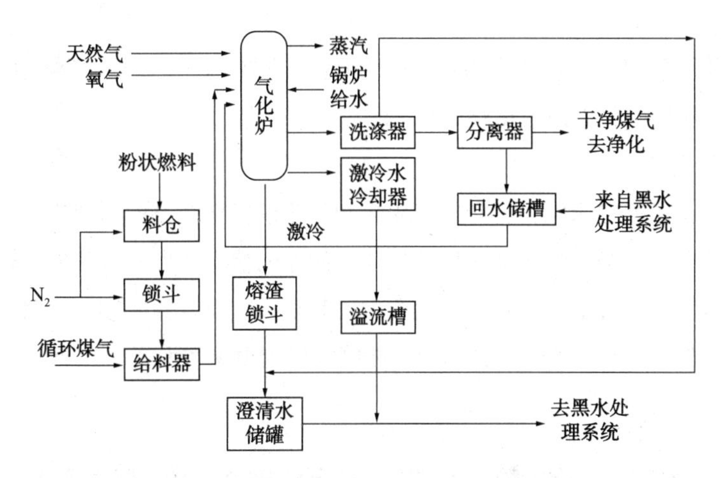

图3-3　GSP煤气化工艺流程图

6）两段式干煤粉加压气化技术

从炉型和炉内结构的比较来看，两段式干煤粉加压气化技术与Shell煤气化炉有所不同，是对四喷嘴对置下喷式一段式气化炉的改造。西安热工研究院已成功开发出具有自主知识产权的两段式干煤粉加压气化技术。可气化煤种包括褐煤、烟煤、贫煤、无烟煤，以及高灰分、高灰熔点煤，不产生焦油、酚等。

该技术工艺是粉煤部分氧化工艺的一种形式。气化炉内，其下、上两部分被分为两个反应区。第一反应区在气化炉下段，粉煤与氧气、蒸汽经高温化学反应，转变为湿煤气并进入第二反应区；在第二反应区中，粉煤与蒸汽利用煤气的显热进行反应，分别发生的是煤的裂解（脱除挥发物）、挥发物的气化和碳的气化等反应，产生额外的煤气。该反应区内产生的飞灰则返回到贮斗内进行返烧，实现回收再利用。

该技术特点是采用两段气化，其缺点是合成气中CH_4含量较高，对制合成氨、甲醇、氢气不利。它与Shell煤气化工艺的区别主要表现在：（1）两段式干煤粉加压气化技术的氧耗更低；（2）没有低温煤气激冷过程；（3）可根据生产需要，提高气化炉的些许冷煤气效率。

此外，废热锅炉型气化装置可用于联合循环发电，其示范装置在投煤量2000 t/d级的华能集团“绿色煤电”项目以及投煤量1000 t/d级的内蒙古世林化工有限公司30×10^4t/a甲醇项目中均有使用。

7）四喷嘴对置式干粉煤加压气化技术

四喷嘴对置式干粉煤加压气化技术是由华东理工大学、兖矿鲁南化肥厂（水煤浆气化及煤化工国家工程研究中心）和中国天辰化学工程公司共同合作开发出的具有自主知识产权的煤气化技术。该技术是对干粉煤加压气化技术的改进。干粉煤从气化炉上部经4个烧嘴加入，气化炉结构选用热壁炉，内衬耐火砖，产生的合成气向下经水激冷后排出气化炉。

兖矿鲁南化肥厂建有投煤能力为15 ~ 45 t/d的中试装置，以兖矿鲁南化肥厂GE水煤浆气化工业生产所用原料煤进行试验。

4. 熔浴床气化

熔浴床气化又称熔融床气化，它是将粉煤和气化剂以切线方向高速喷入一温度较高且高度稳定的熔池内，把一部分动能传给熔渣，使池内熔融物做螺旋状的旋转运动并气化。该气化技术对于设备要求较高，气化原理较为复杂且投资额度较大。因此，从应用前景来看，相比于前三者，该气化技术暂未在国内得到重视和发展。

第二节　煤气化工艺原理与主要设备

本煤制甲醇仿真系统在煤气化工艺流程阶段所采用的是目前应用较为普遍的GE水煤浆加压气化技术即德士古水煤浆加压气化技术，因此，这里我们主要针对该技术的工艺原理和涉及的主要设备做详细介绍和说明。

一、工艺原理

1. 制浆原理

煤制备高浓度水煤浆工艺是针对原料煤的矿物特性和水煤浆产品质量要求，采用“分级研磨”的方法，能够使煤浆获得较宽的粒度分布，从而明显改善煤浆中煤颗粒的堆积效率，进而提高煤浆的重量浓度。从界区外的煤预处理工段来的碎煤加入煤斗中，煤斗中的煤经过煤称重给料机送入粗磨煤机。

来自废浆槽的水通过磨机给水泵和细磨机给水泵送入到粗磨机和细磨机前的稀释搅拌桶。所用冲洗水直接来自生产水总管，这里我们不考虑其储存或输送。

添加剂从添加剂槽中通过添加剂泵送到粗磨煤机中。在磨煤机上装有控制水煤浆pH值和调节水煤浆黏度的添加剂管线。经过细浆制备系统后的细浆，通过泵计量输送至粗磨煤机。

破碎后的煤、细浆、添加剂与水一起按照设定的量加入到粗磨机入口中，经过粗磨机磨矿制备后的为水煤浆产品，然后进入设在磨机出口的滚筒筛，滤去较大的颗粒，筛下的水煤浆进入磨煤机出料槽。由搅拌槽自流入高剪切处理桶，经过剪切处理后的煤浆质量得到较大改善。高剪切后的大部分煤浆泵送至煤浆储存槽，以便后续气化用；少部分煤浆则泵送至细磨机粗浆槽，并加入一定比例的水以进行稀释搅拌，配制成浓度约为

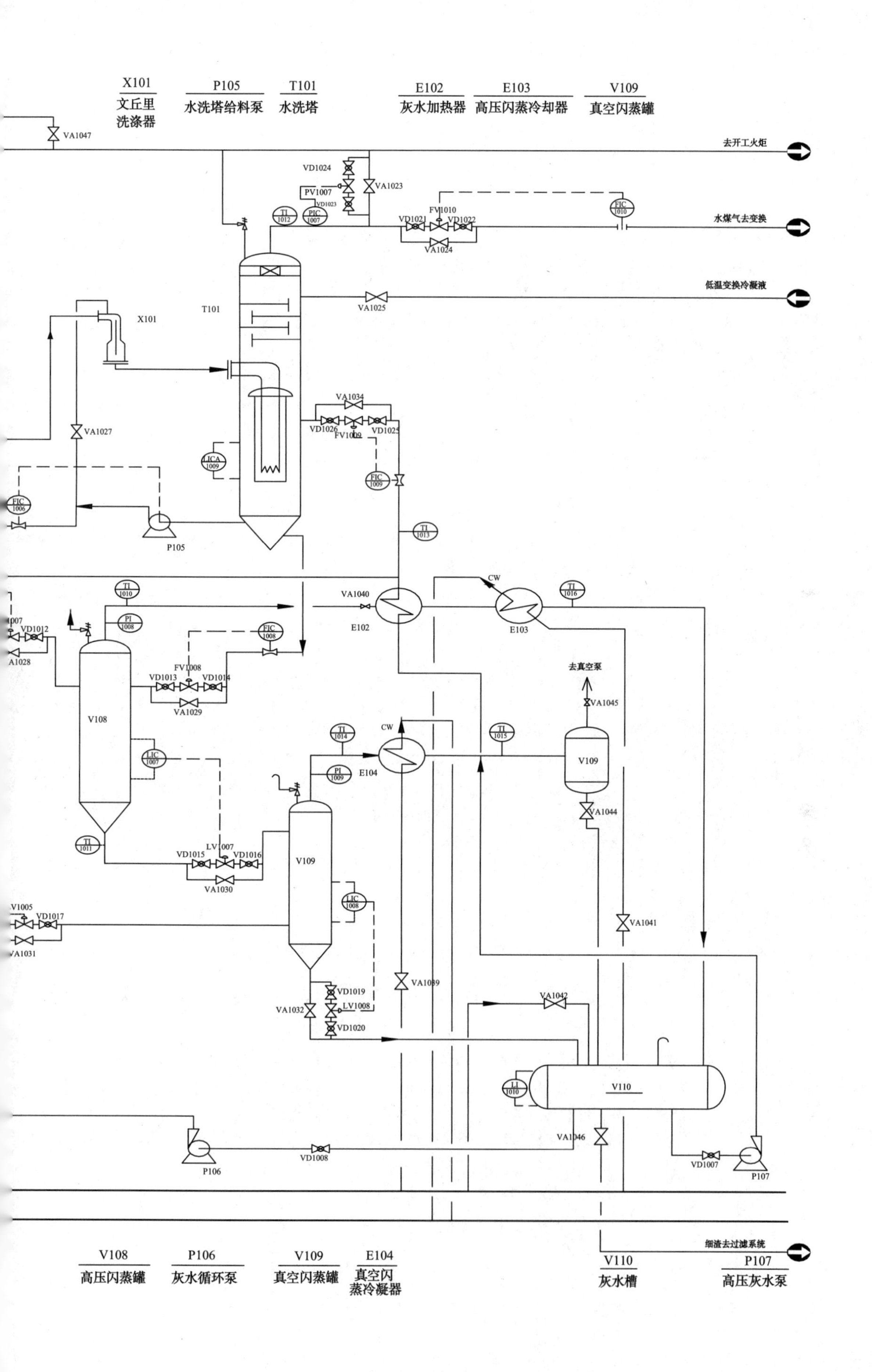

X101
文丘里洗涤器
P105
水洗塔给料泵
T101
水洗塔
E102
灰水加热器
E103
高压闪蒸冷却器
V109
真空闪蒸罐
去开工火炬
水煤气去变换
低温变换冷凝液
VA1047
VD1024
PV1007
VA1023
VD1023
TI 1012
PIC 1007
FV1010
VD1021
VD1022
FIC 1010
VA1024
VA1025
T101
X101
VA1034
VD1026
VD1025
FV1009
FIC 1009
VA1027
LICA 1009
FIC 1006
P105
TI 1013
TI 1010
PI 1008
VD1012
A1028
FIC 1008
FV1008
VD1013
VD1014
VA1029
VA1040
E102
CW
E103
TI 1016
去真空泵
VA1045
V108
LIC 1007
TI 1014
CW
TI 1015
E104
PI 1009
V109
VA1044
TI 1011
LV1007
VD1015
VD1016
VA1030
V109
LIC 1008
V1005
VD1017
VA1031
VA1041
VD1019
LV1008
VA1032
VD1020
VA1039
VA1042
V110
LI 1010
VA1046
P106
VD1008
VD1007
P107
细渣去过滤系统
V108
高压闪蒸罐
P106
灰水循环泵
V109
真空闪蒸罐
E104
真空闪蒸冷凝器
V110
灰水槽
P107
高压灰水泵

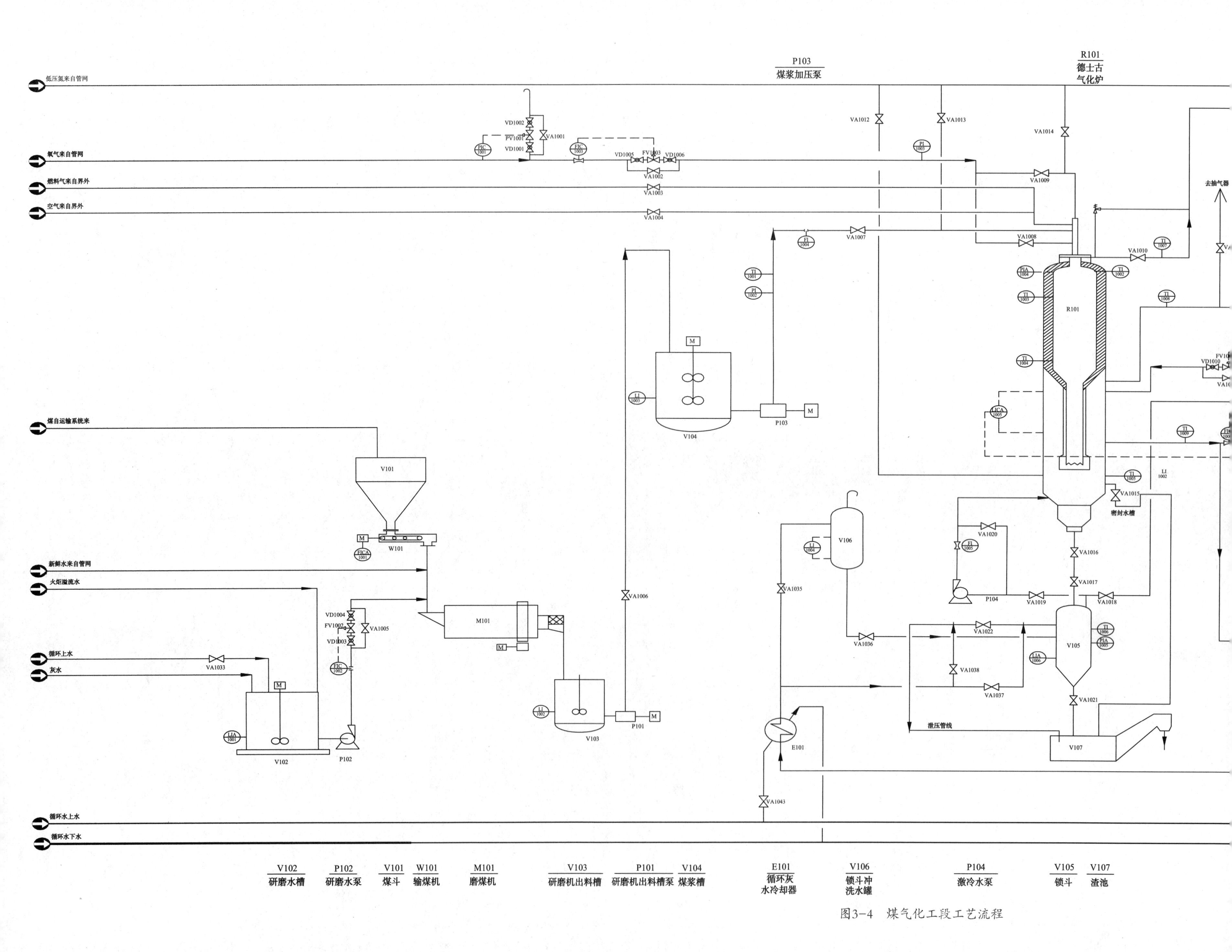

图3-4 煤气化工段工艺流程

40%的煤浆；然后，由泵送至细磨机进行磨矿，细磨机磨制后的煤浆自流入旋振筛；而除去大颗粒后的细浆用泵送入粗磨机。制浆单元的水煤浆制备工艺是以褐煤为原料，采用分级研磨方法，通过粗、细磨机制备出气化水煤浆。

2. 气化工艺原理

将53.4%的水煤浆与由空分车间输送来的5.5MPa、纯度99.6%纯氧，经喷嘴充分混合后进行部分氧化反应。

气化炉内的气化过程包括干燥（水煤浆中的水气化）、热解以及由热解生成的碳与气化剂反应三个阶段，主要是碳与气化剂O_2之间的反应。

1）裂解区和挥发分燃烧区

当煤粒喷入炉内高温区域即被迅速加热，并释放出挥发物。挥发产物数量与煤粒大小、升温速度有关，裂解产生的挥发物会迅速与氧气发生反应。因为这一区域的氧浓度高，所以挥发物实现的是完全燃烧过程，同时产生大量热量。

2）燃烧-气化区

这一区域内，脱去挥发物的煤焦，一方面可与残余的氧反应（产物是CO和CO_2的混合物），另一方面煤焦与H_2O（g）和CO_2反应可生成CO和H_2，产物CO和H_2又可在气相中与残余的氧反应，产生更多的热量。

3）气化区

燃烧物进入气化区后，会发生下列反应：煤焦和CO_2反应、煤焦和H_2O (g)的反应、甲烷转化反应和水煤浆转化反应。简单的综合反应如下：

$$C_nH_m+n/2O_2 \rightleftharpoons nCO+m/2H_2 \tag{3-20}$$

$$C_nH_m+nH_2O \rightleftharpoons nCO+(n+m/2)H_2 \tag{3-21}$$

$$CH_4 \rightleftharpoons C+2H_2 \tag{3-22}$$

$$C_nH_m+(n+m/4)O_2 \rightleftharpoons nCO_2+m/2H_2O \tag{3-23}$$

$$C+CO_2 \rightleftharpoons 2CO \tag{3-24}$$

$$CH_4+H_2O \rightleftharpoons CO+3H_2 \tag{3-25}$$

$$CO+H_2O \rightleftharpoons CO_2+H_2 \tag{3-26}$$

上述反应产物主要为$CO+H_2$（一般在74%以上）和少量的H_2O（g）及CO_2、H_2S等。以上这些反应会因煤浆浓度不同，气体成分也会有所不同；在相同的反应条件下，煤浆浓度越高，一氧化碳加氢的浓度会越高。其主要原因在于，水煤浆中的水在气化反应过程中要消耗大量的热，这部分热量要靠煤完全燃烧来维持，所以，二氧化碳浓度相对要高，一般 $CO+CO_2=66\%$。

二、工艺流程说明

煤气化工段工艺流程如图3-4所示。

1. 制浆系统

由煤贮运系统来的小于6 mm的碎煤进入煤斗后，经带式称重给料器称量送入磨煤机（M101），添加剂则由泵送至磨煤机（M101）中。

工艺水由磨煤机给水泵（P102）加压经磨机给水阀（FV1002）来控制并送至磨煤机（M101）。煤、工艺水和添加剂一同送入磨煤机（M101）中，研磨成一定粒度分布的浓度约为53.4%的合格水煤浆。水煤浆经滚筒筛滤去3 mm以上的大颗粒后，溢流到磨煤机出料槽（V103）中。由磨煤机出料槽泵（P101）送至煤浆槽（V104）。磨煤机出料槽（V103）和煤浆槽（V104）均设有搅拌器，使煤浆始终处于均匀悬浮状态。

2. 气化炉系统

来自煤浆槽（V104）浓度为53.4%的水煤浆，由高压煤浆泵（P103）加压经煤浆切断阀（VA1007）送至主烧嘴的环隙。

空分装置送来的纯度为99.6%的氧气，由FV2007 A控制氧气压力为4.5 ~ 5.3MPa，在准备投料前打开氧气手动阀，由放空阀（PV1001）送至氧气消音器放空。投料后，由氧气调节阀（FV1003）控制氧气流量并分别进入主烧嘴的中心管、外环隙。

在工艺烧嘴中，水煤浆和氧气经充分混合、雾化后，进入气化炉（R101）的燃烧室中，在约4.0MPa、1200℃条件下进行气化反应，生成以CO和H_2为有效成分的粗煤气。粗煤气和熔融态灰渣在气化炉中会一起向下移动，经过均匀分布激冷水的激冷环，沿下降管进入激冷室的水浴中。大部分的熔渣，经冷却固化后，则落入激冷室底部。粗煤气会经下降管和导气管的环隙上升，出激冷室后，去洗涤塔（T101）。

激冷水送入位于下降管上部的激冷环。激冷水呈螺旋状，并以壁流方式，沿下降管进入激冷室。激冷室底部黑水，经黑水排放阀（FV1007）送入黑水处理系统，激冷室中的液位应控制在50% ~ 65%。在开车期间，黑水经黑水开工排放阀（LV1005）排向真空闪蒸罐（V109）。

在气化炉预热期间，激冷室的出口气体，由开工抽引器排入大气。开工抽引器底部通入低压蒸汽，通过调节预热烧嘴风门和抽引蒸汽量来控制气化炉的真空度，气化炉配备了预热烧嘴。

3. 粗煤气洗涤系统

从激冷室出来的粗煤气与激冷水泵（P105）送出的激冷水充分混合，使粗煤气夹带的固体颗粒完全湿润，以便在洗涤塔（T101）内能够快速除去。

水蒸气和粗煤气的混合物进入洗涤塔（T101）后，沿下降管进入塔底的水浴中。合成气向上穿过水层，大部分固体颗粒沉降到塔底部并与粗煤气分离。上升的粗煤气，沿下降管和导气管的环隙，向上穿过四块冲击式塔板，与变换送来的冷凝液逆向接触，洗涤掉剩余的固体颗粒。粗煤气在洗涤塔顶部，经过丝网除沫器，除去夹带气体中的雾沫，然后离开洗涤塔（T101）进入变换工序。

粗煤气水气比应控制在1.4 ~ 1.6，含尘量小于1 mg/Nm^3。在洗涤塔（T101）出口管线上设有在线分析仪，分析合成气中CH_4、O_2、CO、CO_2、H_2等组分含量。

在开车期间，粗煤气由背压阀（PV1007）排放至开工火炬，控制系统压力（PIC1007）在3.74MPa。当洗涤塔（T101）出口粗煤气压力温度正常后，再经压力平衡阀（VA1024）使气化工段和变换工段压力平衡，缓慢打开粗煤气手动控制阀（FV1010）向变换工段输送粗煤气。

洗涤塔（T101）底部的黑水经黑水排放阀（FV1008）排入高压闪蒸罐（V108）处理。灰水槽（V110）中的灰水由高压灰水泵（P107）加压，经换热器（E102）预热后进入洗涤塔（T101），由洗涤塔的液位控制阀（LV1009）将洗涤塔的液位控制在60%。从洗涤塔（T101）中下部抽取的灰水，由激冷水泵（P105）加压并作为激冷水和进入洗涤塔（T101）的洗涤水。

4. 锁斗系统

激冷室底部的渣和水，在收渣阶段经锁斗收渣阀（VA1016）、锁斗安全阀（VA1017）后，进入锁斗（V105）。锁斗安全阀（VA1017）处于常开状态。锁斗循环泵（P104）从锁斗顶部抽取相对洁净的水并送回至激冷室底部，帮助将其中的渣冲入锁斗。

锁斗循环分为泄压、清洗、排渣、充压、收渣五个阶段。循环时间一般为30min，可以根据具体情况调整。

锁斗循环过程为：锁斗泄压阀（VA1022）打开，开始泄压，锁斗内压力泄至渣池（V107）。泄压后，泄压管线清洗阀（VA1038）打开清洗泄压管线，到达规定的清洗时间，清洗阀（VA1038）关闭。锁斗冲洗水阀（VA1036）和锁斗排渣阀（VA2021）及泄压管线清洗阀（VA1037）打开，开始排渣。当冲洗水罐液位低时，锁斗排渣阀（VA1021）、泄压管线清洗阀（VA1037）和冲洗水阀（VA1036）关闭。锁斗充压阀（VA1018）打开，用高压灰水泵（P107）送来的灰水开始为锁斗进行充压。当气化炉与锁斗之间压差（$<$180 kPa）低时，锁斗收渣阀（VA1016）打开，锁斗充压阀（VA1018）关闭，锁斗循环泵进口阀（VA1019）打开，锁斗循环泵循环阀（VA1020）关闭，锁斗开始收渣。锁斗积满渣后，开始下一次循环，锁斗循环泵循环阀（VA1020）打开，锁斗循环泵进口阀（VA1019）关闭，锁斗循环泵（P104）自循环。锁斗收渣阀（VA1016）关闭，锁斗泄压阀（VA1022）打开，锁斗重新进入泄压步骤。如此循环进行。

从灰水槽（V110）来的灰水，由低压灰水泵（P106）加压，经冷却器（E101）冷却后，送入锁斗冲洗水罐（V106），以作为锁斗排渣时的冲洗水。锁斗排出的渣水则排入渣池（V107）。

5. 黑水处理系统

来自气化炉激冷室（R101）和洗涤塔（T101）的黑水进入高压闪蒸罐（V108）。从高压闪蒸罐（V108）顶部出来的闪蒸汽，经灰水加热器（E102）与高压灰水泵（P107）

送来的灰水换热冷却后，再经高压闪蒸冷凝器（E103）冷凝进入灰水槽（V110）。

高压闪蒸罐（V108）底部出来的黑水经液位调节阀（LV1007）减压后，进入真空闪蒸罐（V109），在-0.05MPa（A）下，做进一步闪蒸处理，浓缩的黑水自流入灰水槽（V110）。真空闪蒸罐（V109）顶部出来的闪蒸汽，经真空闪蒸罐顶的冷凝器（E104）冷凝后，进入真空闪蒸罐顶分离器（V111），冷凝液进入灰水槽（V110）以便循环使用。真空闪蒸罐顶部出来的闪蒸汽，用真空泵抽出并排入大气，液体则自流入灰水槽（V110）以便循环使用。

三、煤气化工段主要设备

1. 主要设备

煤气化工段的主要设备如表3-2所示。

表3-2 煤气化工段主要设备

序号	设备位号	设备名称	序号	设备位号	设备名称
1	R101	气化炉	13	V111	真空闪蒸分离罐
2	T101	合成气洗涤塔	14	E101	锁斗冲洗水冷却器
3	V101	煤斗	15	E102	灰水加热器
4	V102	磨机工艺水槽	16	E103	高压闪蒸冷凝器
5	V103	磨煤机出料槽	17	E104	真空闪蒸罐顶冷凝器
6	V104	煤浆槽	18	P101	磨煤机出料槽泵
7	V105	锁斗	19	P102	工艺水给料泵
8	V106	锁斗冲洗水槽	20	P103	高压煤浆泵
9	V107	渣池	21	P104	锁斗循环泵
10	V108	高压闪蒸罐	22	P105	激冷水泵
11	V109	真空闪蒸罐	23	P106	低压灰水泵
12	V110	灰水槽	24	P107	高压灰水泵

2. 闪蒸原理

闪蒸的定义为，高压饱和水进入低压容器后，因压力的突然下降，使得这些饱和水，在此容器压力下，变成一部分的饱和水蒸气和饱和水，实质上就是对从一个热力学平衡态到下一个热力学平衡态变化的计算。目前，闪蒸技术主要应用于热力发电厂中锅炉排水的回收和地热发电。闪蒸的特点主要表现在整个过程中无热量加入，一般应用对象多为纯物质。

闪蒸罐的原理就是利用物质的沸点随压力增大而升高，随压力减小而降低的这一性质。将高压高温流体输送进闪蒸罐的过程本身所实现的就是减压处理，从而达到降低沸点的目的。在此过程中，由于流体温度高于该压力下流体自身的沸点，因此，流体在闪蒸罐中会迅速沸腾汽化，出现两相分离现象。需要说明的是，闪蒸罐所起作用是提供流体迅速汽化和气液分离的空间，减压的作用则主要由减压阀来实现。闪蒸的过程往往在建立新压力等级的气液平衡的同时，要损失相当的压力能量。

3. 工艺烧嘴

工艺烧嘴也称TCGP烧嘴，主要作用是实现水煤浆与氧气的高度混合和雾化，一般采用的是外混式三流道设计（如图3-5所示）。其中，中心管和外环隙为氧气，内环隙则为水煤浆；烧嘴头部一般采用耐腐蚀材质。此设备中带有的冷却水夹套和冷却水盘管，可保护烧嘴不被烧坏。在实际生产过程中，在不同的负荷比和气液比条件下，中心氧量最佳值的选择会有所不同，这样可保证烧嘴在最佳状态下进行工作。

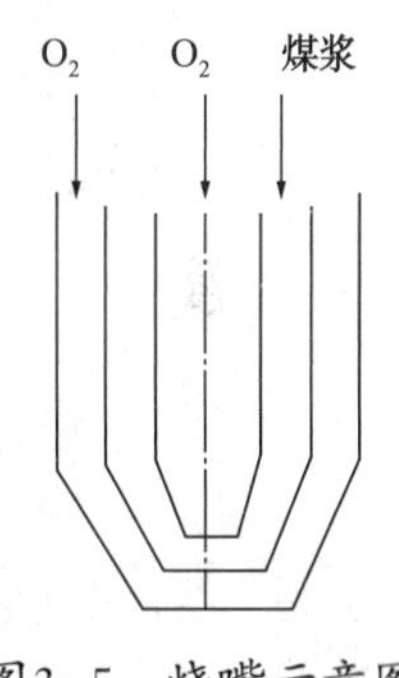

图3-5　烧嘴示意图

4. 气化炉

气化炉是气化工艺过程的关键设备，其内部可分为上、下两部分（如图3-6所示）：上部为燃烧室，下部为激冷室。燃烧室为进行气化反应的主要场所，炉壁内衬三层不同作用的耐火砖及耐火材料，水煤浆及氧气由位于气化炉上端的烧嘴送入；激冷室内安装有激冷环、下降管、导气管、水分离挡板等附件设备，以助于原料燃烧后产生的熔渣可以在激冷室水浴中冷却为固体颗粒；同时，燃烧室中产生的粗合成气也可以在激冷室中，经冷却以实现初步的除尘净化处理。

5. 激冷环

激冷环主要包含激冷水流道、水分布孔、监视孔及水分布环隙等部分（如图3-7所示）；其主要作用是对激冷水分布控制，使得激冷水沿激冷室下降管管壁以垂直膜状或螺旋状方式流下，这样可保护下降管免受高温气体及熔渣所带来的损害。激冷环位置上半部分与燃烧室的锥形底部相接，下半部分则与下降管相接。一般来说，由于要接触到高温介质，因此对制作激冷环的材质要求较高；而且激冷环内流动的工艺水质要保证洁净，水量合适且分布均匀，需要定期对生产管线及激冷环进行冲洗，以避免发生堵塞现象而影响到正常生产。

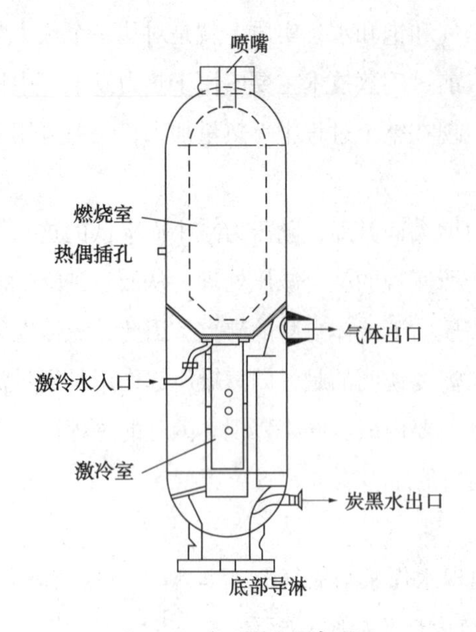

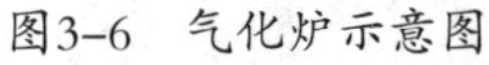
图3-6　气化炉示意图

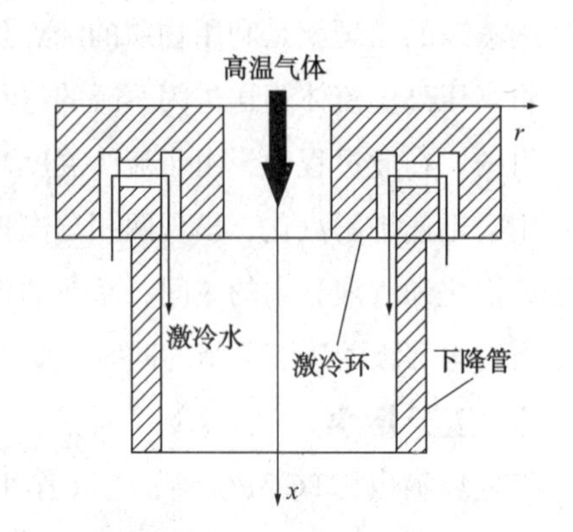

图3-7　激冷环剖面示意图

第三节　煤气化3D认知实训

一、煤气化3D认知实训任务及考核

煤气化3D认知实训的总分为100分，其中实训任务占30分，实训考核占70分。

如图3-8所示，按照第一章的操作说明，点击“3D认知实训”，选择“煤气化工段生产操作认知实训（3D）”，并依次点击按钮，进入软件系统。软件启动过程中会出现如图3-9所示的界面，点击任务栏中圆圈所示的图标，出现图3-10所示的视频讲解自动播放界面，要求学生认真观看视频。视频以无人机为第一视角，在虚拟工厂进行漫游，展示煤气化工段的3D虚拟厂区布局，设备装置概况，并通过画面、语音、字幕同步讲解，帮助学生建立对煤气化工段厂区的初步认识。

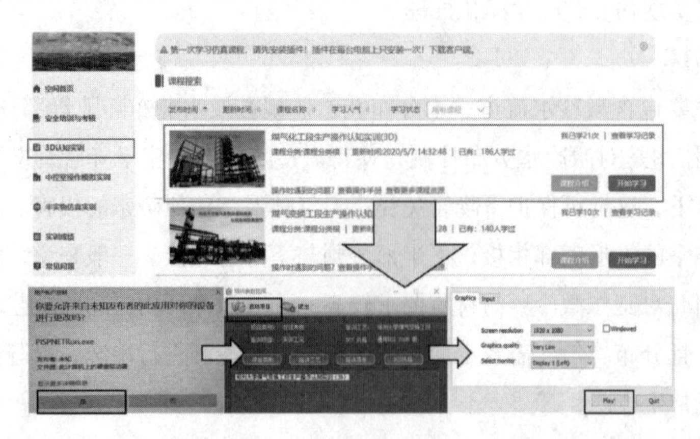

图3-8　煤气化工段生产操作认知实训（3D）软件开启指引图

图3-9　煤气化工段生产操作认知实训（3D）软件启动界面

图3-10　煤气化工段3D视角视频讲解自动播放界面

视频播放完成，出现如图3-11所示的界面，按任意键进入软件操作环节。如图3-12所示，弹出界面包含“自由练习”和“实训任务”两个选项，选择相应按钮可分别进入“自由模式”和“导航模式”。“自由模式”允许学生在工厂中自由移动、自由操作，进行工厂漫游，且屏幕上方居中位置有相应的按钮，学生可自主点击，对煤气化工段的车间布局、厂房建筑、管路管线布局、消防设施等进行整体认知，自由选择相关设备和工艺进行浏览和学习。“导航模式”要求学生控制人物跟随任务引导线，移动到高亮模型附近，鼠标点击高亮模型，打开知识点界面，认真学习相关知识点后，关闭知识点界面，弹出答题界面。完成实训任务并正确回答所有问题，可得满分30分。

进入图3-12的中间图示界面后，首先选择“实训任务”，进入导航模式，如图3-13所示。跟随任务引导线，依次点击相关指示牌，弹出如图3-14所示的知识点界面。这部分主要包含14项知识点：（1）煤气化基本概念认知实训，包含煤气化装置概述、煤气化工艺概述等相关知识；（2）煤气化安全认知实训，包含安全教育、化工生产标准穿戴等相关知识；（3）煤气化设备认知实训，包含称量给料机、磨煤机、高压煤浆泵、气化炉、破渣机、锁斗、捞渣机、水洗塔等设备的相关知识；（4）煤气化工艺认知实训，包含煤气化装置流程、煤气化操作要点等相关知识。

图3-11　煤气化工段3D视角视频自动播放结束后的跳转界面

图3-12　煤气化工段的3D实训任务与考核模式开启示意图

依次按引导完成知识点的学习以及即时答题，如图3-14所示。点击“提交”显示正确答案，关闭答题界面接入下一条知识点的学习和答题。答题过程和答题所得分数自动记录在操作后台和“操作质量评分系统”中。完成答题后，提示界面显示答题得分、正确题数和错误题数。完成实训任务即可进入“自由模式”。

操作注意事项：完成知识点阅读和学习，点击右下方的“关闭”按钮，答题界面自动弹出且不可返回，需完成答题方可进行下一条知识点的学习和答题。已完成的部分会在右侧的列表中显示绿色圆圈，如图3-13所示。

图3-13　煤气化工段实训任务引导界面

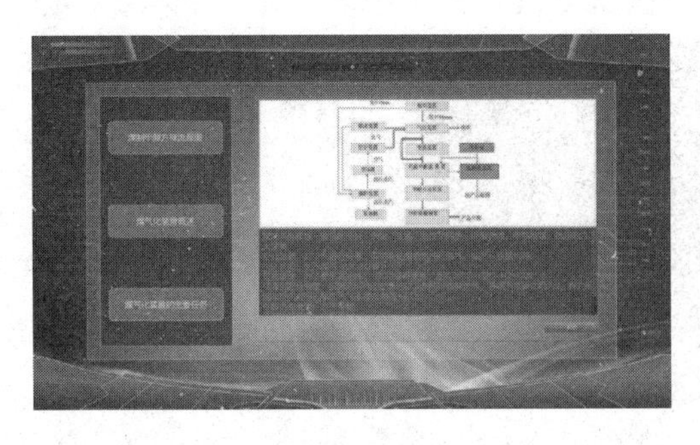
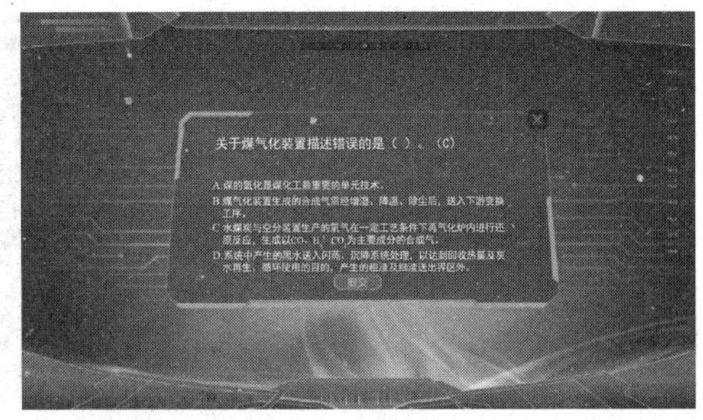

图3-14 煤气化工段知识点概述与答题界面

“自由练习”模式可在软件启动时选择，或完成“实训任务”自动进入“自由练习”模式。在自由模式下，通过控制键盘的“WSAD”实现“前后左右”移动，并可通过按住鼠标右键及拖动鼠标实现视角方向调整。如图3-15所示，移动鼠标光标至相关位置、设备、信息牌等，会出现提示信息，通过使用鼠标左键点击该位置，打开新界面，进行详尽的知识学习。

图3-15 “自由练习”模式下的自主学习界面示意图

在“自由练习”模式下，如图3-16所示，也可通过点击“任务”按钮进入“实训任务”模式。

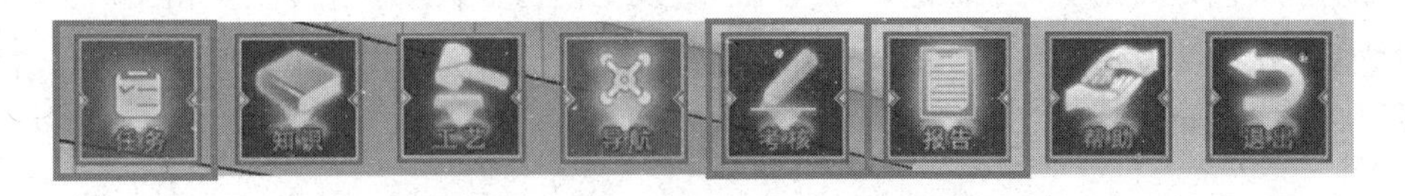

图3-16 煤气化工段生产操作认知实训（3D）窗口界面的功能按钮图标

完成实训任务后，点击屏幕上方的“考核”按钮，进入实训考核环节，如图3-17所示。随机出现20道选择题，满分70分，依次完成作答，提交后显示参考答案，学生可点击“上”“下”按钮，查看正确答案。关闭考核界面，弹出实训考核结果界面，显示得分、答题正确题数和错误题数，并记录在操作质量评分系统中。

完成实训考核答题后，点击如图3-16所示的“报告”按钮，可导出实验记录报告，报告中显示“实训任务得分”“实训考核得分”及“总得分”。

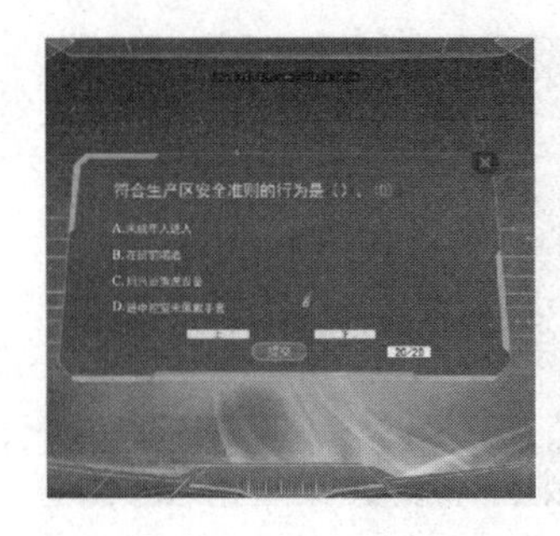

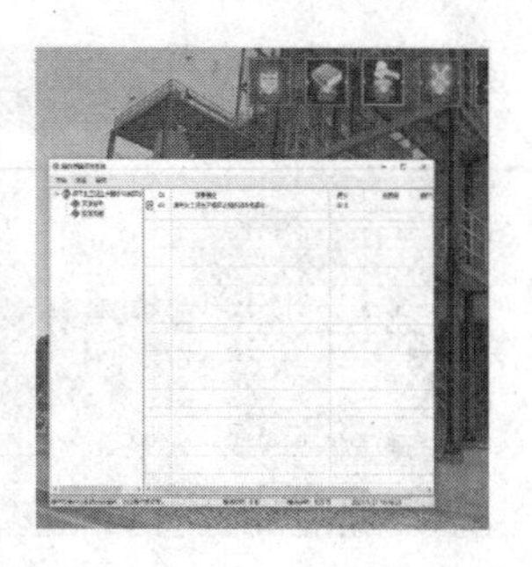

图3-17　煤气化工段生产操作实训考核界面

二、煤气化工段知识学习

如图3-18所示，点击屏幕上方的“知识”按钮，进入知识点学习界面，点击下拉菜单，分别选择煤气化基本概念认知实训、煤气化安全认知实训、煤气化设备认知实训、煤气化工艺认知实训，进入相关界面，选择相应的图标，点击确定，进入学习界面。

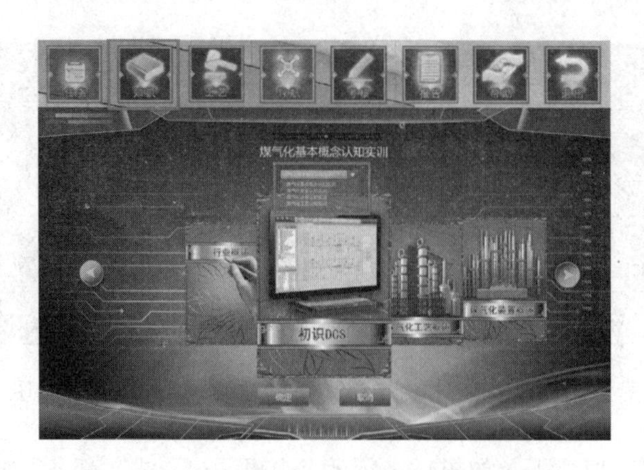

图3-18　煤气化工段知识点学习界面

该模块包含煤化工行业概述、煤气化装置及工艺初步认知、化工安全相关知识，特别是煤气化相关设备的介绍，以视频和文字等方式对设备的结构和工作原理进行详细介绍，如图3-19所示。

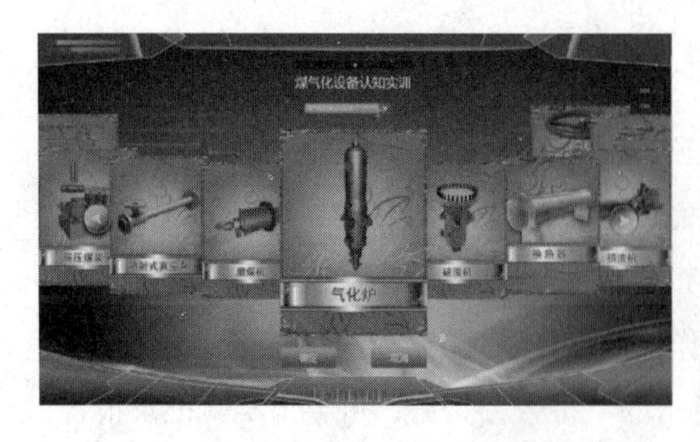

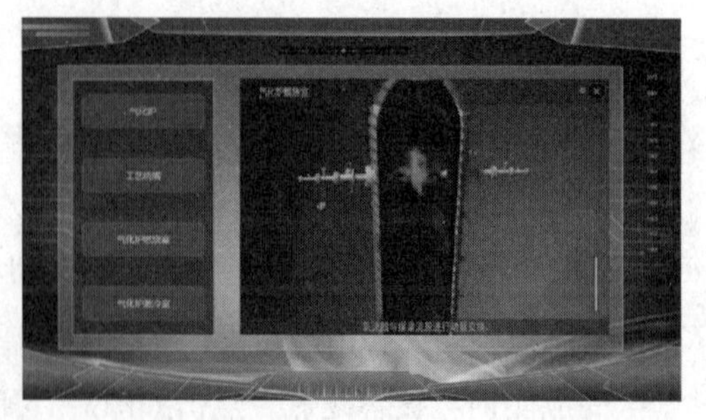

图3-19　煤气化设备陈列及气化炉燃烧室视频剖析讲解界面

三、煤气化工艺简况与主要设备的3D视图

如图3-20所示，煤气化生产操作3D虚拟仿真认知实训的工艺简图展示了煤气变换工段的物料走向，主要设备在工艺流程中的关系。在虚拟仿真实训平台软件系统中，工艺简图中建立了超链接，点击工艺流程简图中的相应设备，可直接跳转至煤气化工段3D工厂中对应设备的所在位置，能够帮助学生熟悉相关设备在整个工艺流程及工厂中所处的位置，完成在工厂中寻找相关设备并进行学习的任务。

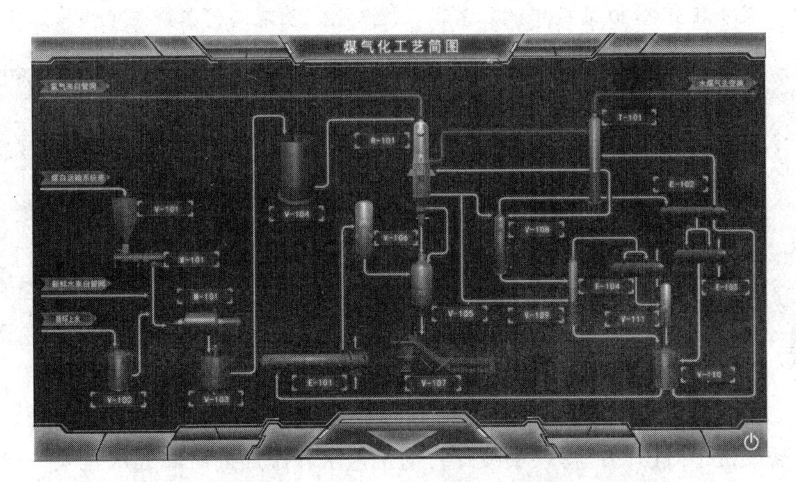

图3-20　煤气化工段工艺简图及3D设备位置链接图

在煤气化工段，主要有煤斗（V101）、磨煤工艺水槽（V102）、称量给料机（W101）、磨煤机（M101）、磨煤机出料槽（V103）、煤浆槽（V104）、气化炉（R101）、锁斗（V105）、锁斗冲洗水槽（V106）、锁斗冲洗水冷却器（E101）、渣池（V107）、高压闪蒸罐（V108）、真空闪蒸罐（V109）、真空闪蒸罐顶冷凝器（E104）、灰水槽（V110）、真空闪蒸分离罐（V111）、灰水加热器（E102）、高压闪蒸冷凝器（E103）、合成气水洗塔（T101）等设备。连接到某个设备，在设备附近会出现提示文本框，对设备的基本功能进行介绍，将鼠标光标放到设备上，点击设备还会弹出新的界面，包含对应设备的基础知识，涉及设备结构和工作原理，图文并茂，有文字描述、图片展示以及视频介绍等。

以下是煤气化工段涉及的相关设备在工艺流程中的编号、设备结构和工作原理，设备在整个工艺流程中的作用，以及设备在3D虚拟仿真工厂中所处的位置。

（1）煤斗（V101）：用于储存碎煤，碎煤经带式称重给料器称量送入磨煤机（见图3-21）。

（2）磨煤工艺水槽（V102）：用于储存工艺水（见图3-22）。

（3）称量给料机（W101）：又称输煤机，用于将煤斗中的碎煤输送至磨煤机并称重。点击设备，查看相关知识（见图3-23）。

图3-21　煤斗在3D虚拟工厂中的位置

图3-22　磨煤工艺水槽在3D虚拟工厂中的位置

图3-23　输煤机在3D虚拟工厂中的位置及其设备剖析

（4）磨煤机（M101）：将煤块破碎，与工艺水和添加剂研磨成水煤浆。点击设备，查看相关知识（见图3-24）。

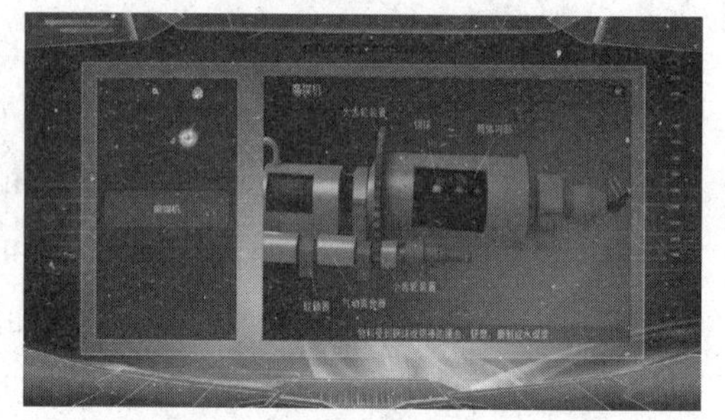

图3-24　磨煤机在3D虚拟工厂中的位置及其设备剖析

（5）磨煤机出料槽（V103）、煤浆槽（V104），如图3-25、图3-26所示。

图3-25　磨煤机出料槽在3D虚拟工厂中的位置

图3-26　煤浆槽在3D虚拟工厂中的位置

（6）气化炉（R101）：在高温高压下将水煤浆和氧气转化为含CO和H_2的粗煤气（见图3–27）。

图3–27 气化炉在3D虚拟工厂中的位置

（7）锁斗（V105）：收集激冷室底部的渣和水并排出。点击设备，查看相关知识（见图3–28）。

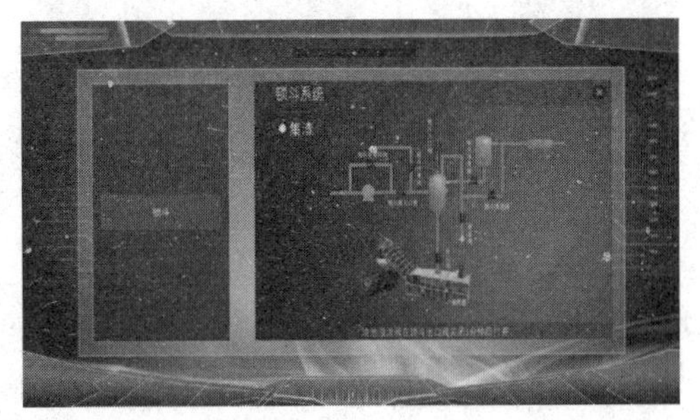

图3–28 锁斗在3D虚拟工厂中的位置及其锁斗系统介绍

（8）锁斗冲洗水槽（V106）：用于储存锁斗排渣时的冲洗水（见图3–29）。

图3–29 锁斗冲洗水槽在3D虚拟工厂中的位置

（9）锁斗冲洗水冷却器（E101）：用作冲洗锁斗的灰水的冷却。点击设备，查看相关知识（见图3–30）。

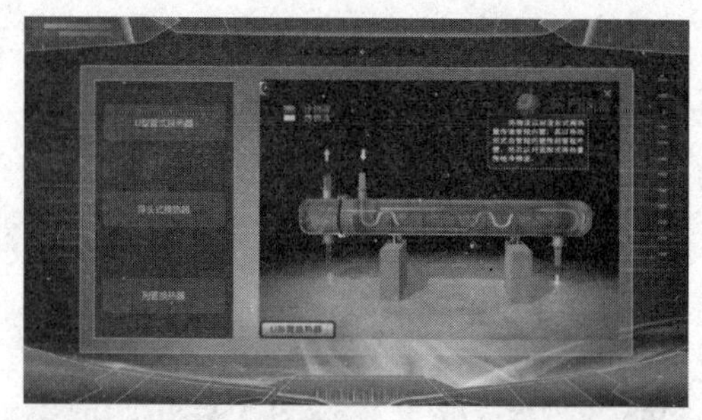

图3-30　锁斗冲洗水冷却器在3D虚拟工厂中的位置及相关设备剖析

（10）渣池（V107）：捞渣机，将锁斗排出的渣水进行固液分离并排出煤渣。点击设备，查看相关知识（见图3-31）。

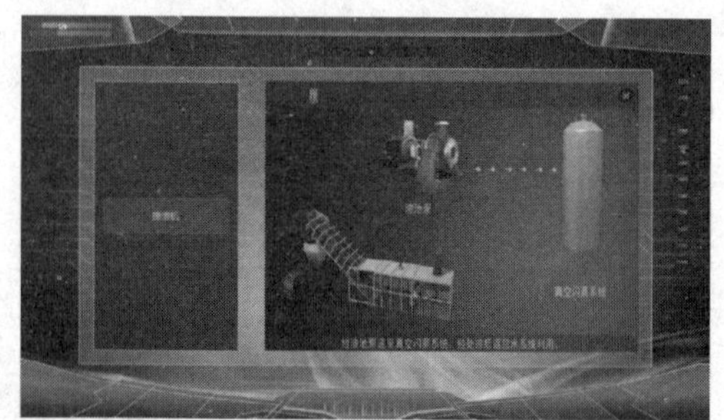

图3-31　渣池在3D虚拟工厂中的位置及捞渣机系统介绍

（11）高压闪蒸罐（V108）：用于浓缩气化炉和洗涤塔排出的黑水（见图3-32）。

图3-32　高压闪蒸罐在3D虚拟工厂中的位置

（12）真空闪蒸罐（V109）：用于进一步浓缩高压闪蒸罐排出的黑水。在高压的饱和水进入比较低压的容器后，由于压力的突然降低，这些饱和水变成一部分的容器压力下的饱和水蒸气。点击设备，查看相关知识（见图3-33）。

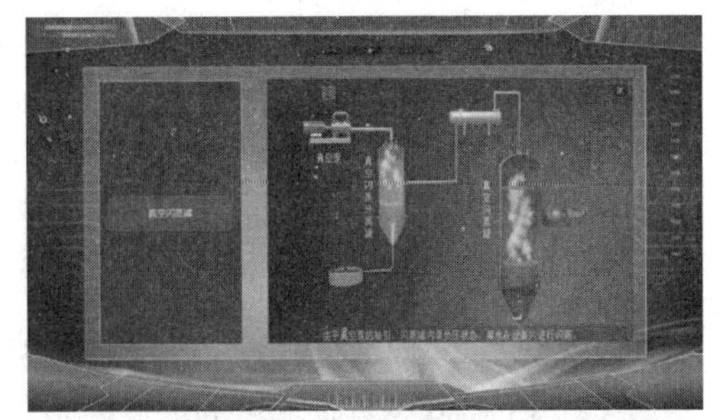

图3-33　真空闪蒸罐在3D虚拟工厂中的位置及其设备剖析

（13）真空闪蒸罐顶冷凝器（E104）：用于冷凝真空罐顶部出来的闪蒸汽（见图3-34）。

（14）灰水槽（V110）：用于储存从真空闪蒸罐流入的黑水，从高压闪蒸冷凝器、真空闪蒸罐顶冷凝器流入的灰水（见图3-35）。

图3-34　真空闪蒸罐顶冷凝器在3D虚拟工厂中的位置

图3-35　灰水槽在3D虚拟工厂中的位置

（15）真空闪蒸分离罐（V111）：将真空闪蒸罐顶冷凝器流出的冷凝液进行气液分离（见图3-36）。

（16）灰水加热器（E102）：将高压闪蒸罐顶部出来的闪蒸汽与灰斗水进行换热（见图3-37）。

图3-36　真空闪蒸分离罐在3D虚拟工厂中的位置

图3-37　灰水加热器在3D虚拟工厂中的位置

（17）高压闪蒸冷凝器（E103）：用于冷凝经灰水加热器冷却后的闪蒸汽（见图3–38）。

（18）锁斗循环泵（P104）：一种离心泵（见图3–39）。

图3–38　高压闪蒸冷凝器在3D虚拟　　图3–39　锁斗循环泵在3D虚拟

工厂中的位置　　工厂中的位置

（19）高压煤浆泵（P103）：企业采用较多的是隔膜式往复泵。点击设备，查看相关知识（见图3–40）。

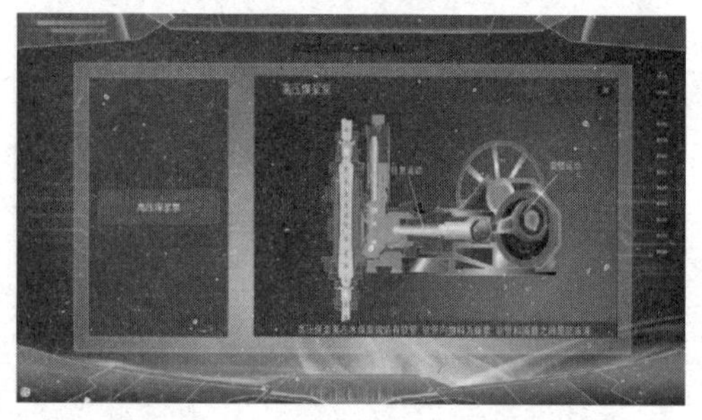

图3–40　高压煤浆泵在3D虚拟工厂中的位置及其设备剖析

（20）磨煤机出料槽泵（P101）：用于将磨煤机出料槽中的水煤浆输送至煤浆槽（见图3–41）。

（21）低压灰水泵（P106）：用于灰水的输送，是一种离心泵（见图3–42）。

图3–41　磨煤机出料槽泵在3D虚拟工厂中的位置

图3–42　低压灰水泵在3D虚拟工厂中的位置

（22）工艺水给水泵（P102）：又称磨煤机给水泵，将工艺水从磨煤工艺水槽，经磨煤机给水泵加压，磨机给水阀控制并输送至磨煤机（见图3-43）。

图3-43　工艺水给水泵在3D虚拟工厂中的位置

（23）合成气水洗塔（T101）：除去粗煤气中夹带的固体颗粒和雾沫，对合成气进行洗涤净化，进一步产生饱和蒸汽，达到合适的水气比，为变换工艺创造条件。点击设备，查看相关知识（见图3-44）。

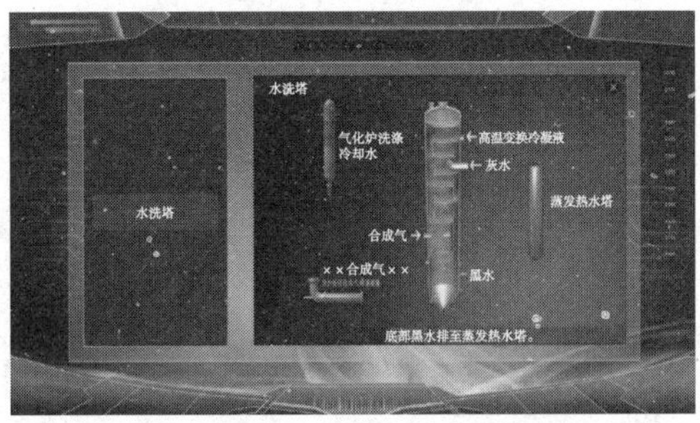

图3-44　合成气水洗塔在3D虚拟工厂中的位置及其设备剖析

第四节　岗位操作

一、冷态开车

1. 气化开车前准备

（1）确定仪表空气压力正常，点击界面相应按钮；

（2）联系供电，点击界面相应按钮。

2. 仪表、阀门联调

正确投用各仪表和阀门，调试合格后，点击“仪表阀门调试完成”。

3. 系统气密

按要求进行系统气密，点击界面相应按钮。

4. 水联运

（1）打开VA1042建立灰水槽液位；

（2）打开FV1009前阀VD1025和后阀VD1026；

（3）当V110液位达到30%后，打开P107前阀VD1007；

（4）启动P107；

（5）打开FV1009建立T101液位；

（6）打开FV1006前阀VD1009和后阀VD1010；

（7）当T101液位达到30%以上，启动P105；

（8）打开FV1006建立激冷室液位；

（9）打开FV1007前阀VD1011和后阀VD1012；

（10）当激冷室液位达到约1500mm时，打开FV1007，控制激冷室液位在1750mm左右；

（11）打开LV1005前阀VD1018和后阀VD1017；

（12）打开LV1007前阀VD1015和后阀VD1016；

（13）LIC1007投自动；

（14）设定50%；

（15）打开LV1008前阀VD1019和后阀VD1020；

（16）LIC1008投自动；

（17）设定50%；

（18）控制灰水槽液位为50%。

5. 启动开工抽引器

（1）说明语句：联系调度送低压蒸汽，并通过排污阀排净蒸汽管线内冷凝液。

（2）打开抽气阀VA1011，将系统压力抽到−0.03～−0.02MPa。

6. 点火

（1）说明语句：确认气化炉内低温热偶已装好，表面热偶投用。

（2）说明语句：用炉顶电动葫芦将预热烧嘴吊起，对准气化炉炉口约1.0m高度上，将预热烧嘴缓慢降低安放在炉口上。

（3）说明语句：用耐压软管将预热烧嘴燃气接口与燃气管接上，火焰监测器、点火枪、仪表空气连接好，并稍开预热烧嘴风门。

（4）打开燃料气入气化炉前手阀VA1003，对入气化炉管线进行置换，置换合格后手阀关闭。

（5）确认火焰监测器、点火装置一切正常后，先启动点火装置。

（6）开入气化炉仪表空气阀门，点燃预热烧嘴。

（7）说明语句：调节燃料气与仪表空气流量，调节抽气阀VA1011，调整火焰形状到最佳。

（8）按照升温曲线对气化炉进行预热烘炉，升至1200℃或规定温度。

（9）随着炉温升高时，应相应增加激冷水调节阀FIC1006流量，使出激冷室气体温度TI1008不超过224℃。

（10）托板温度不应超过250℃。

7. 启动破渣机

按规程启动破渣机。

8. 投用锁斗

（1）打开P106前阀VD1008；

（2）启动低压灰水泵P106；

（3）开锁斗冲洗水罐加水阀VA1035；

（4）开循环水CW进锁斗冲洗水冷却器E101手动截止阀VA1043，打开排气阀，排气后关闭；

（5）打开VA1036；

（6）将锁斗充满水；

（7）关闭VA1036；

（8）打开锁斗循环泵P104循环管线阀VA1020；

（9）打开泵入口阀VA1019；

（10）启动锁斗循环泵P104，等待气化炉投料；

（11）打开VA1016；

（12）打开VA1017。

9. 火炬系统置换

火炬系统置换。

10. 启动真空闪蒸系统

（1）打开真空闪蒸冷凝器E104循环水进口手动阀VA1039；

（2）打开VA1040；

（3）打开VA1045；

（4）打开VA1041；

（5）待V111有一定液位后，打开VA1044，并随时调整，保持V111水封状态。

11. 烧嘴切换

（1）当炉温升至1200℃或规定温度后，关闭VA1004；

（2）关闭VA1003；

（3）将烘炉烧嘴吊出，更换为工艺烧嘴；

（4）关闭VA1011。

12. 气化炉激冷室提液位

（1）调节激冷水流量调节阀FV1006开度，加大激冷水量；

（2）调节FV1007，使激冷室液位逐渐上升；

（3）控制激冷室液位在操作液位（50%）。

13. 磨煤机开车前准备

（1）系统安装完毕，设备、管道清洗合格，临时盲板已拆除；

（2）仪表控制系统能正常运行，连锁已调试合格；

（3）各运转设备单体试车合格；

（4）循环冷却水、原水、仪表空气等公用工程供应正常；

（5）煤斗下方闸板阀已打开，且料位处于高料位；

（6）石灰石斗下方闸板阀已打开，且料位处于高料位；

（7）按要求配制好的添加剂已送入添加剂槽V102待用；

（8）各运转设备按规定的规格和数量加注润滑油；

（9）关闭管线上所有活门。

14. 磨煤机开车

（1）现场打开截止阀VA1033，向研磨水槽V102加水；

（2）液位控制在50%左右；

（3）由电气人员启动磨煤机M101，检查煤磨机运行情况，应无异常响声、震动、电流；

（4）打开FV1002前阀VD1003和后阀VD1004；

（5）启动P102；

（6）打开FV1002，调节流量为17.72 m^3/h（参考值），给磨机加水；

（7）启动煤称重给料机，向磨机供煤；

（8）流量控制在25.95 t/h（参考值）；

（9）磨机出料槽V103液位达到30%后，启动磨机出料槽V103搅拌器M102；

（10）打开P101到V104阀门VA1006；

（11）启动磨机出料槽泵P101。

15. 投料前确认、操作

（1）按气化炉投料前现场阀门确认表确认现场阀门在正确位置；

（2）总控检查大、小烧嘴冷却水正常；

（3）仪表空气正常；

（4）仪表电源正常；

（5）确认气化炉炉温大于1000℃；

（6）气化炉R101液位约50%；

（7）碳洗塔T201液位约60%；

（8）激冷水流量FIC1006>100 m^3/h；

（9）FV1010关；

（10）环隙氧气阀门VA1008开50%；

（11）中心氧气阀门VA1009开50%；

（12）打开碳洗塔出口放空阀PV1007前阀VD1023和后阀VD1024；

（13）总控全开碳洗塔出口放空阀PV1007。

16. 气化炉投料开车

（1）通知调度、空分，准备投料；

（2）确认气化炉炉温在1000℃以上，否则需更换烧嘴重新升温；

（3）打开VA1007；

（4）启动高压煤浆泵P103；

（5）调节泵频率使高压煤浆泵出口流量FI1004稳定在17.3 m^3/h（参考值）；

（6）确认空分操作正常，氧气纯度≥99.6%；

（7）氧气压力PIC1001为5.5～5.8MPa；

（8）打开FV1003前阀VD1005和后阀VD1006；

（9）通知现场人员撤离，总控通过FIC1003来调节氧气流量为8000 Nm^3/h（参考值）（建议不要一次性调到位，应多次少量进行调升操作）。

17. 开车成功后操作

（1）确认气化炉温度、压力、液位等操作条件正常；

（2）适当提高高压煤浆泵P103转速；

（3）通过FV1003来调节入炉氧气量，控制气化炉温升速度，不能过快或过慢（一般应在20分钟左右升至1200℃，仅为参考，视实际情况进行具体相应调节）；

（4）及时调节激冷水流量调节阀FV1006、气化炉液位调节阀LV1005，维持激冷室在操作液位；

（5）气化炉合成气出口温度TI1008＜230℃；

（6）总控操作人员应密切注意水系统运行，精心调节，保证稳定，防止过大的波动。

18. 气化炉升压

（1）将背压控制器PIC1007切换成手动模式，按照0.1MPa/min（参考值，但软件界面中无法直接控制）的升压速率逐步提高系统压力；

（2）当压力升至1.5MPa时，现场检查系统的气密性；

（3）当压力升至2.5MPa，现场检查系统的气密性；

（4）压力升至3.8MPa，最后检查系统的气密性。

19. 向变换导气

（1）当气化炉压力PI1004达4.0MPa，洗涤塔出口温度TI1012＞200℃时，且取样分析水煤气合格后，打开粗煤气导气旁路阀VA1024，向变换工序导气；

（2）打开FV1010前阀VD1021和后阀VD1022；

（3）待粗煤气控制阀FV1010前后压力平衡后，总控缓慢打开粗煤气控制阀FV1010；

（4）同时缓慢关小背压阀PV1007；

（5）视情况调节FV1010开度，关闭粗煤气导气旁路阀；

（6）通过负荷来调节系统，调节高压煤浆泵频率将负荷提高到设定值；

（7）增加负荷时，总控应密切注意炉温、系统压力、激冷室和洗涤塔液位变化情况，同时调整水系统与负荷相匹配，以维持工况稳定；

（8）通过调整氧煤比来控制炉温在1200℃±50℃。

二、正常停车

1. 停车前准备

（1）逐渐降负荷至正常操作值的50%；

（2）缓慢降低系统压力PIC1007设定值，使之略低于操作压力背压阀PV1007自行打开；

（3）缓慢关闭粗煤气出口手动调节阀FV1010，用背压阀PV1007控制系统压力PIC1007。

2. 正常停车步骤

（1）关闭氧气流量调节阀FV1003；

（2）高压煤浆泵停车（煤浆制备可停车）；

（3）关闭VA1007；

（4）关闭合成气出口阀FV1010；

（5）关闭FV1003前阀VD1005和后阀VD1006；

（6）关闭VA1008；

（7）关闭VA1009；

（8）气化炉泄压至常压（泄压过程中相应关小FV1006和FV1009，FIC1006不低于40m³/h）。

3. 氮气置换

（1）打开低压氮气管线上VA1012；

（2）打开低压氮气管线上VA1013；

（3）打开低压氮气管线上VA1014；

（4）置换合格后，关闭VA1012；

（5）置换合格后，关闭VA1013；

（6）置换合格后，关闭VA1014。

4. 吊出工艺烧嘴

（1）将激冷室液位降到升温液位；

（2）打开工艺气去抽引器大阀VA1011；

（3）吊出工艺烧嘴；

（4）关闭VA1011。

5. 黑水排放

（1）总控关洗涤塔液位调节阀FV1009；

（2）关闭FV1009前阀VD1025和后阀VD1026；

（3）停P107；

（4）关闭P107Q前阀VD1007；

（5）洗涤塔液位低于5%时，关闭FV1006；

（6）关闭FV1006前阀VD1009和后阀VD1010；

（7）停激冷水泵P105；

（8）全开洗涤塔底部FV1008，将洗涤塔排尽；

（9）排尽后关闭FV1008；

（10）关闭FV1008前阀VD1014和后阀VD1013；

（11）将激冷室液位排尽；

（12）排尽后关闭FV1007；

（13）关闭FV1007前阀VD1011和后阀VD1012；

（14）关闭LV1005；

（15）关闭LV1005前阀VD1018和后阀VD1017；

（16）将V108液位排尽；

（17）排尽后，关闭LV1007；

（18）关闭LV1007前阀VD1015和后阀VD1016；

（19）关闭VA1040；

（20）关闭VA1041；

（21）将V109液位排尽；

（22）排尽后，关闭LV1008；

（23）关闭LV1008前阀VD1019和后阀VD1020；

（24）关闭VA1045；

（25）将V111液位排尽；

（26）排尽后，关闭VA1044；

（27）关闭VA1039。

6. 锁斗系统停车

（1）按单体操作规程停锁斗循环泵P104；

（2）关闭VA1019；

（3）关闭锁斗冲洗水罐进口流量调节阀VA1035；

（4）停P106；

（5）关P106入口阀VD1008；

（6）手动打开锁斗排渣阀VA1021；

（7）手动打开锁斗冲洗阀VA1036；

（8）将锁斗冲洗水罐V106中水放干净；

（9）关闭VA1036、VA1016、VA1017和VA1021。

7. 煤浆制备停车

（1）煤排净后，停煤称重给料机；

（2）按规程停磨机出料槽泵P101；

（3）关闭VA1006；

（4）关闭VA1033；

（5）调节磨机给水流量FIC1002，直至磨机出口干净，按规程停磨机M101；

（6）停V103搅拌器；

（7）停V104搅拌器；

（8）关闭磨机给水流量调节阀FV1002；

（9）按规程停磨煤机给水泵P102。

第五节　仿真界面

一、DCS界面画面

1. 气化炉DCS界面图

气化炉DCS界面见图3-45。

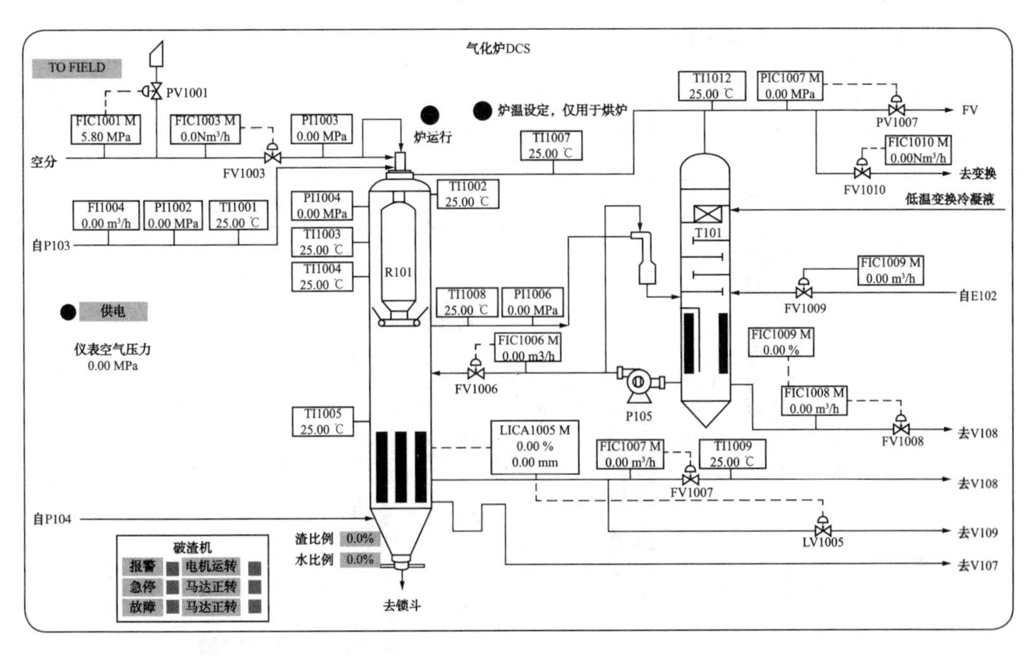

图3-45　气化炉DCS界面图

2. 磨机DCS界面图

磨机DCS界面见图3-46。

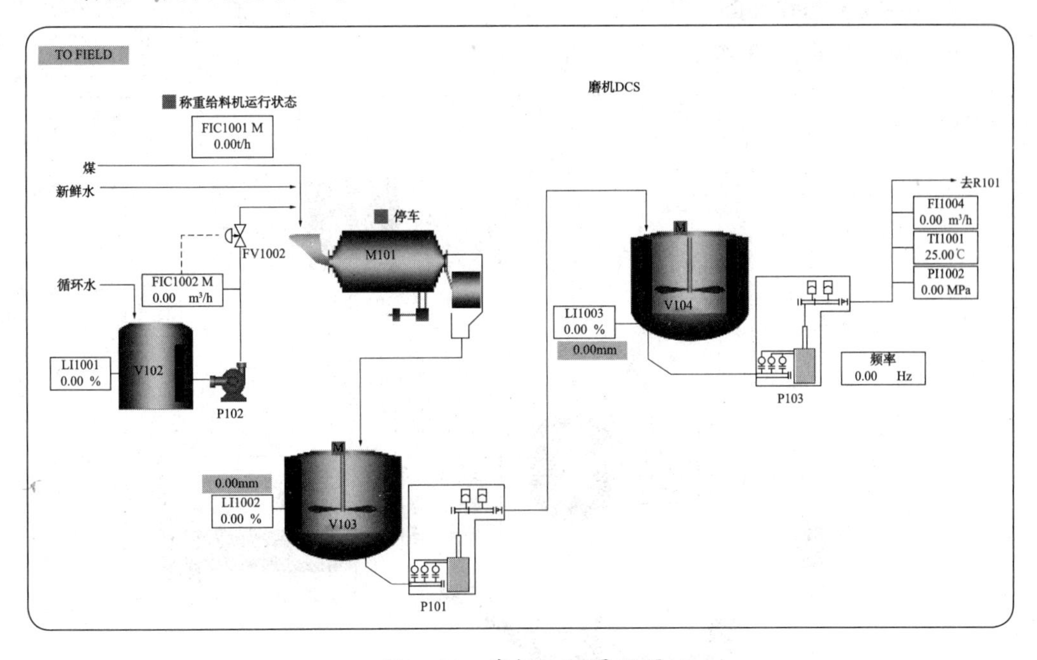

图3-46　磨机DCS界面图

3. 闪蒸系统DCS界面图

闪蒸系统DCS界面见图3-47。

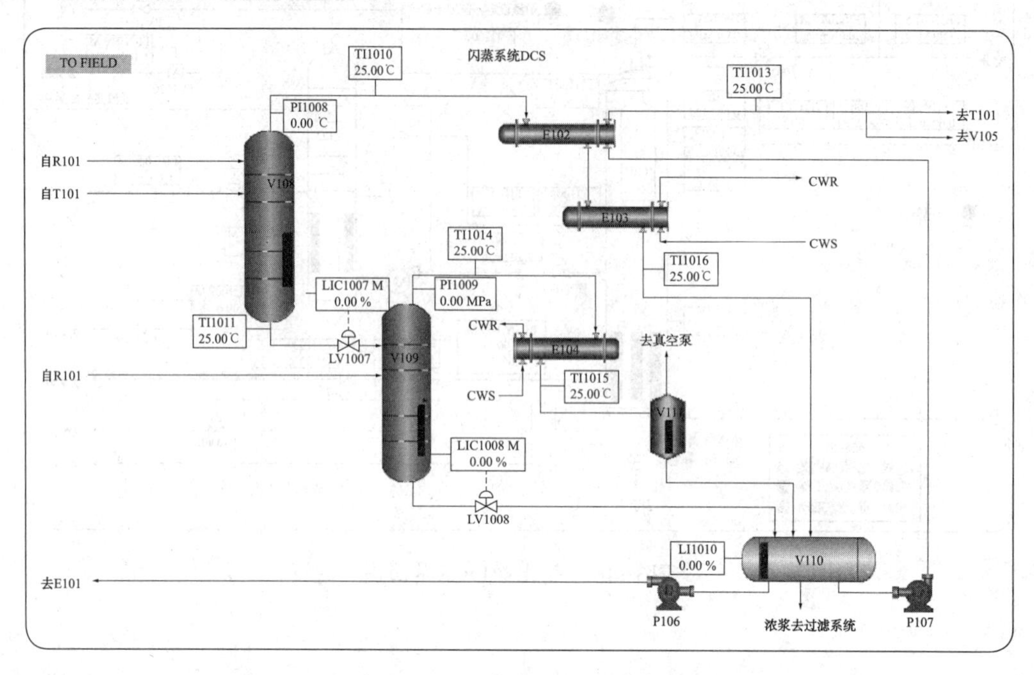

图3-47　闪蒸系统DCS界面图

4. 锁斗DCS界面图

锁斗DCS界面见图3-48。

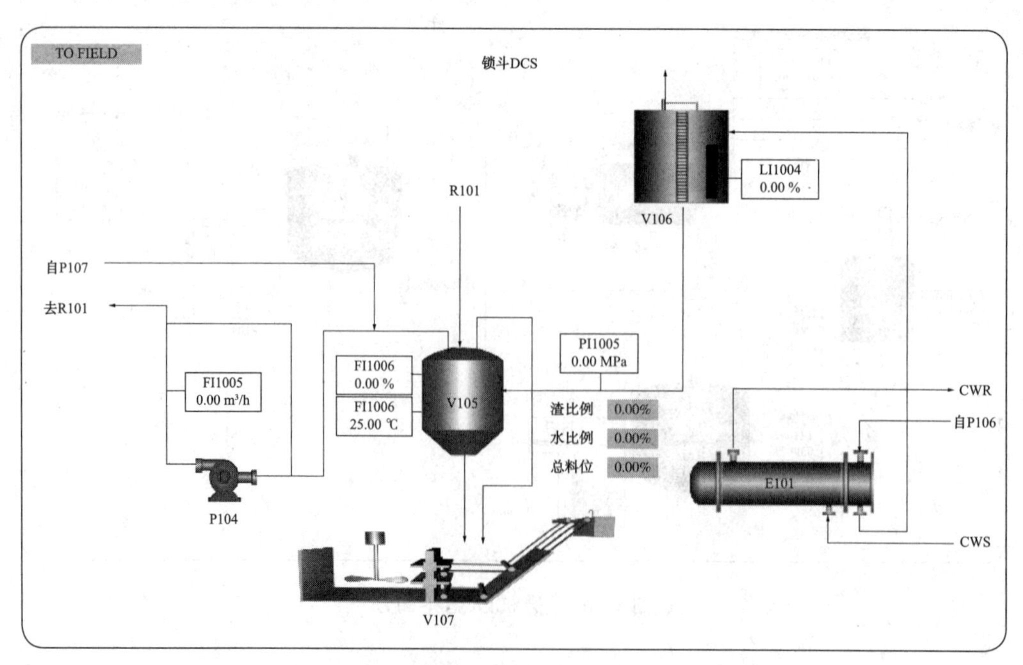

图3-48　锁斗DCS界面图

二、现场画面

1. 磨机现场界面图

磨机现场界面见图3-49。

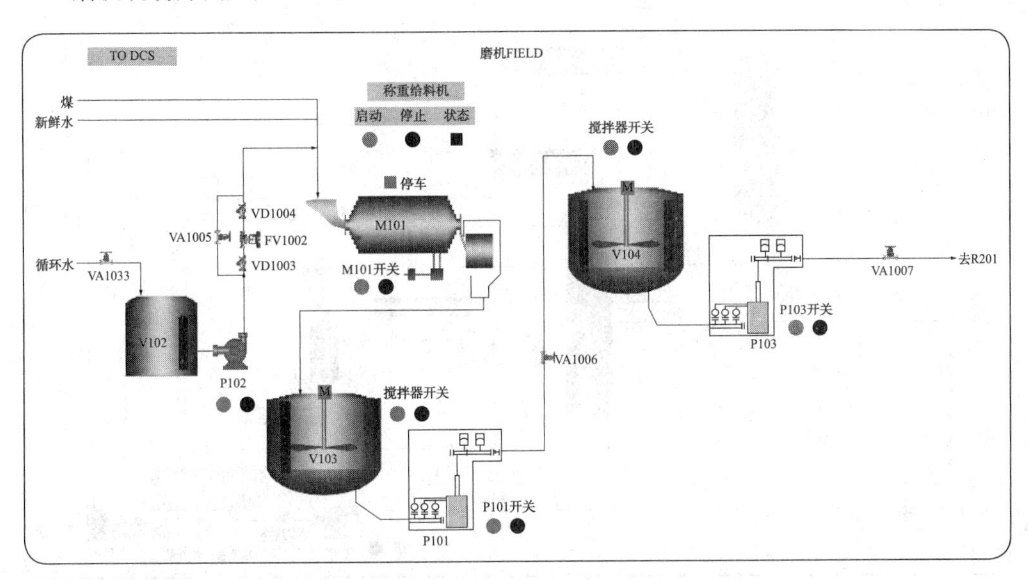

图3-49　磨机现场界面图

2. 气化炉现场界面图

气化炉现场界面见图3-50。

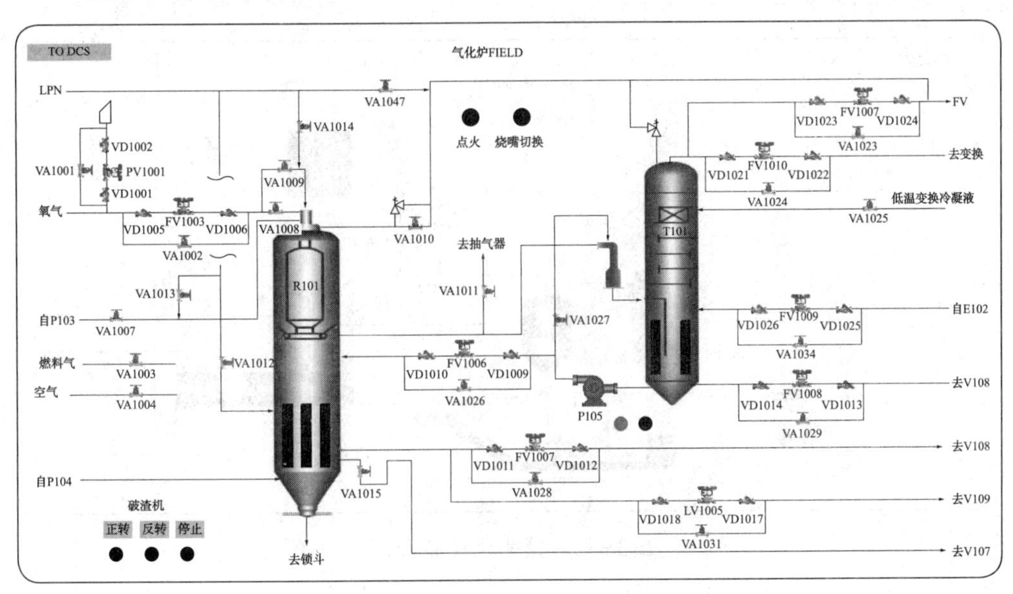

图3-50　气化炉现场界面图

3. 闪蒸系统现场界面图

闪蒸系统现场界面见图3-51。

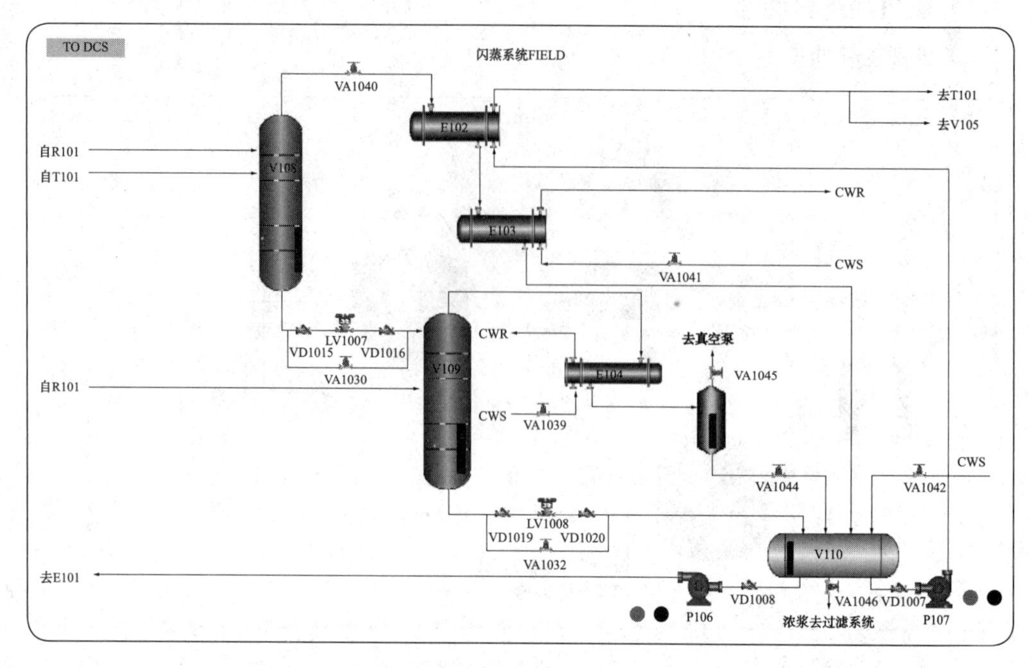

图3-51 闪蒸系统现场界面图

4. 锁斗现场界面图

锁斗现场界面见图3-52。

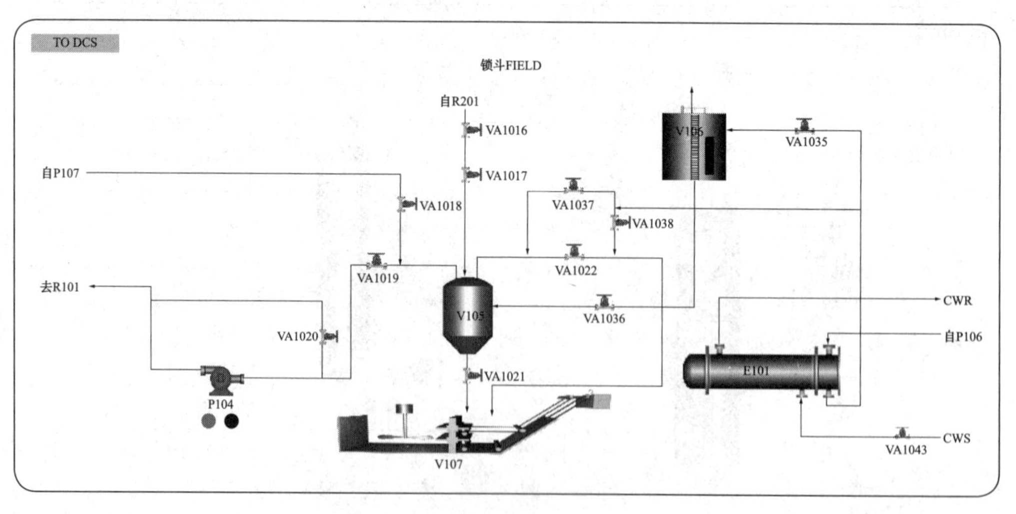

图3-52 锁斗现场界面图

三、其他操作画面

1. 开停车确认界面

开停车确认界面见图3-53。

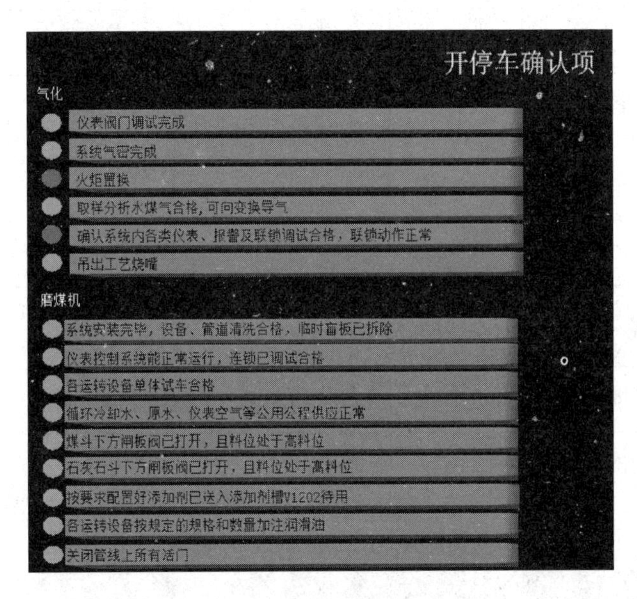

图3-53　开停车确认界面图

第六节　主要阀门与仪表

主要控制显示仪表如表3-3～表3-6所示。

表3-3　流量自动控制阀门

序号	名称	仪表位号	单位	序号	名称	仪表位号	单位
1	耗煤量	FIC1001	t/h	6	激冷水泵出口	FIC1006	m^3/h
2	磨煤机给水	FIC1002	m^3/h	7	激冷室出口黑水	FIC1007	m^3/h
3	氧气	FIC1003	Nm^3/h	8	洗涤塔出口黑水	FIC1008	m^3/h
4	高压煤浆泵出口	FI1004	m^3/h	9	高压灰水泵至洗涤塔	FIC1009	m^3/h
5	锁斗循环泵出口	FI1005	m^3/h	10	洗涤塔出口粗煤气	FIC1010	m^3/h

表3-4 温度显示仪表

序号	名称	仪表位号	单位	序号	名称	仪表位号	单位
1	煤浆泵出口温度计	TI1001	℃	9	高压闪蒸罐V108顶出口	TI1010	℃
2	气化炉表面温度	TI1002	℃	10	高压闪蒸罐V108下出口	TI1011	℃
3	气化炉	TI1003	℃	11	洗涤塔出口粗煤气	TI1012	℃
4	气化炉托转板	TI1004	℃	12	灰水加热器E102出口温度	TI1013	℃
5	激冷室温度	TI1005	℃	13	真空闪蒸罐V109顶出口	TI1014	℃
6	锁斗	TI1006	℃	14	真空闪蒸罐分离罐V111入口	TI1015	℃
7	气化炉出口气体	TI1008	℃	15	E103热物料出口	TI1016	℃
8	激冷室出口黑水	TI1009	℃				

表3-5 压力控制显示仪表

序号	名称	仪表位号	单位	序号	名称	仪表位号	单位
1	界区至气化炉氧气	PIC1001	MPa	6	气化炉出口气体压力	PI1006	MPa
2	高压煤浆泵出口	PI1002	MPa	7	洗涤塔出口气体	PIC1007	MPa
3	气化氧气入炉压力	PIA1003	MPa	8	高压闪蒸罐V1008压力	PI1008	MPa
4	气化炉	PI1004	MPa	9	真空闪蒸罐V109压力	PI1009	MPa
5	锁斗	PI1005	MPa				

表3-6 液位自动控制阀门及显示仪表

序号	名称	仪表位号	单位	序号	名称	仪表位号	单位
1	磨煤机工艺水槽	LI1001	%	6	锁斗	LI1006	%
2	磨煤机出料槽	LI1002	mm	7	V108高闪罐	LIC1007	%
3	煤浆槽	LI1003	mm	8	V109真闪罐	LIC1008	%
4	锁斗冲洗水罐	LI1004	%	9	洗涤塔	LIC1009	%
5	激冷室	LICA1005	mm	10	V110灰水槽	LI1010	%

思考题

1. 煤气化过程是怎样的？煤气主要成分有哪些？

2. 煤气分类为哪几类，其区别是什么？

3. 简述一下煤气化过程。

4. 煤气化的一般技术方法包括哪些，各自特点是什么？

5. 德士古水煤浆加压气化的关键设备是什么？其结构是怎样的？其工作原理是什么？

6. 闪蒸罐工作原理是什么？其作用是什么？

7. 简述工艺烧嘴的结构和作用。

8. 激冷环的结构是怎样的？其特点是什么？

9. 如何调节FIC1003氧气流量并最终控制到8000 Nm^3/h，为什么？（提示：直接设定还是逐步设定调整？）

10. 合成气洗涤塔（T101）存在几个进料口和排出口？如何调配相互间的流量以达到工艺控制要求？

11. 磨煤机的型号有哪几种？

12. 找到煤浆槽、气化炉、锁斗、高压闪蒸冷凝器、激冷水泵、高压煤浆泵在煤气化工段3D虚拟工厂中的位置。

第四章 煤气变换工段

第一节 概述

在煤制甲醇过程中，一氧化碳（CO）和氢气（H_2）组成是合成甲醇必不可少的原料气体。但在经气化工段得到的粗煤气中，原料气氢气的含量极低，无法满足后续甲醇合成正常生产的需求。因此，使用合适的催化剂及相关的变换工艺设备，以获得生产甲醇所需氢气，是能否成功进合成甲醇的重要手段。

在催化作用下，一氧化碳可以同水蒸气发生变换反应，生成氢气和二氧化碳。自1913年起，该工艺技术就应用于合成氨工业，并随后用于制氢工业。而在合成甲醇过程中，则是利用此反应来调整控制一氧化碳与氢的比例，以满足工艺生产的要求。

第二节 工艺原理与主要设备

一、煤气变换原理

煤气变换过程主要将部分原料气与水蒸气，在一定条件下，经变换催化剂作用，以获得氢气，其化学反应式如下：

$$CO+H_2O \rightleftharpoons H_2+CO_2+41.19kJ \tag{4-1}$$

该反应过程可逆，属于放热反应且反应前后体积不变。故改变压力对反应平衡无影响，若降低温度或提高水/汽比（进口气体水蒸气的分子数与总干气分子数之比），则有利于反应平衡向右移动。

经变换工段，去低温甲醇洗或脱碳后，氢碳比值应控制在2.05 ~ 2.15。

由于来自气化炉的原料气成分较为复杂，因此，反应过程中不可避免地要包含其他副反应过程。

1. 甲烷化反应

原料气与氢气在此反应工段中发生的甲烷化副反应，主要包括以下几种：

$$CO+H_2 \rightleftharpoons C+H_2O \tag{4-2}$$

$$CO+3H_2 \rightleftharpoons CH_4+H_2O \tag{4-3}$$

$$CO+2H_2 \rightleftharpoons CH_4+CO_2 \tag{4-4}$$

$$CO_2+4H_2 \rightleftharpoons CH_4+2H_2O \tag{4-5}$$

这些反应会与煤气化反应工段中出现的相关反应有所类似。从以上反应式可以看出，降低温度和提高压力，会有利于甲烷组分的生成。但是，在实际生产过程中，由于所使用的催化剂可对式（4–1）具有很高选择性，因此，只要选择合适的工艺条件，这一副反应是不会发生的。

一般来说，控制反应深度有两种措施：

（1）控制反应水汽比，控制反应深度。当水汽比较小、床层热点温度较高时（一般>400℃时），可能会引发甲烷化副反应。因此，水汽比的选取，要以保证床层热点温度不高于400℃为宜（水汽比在0.25，但要保证床层温度不超过400℃）。

（2）控制催化剂的装填量。

2. 一氧化碳的分解

在某种条件下，一氧化碳会发生分解反应而生成游离炭和二氧化碳。其化学反应式如下所示：

$$2CO \rightleftharpoons C+CO_2 \tag{4-6}$$

反应过程中生成的游离炭极易附着在催化剂表面，将活性组分覆盖，导致催化剂活性降低甚至失活，同时也白白消耗一部分一氧化碳。因此，这一副反应必须尽量避免。该反应过程属于放热反应，且反应前后气体体积变小。采取增加压力或降低温度的措施，将有利于该反应向正反应方向进行；另外，变换催化剂的组成与反应时气体中的水蒸气含量，会对一氧化碳的分解有较大影响作用。曾有相关实验结果显示，在200～500℃条件下，一氧化碳的分解反应速度很慢，而在较高的蒸汽比情况下，也不会发生析炭反应；但在低蒸汽比及高温条件下，则有利于析炭反应进行。

3. 一氧化碳变换率和平衡变换率

1）一氧化碳变换率

一氧化碳变换率，所表示的是一氧化碳的变换程度。一氧化碳变换反应前后，气体体积未发生变化，属于等体积反应。工业生产通常以分析蒸汽冷凝的干气组分来计算变换率。就干气体积而言，反应后的气体体积是增加的，这是因为一分子CO反应后各生成一分子CO_2和H_2，且都包含在干气中，故其变换率x的计算公式为：

$$x=(1-Y_2/Y_1)/(Y_1+Y_2) \tag{4-7}$$

式中　Y_1、Y_2——变换前、后气体中CO的干基浓度。

2）一氧化碳平衡变换率

平衡变换率，指的是变换反应达到化学平衡时，有多少CO（干基）参与了变换反应。事实上，平衡只是一种理想状态，故平衡变换率可用来衡量CO变换的最大程度。

4. 一氧化碳变换反应的化学平衡及影响因素

1）变换反应热效应

变换反应的标准反应热为ΔH_{298}（101325Pa，25℃），可通过有关气体的标准生成热数据进行计算：

$$\begin{aligned}\Delta H_{298}&=(\Delta H_{298,CO_2}+\Delta H_{298,H_2})-(\Delta H_{298,CO}+\Delta H_{298,H_2O}) \\ &=(-393.52+0)-(-110.53-241.83)=41.16\text{kJ/mol}\end{aligned} \tag{4-8}$$

反应过程中放出的热量，会随温度升高而减少。因此，在不同温度条件下，反应热可按下式进行计算：

$$-\Delta H=9512+1.619T-3.11\times10^{-3}T^{2}+1.22\times10^{-6}T^{3} \quad (4\text{-}9)$$

$H_2O+CO = CO_2+H_2$的反应热见表4-1。

表4-1　$H_2O+CO = CO_2+H_2$的反应热

温度/K	298	400	500	600	700	800	900
ΔH/(kJ/mol)	41.16	40.66	39.87	38.92	37.91	36.87	35.83

注：由于所取恒压热容数据会存在差别，故反应热计算或反应热数据会略有差异，但对于工业计算的影响可基本忽略。

2）变换反应的平衡常数

变换反应一般在常压或压力不高的条件下进行，故计算平衡常数时，各组分用分压表示即可。

$$K_p=\frac{P_{CO_2}P_{H_2}}{P_{CO}P_{H_2O}}=\frac{y_{CO_2}y_{H_2}}{y_{CO}y_{H_2O}} \quad (4\text{-}10)$$

平衡常数是温度函数，可通过Van’thoff方程式计算：

$$\mathrm{d}\ln K_p=\Delta H/RT^2\mathrm{d}T \quad (4\text{-}11)$$

一氧化碳变换反应平衡常数见表4-2。

表4-2　一氧化碳变换反应平衡常数

温度/K	200	250	300	350	400	450	500
K_p	210.82	83.956	38.833	20.303	11.723	7.3369	4.9777

3）反应温度

根据化学平衡移动原理，升高温度可促进反应平衡向左移动，降低温度则利于反应平衡向右移动。因此，降低反应温度，有利于变换反应的进行。但在降低反应温度的同时，必须兼顾反应速度和催化剂的性能。

对于一氧化碳含量较高的粗水煤气，在反应初期，为加快反应速度，一般需在较高反应温度下进行；而反应达到正常后，为保证反应程度较完全，就需要将反应温度降低一些。根据这一原理，工业上一般采用两段中低温变换的方式进行。对于一氧化碳含量为2%～4%的中温变换后的气体，仅需要控制在230℃左右即可，采用低温变换催化剂进行变换反应。在这里需要说明一点，反应温度与催化剂的活性有着密切联系。如果变换催化剂在低于某一温度下进行使用，则反应不能正常进行；但若高于某一温度，则会对催化剂造成破坏。因此，一氧化碳变换反应，必须将反应温度控制在催化剂活性的适用

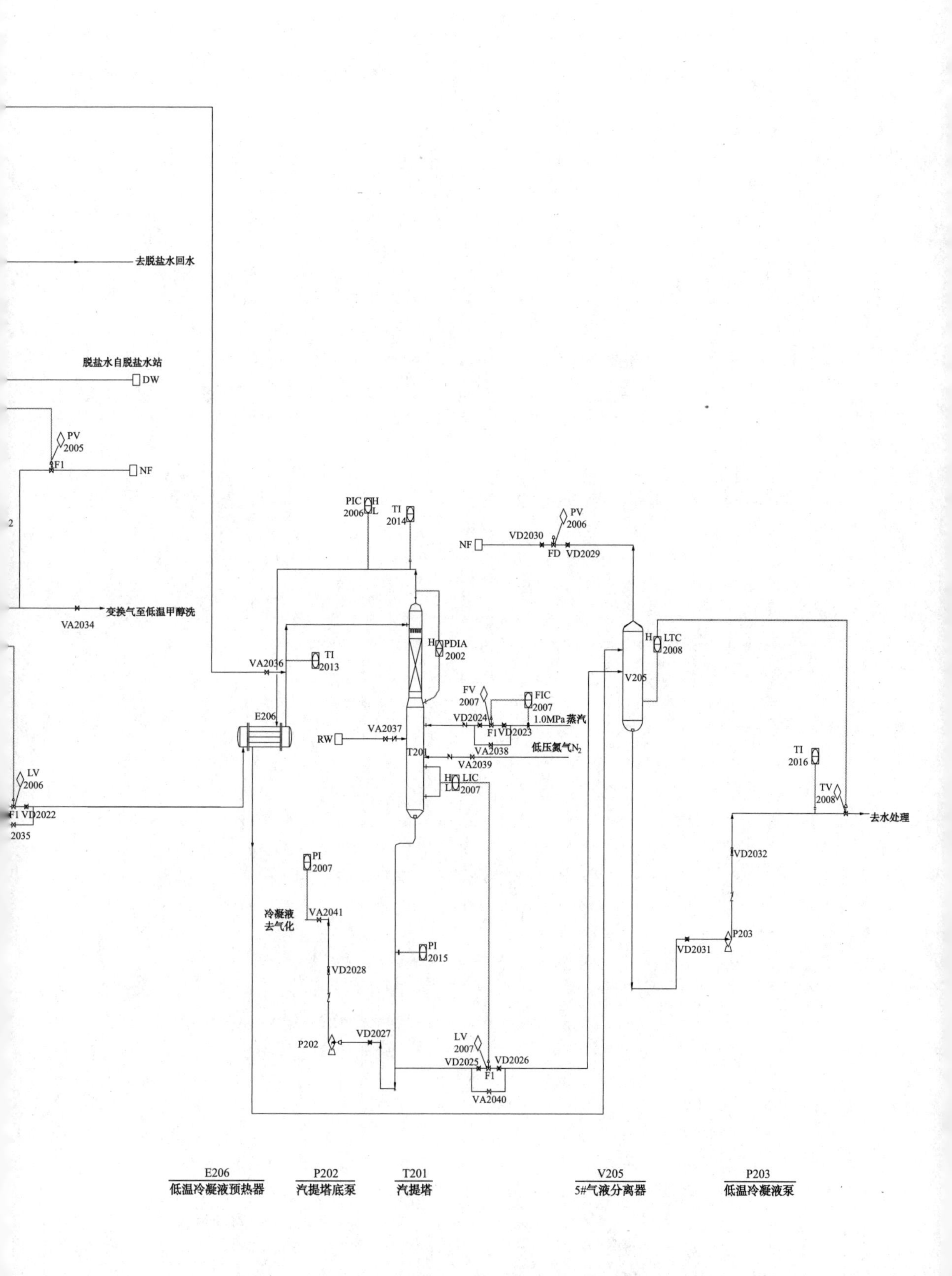
去脱盐水回水
脱盐水自脱盐水站
DW
PV 2005
F1
NF
2
变换气至低温甲醇洗
VA2034
LV 2006
F1 VD2022
2035
PIC 2006 H L
TI 2014
PDIA 2002
VA2036
TI 2013
E206
RW
VA2037
T201
FV 2007
FIC 2007
VD2024
F1 VD2023
VA2038
1.0MPa 蒸汽
低压氮气N2
VA2039
LIC 2007
PI 2007
冷凝液去气化
VA2041
VD2028
P202
VD2027
PI 2015
LV 2007
VD2025
VD2026
F1
VA2040
NF
VD2030
PV 2006
FD
VD2029
V205
LTC 2008
TI 2016
TV 2008
去水处理
VD2032
P203
VD2031
E206
低温冷凝液预热器
P202
汽提塔底泵
T201
汽提塔
V205
5#气液分离器
P203
低温冷凝液泵

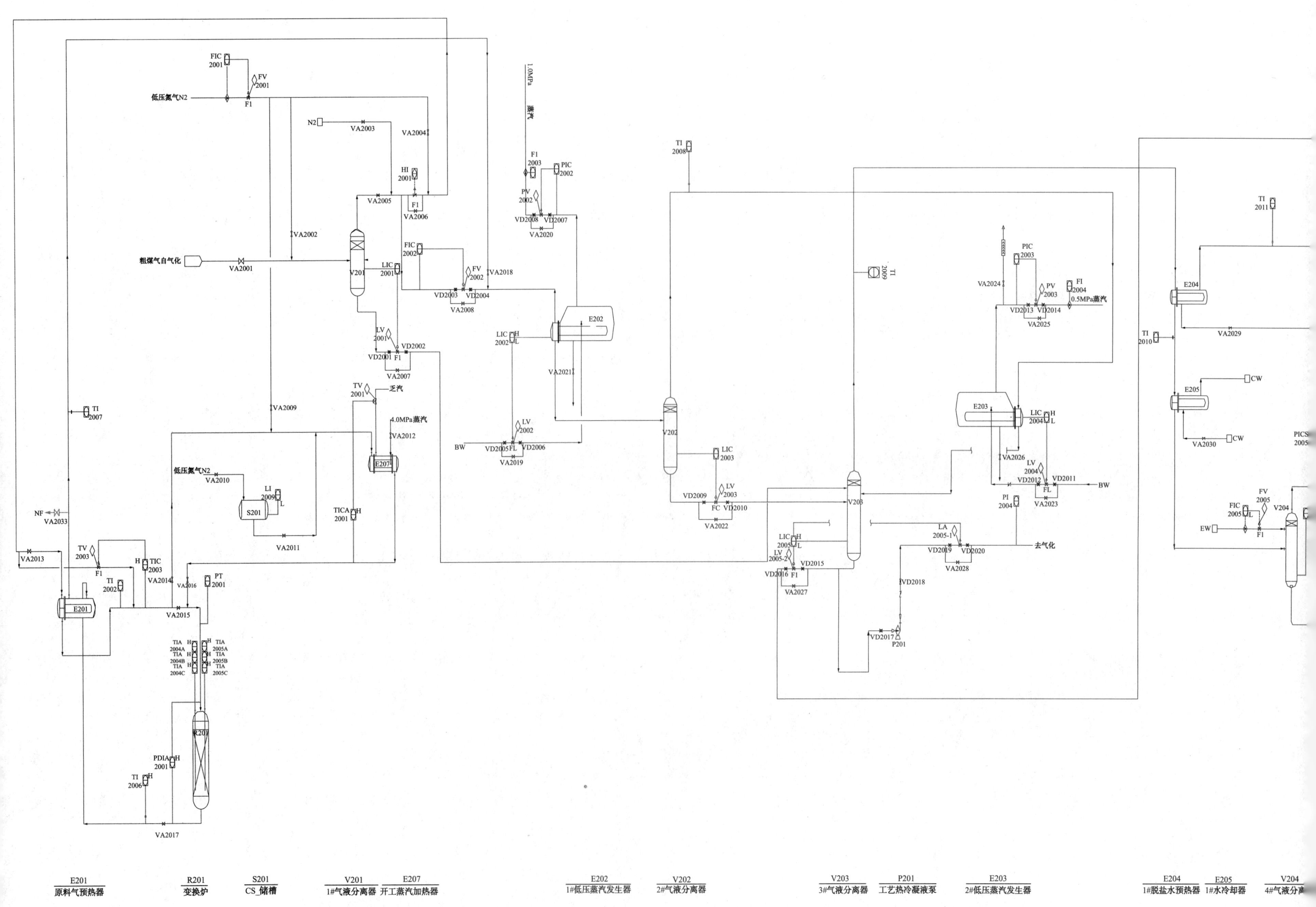

图4-1 煤气变换工段工艺流程图

温度范围内。这样根据气体的组分及各温度的平衡常数，就可以计算出经过一氧化碳变换后气体的平衡组成。

4）压力

在一氧化碳变换反应前后，气体的分子数相等。若为理想气体，则压力对反应的平衡没有影响。目前，工业生产条件为：压力＜4MPa，温度为200～500℃。此时，压力对变换反应无显著影响；而在很高压力下，各种气体会与理想气体有所差别，必须根据各气体组分的逸度来计算K_p，故压力对反应平衡有一定影响。

5）蒸汽添加量

一氧化碳的变换反应过程属于可逆反应，因此，若增加蒸汽添加量，则有利于向正反应方向进行。而在工业上，大多采用注入一定的过量水蒸气的方法，来提高一氧化碳变换率。

6）二氧化碳对反应平衡的影响

从变换反应过程来看，若可以实现对生成的二氧化碳进行有效去除，则反应会更向利于氢生成的方向进行。

一般来说，为实现二氧化碳的去除则可采用两种途径：

（1）碱性氧化物与二氧化碳作用生成碳酸盐。例如：

$$CaO+CO_2 \rightleftharpoons CaCO_3 \tag{4-12}$$

该反应式为放热反应，故在实际操作中，要对反应过程中所放出的热量进行适当处理。更重要的一点是，该反应在进行至一定程度后，需要更换吸收剂，这增加了生产过程的复杂性，也导致在实际操作中很少采用该种方法。

（2）在两段中温变换之间或中温变换与低温变换之间，将气体送往脱除二氧化碳装置，再进行第二次变换。

这种方法相互干扰较少，较易实现，但在实际应用过程中，要增加换热和脱除二氧化碳的设备，流程会复杂一些。

二、工艺装置概况

碳一变换装置，是由变换系统以及热量回收系统组成的。变换系统将德士古煤气在变换催化剂作用下转化为合适气体组分的变换气，并将有机硫转化为容易脱除的无机硫；经废锅方式，副产低压蒸汽，预热除盐水回收热量，最后经水冷方式控制合适温度后，去净化工序。热量回收系统将不变换的工艺气经废锅方式副产低压蒸汽，预热高压锅炉给水以及加热除盐水回收热量，最后经水冷方式控制合适温度后去净化工序。

三、工艺流程说明

煤气变换工段工艺流程图见图4–1。

由气化碳洗塔来的粗水煤气（3.85MPa、232℃）经1#气液分离器（V201）分离掉气体夹带的水分后，然后分成两股，一部分气体（约45%）经耐硫部分变换，制备甲醇合成气；另一部分气体（约为55%）不经过变换，直接通过热量回收，冷却到40℃进入低温甲醇洗净化，作为制备CO气体和产品净化气体的原料气。

需变换的水煤气（45%），其中一部分（约24%）进入原料气预热器（E201）与变换气换热至285℃左右进入变换炉（R201），与自身携带的水蒸气在耐硫变换催化剂作用下进行变换反应；变换气出口的CO含量约为5.27%，出变换炉的高温气体（449℃）经原料气预热器（E201）与进变换的粗水煤气换热后，温度降为381℃与另一部分未进入变换炉（R201）的水煤气（约76%）汇合，然后进入1#低压蒸汽发生器（E202），副产1.0MPa蒸汽；温度降至200℃之后进入2#气液分离器（V202），进行气液分离，分离的气体进入2#低压蒸汽发生器（E203）副产0.5MPa的低压蒸汽；温度降至180℃，然后进入3#气液分离器进行气液分离，之后气体进入1#除盐水预热器（E204）、1#水冷器（E205）最终冷却到40℃进入4#气液分离器（V204）；气液分离器顶部喷入冷密封水，洗涤气体中的NH_3，然后气体送至低温甲醇洗变换气净化系统，之后送入合成工段进行甲醇合成。

1#气液分离器（V201）排出的冷凝液送至3#气液分离器（V203），2#气液分离器（V202）排出的冷凝液也送至3#气液分离器（V203），从3#气液分离器（V203）排出的工艺热冷凝液出口分为两路：一路通过工艺热冷凝液泵（P201）送至气化工段；另一路送至汽提塔（T201）。

4#气液分离器（V404）排出的冷凝液（40℃）经过低温冷凝液预热器（E206）预热后与3#气液分离器（V203）出口冷凝液混合，送至汽提塔（T201）；用低压蒸汽汽提溶解在水中的CO_2、H_2S、NH_3等气体，汽提塔塔顶气体经过低温冷凝液预热器（E206）回收热量后，经过5#气液分离器（V205）气液分离，气体送至火炬系统，分离产生的冷凝液经过低温冷凝液泵（P203）送至水处理。汽提塔塔底釜液经汽提塔底泵（P202）送至气化碳洗塔（T101）。

四、煤变换工段主要设备

1. 煤变换工段主要设备

煤变换工段部分所使用的主要设备见表4-3。

表4-3　煤变换工段所使用的主要设备

位号	名称	规格	数量	材料
T201	汽提塔	介质：冷凝液、低压蒸汽（CO_2、H_2S、NH_3） 工作温度/℃：上120/下128 工作压力/MPa：上0.12/下0.16 上塔直径：1600mm　下塔直径：2000mm 上塔塔高：3200mm　下塔塔高：3600mm 塔总高：17400mm　总容积：24.4m3	1	0Crl8Ni9
R201	变换炉	介质：变换气（CO、H_2、CO_2、H_2O、CH_4、N_2、Ar、H_2S、COS） 工作温度：进285℃/出449℃ 工作压力：4.6MPa　炉直径：2800mm 壁厚：76mm　炉高：5325mm 总容积：44.4m^3	1	15CrMoR
S201	CS_2储槽	介质：CS_2、N_2　工作温度：40℃ 工作压力：0.5MPa　直径：1600mm 壁厚：16mm　长度：2400mm 总高度：2026mm　总容积：5.89m^3	1	16MnR
V201（V202）	1#（2#）汽液分离器	介质：未变换气、冷凝液 工作温度：214℃　工作压力：3.75MPa 直径：3200mm　壁厚：60mm 总高度：6720mm　总容积：39.1m^3	2	16MnR（正火）
V203	3#汽液分离器	介质：变换气、冷凝液 工作温度：181℃　工作压力：3.47MPa 直径：2400mm　壁厚：42mm 总高度：8050mm　总容积：26.2m^3	1	16MnR（正火）
V204	4#汽液分离器	介质：变换气、冷凝液 工作温度：40℃　工作压力：3.4MPa 直径：1600mm　壁厚：26mm 总高度：7700mm　总容积：39.1m^3 安全阀开启压力：4.2MPa	1	16MnR+00Cr19Ni10
V205	5#汽液分离器	介质（容器/盘管）：酸性气、冷凝液 水蒸气 工作温度：　120℃　160℃ 工作压力：　3.45MPa　0.5MPa 直径：900mm　壁厚：4mm 总高度：3600mm　总容积：1.53m^3	1	00Cr19Ni10
E201	原料气预热器	介质（壳程/管程）：变换气　水煤气 工作温度：447.71/380.12　214.15/285（进/出℃） 工作压力：3.65MPa　3.75MPa 程数：　1　2 换热面积：143.5m^2 换热管：25mm×2.5mm×3000mm 直径：1300mm总长：5692.5mm	1	15CrMoR

续表

位号	名称	规格	数量	材料
E202	1[#]废热锅炉	介质（壳程管程）：锅炉给水、低压蒸汽　变换气 工作温度：　132/185　　254/200（进/出℃） 工作压力：　1.0MPa　　3.6MPa 程数：　1　　2 安全阀起跳压力：1.2 MPa　　换热面积：56.2m^2 换热管：25mm×2mm×6000mm　总长：9087mm	1	壳：16MnR 管：15CrMoR 00Cr18Ni10Ti
E203	2[#]废热锅炉	介质：锅炉给水、低压蒸汽　　变换气 工作温度：　132/160　　200/180（进/出℃） 工作压力：　0.5MPa　　3.55MPa 程数：　1　　2 安全阀起跳压力：0.8MPa　　换热面积：480m^2 换热管：25mm×2mm×6000mm　总长：8671mm	1	壳：16MnR 管：16MnR 00Cr19Ni10
E204	1[#]除盐水预热器	介质：　除盐水　　变换气 工作温度：　40/81.72　　179.82/70（进/出℃） 工作压力：　0.8MPa　　3.48MPa 程数：　1　　2 换热面积：502.9m^2 换热管：25mm×2mm×6000mm 直径：1200mm　　总长：8352.5mm	1	壳：16MnR 管：16MnR 00Cr19Ni10
E205	1[#]水冷却器	介质：　循环冷却水　　变换气 工作温度：　32/40　　70/40（进/出℃） 工作压力：0.42MPa　　3.42MPa 程数：　1　　2 换热面积：421.1m^2 换热管：25mm×2mm×6000mm 直径：1100mm　　总长：7913mm	1	壳：16MnR 管：16MnR 00Cr19Ni10
E206	低温冷凝液预热器	介质：　汽提气　　低温冷凝液 工作温度：119.42/60　　40/70（进/出℃） 工作压力：0.12MPa　　0.4MPa 程数：　1　　1 换热面积：89.9m^2 换热管：25mm×2mm×4500mm 直径：600mm　　总长：5645mm	1	00Cr19Ni10
E207	开工蒸汽加热器	介质：　中压蒸汽　　氮气 工作温度：　400/300　　40/350（进/出℃） 工作压力：　4.0MPa　　0.45~3.75MPa 程数：　1　　1 换热面积：101.7m^2 换热管：25mm×2mm×6000mm 直径：600mm　　总长：7477mm	1	15CrMoR
P201A/B	1[#]工艺热冷凝液泵	流量：50.6m^3/h　　扬程：149.8m 配电动机转数：2950r/min　电源：380V 功率：55kW	2	

续表

位号	名称	规格	数量	材料
P202A/B	汽提塔底泵	流量：85m³/h　扬程：504m 配电动机　转数：2956r/min　电源：6000V 功率：250kW	2	
P203A/B	低温冷凝液泵	流量：4.58m³/h　扬程：50m 配电动机　转数：2950r/min　电源：380V 功率：4kW　扬程：138m 配电动机　转数：2950r/min　电源：380V 功率：55kW	2	

2. 汽提塔

1）汽提概念

汽提过程本身是一个物理过程。通过加入一种气体介质以破坏原气液两相平衡，从而建立一个新的气液平衡状态。这会使溶液中的挥发性组分因其分压降低而被解吸出来，实现对易挥发组分的分离。同时，通过控制汽提介质的量则可以控制汽提程度。

例如，A为液体，B为气体，B溶于A中达到气液平衡，气相中以B组分为主，加入气相汽提介质C时，液相中A、B的成分均降低从而破坏原气液平衡；A、B物质均向气相扩散，但因气相中以B组分为主，故又建立起一种新的气液平衡状态，使得大量B介质向气相中扩散，达到气液相分离的目的。

2）汽提塔的工作原理

吹脱、汽提法用于脱除水中溶解气体和某些挥发性物质，即将气体（载气）通入水中，使之相互充分接触，使水中溶解气体和挥发性物质穿过气液界面，向气相转移，从而达到脱除污染物的目的。常用空气或水蒸气作载气，前者称为吹脱，后者称为汽提。

汽提的基本原理是气液相平衡和传质速度理论，要应用到亨利定律，即对于稀溶液，在一定温度下，当气液之间达到相平衡时，溶质气体在气相中的分压与该气体在液相中的浓度成正比。

而汽提塔的工作原理就是，通过与水蒸气或CO_2气体的直接接触，使被汽提料液中的挥发性物质按一定比例扩散到气相中去，达到从料液中分离低沸点物质的目的。

3）汽提塔的结构

根据工艺流程的不同，目前国内所采用的汽提塔类型主要是二氧化碳汽提塔和氨汽提塔，分别以二氧化碳和氨作汽提介质，但设备的主要结构基本一致，均为立式固定管板降膜式列管换热器。汽提塔高压部分包含封头、人孔盖、液体分布器、汽提管、升气管、管板等部分。低压部分则包括低压壳体、膨胀节、防爆板等组件。二者的区别在于，氨汽提塔内的管箱内装有可使气、液接触充分的鲍尔环填料层；而且由于氨汽提塔上、下结构对称，可以倒置使用，但二氧化碳汽提塔则不能如此使用。生产中要对尿素等溶液的液位进行准确控制，因此在汽提塔底部装有用钴60作为射线源的液位计来测量液位。此外，为减少热量损失并避免设备或管道内的局部结晶或局部冷凝可能引发的腐蚀现象，须用保温棉对整个设备及进出口管道采取保温措施。

汽提塔的结构总体上分为三个部分。上部进行出料塔合成液与汽提气之间的气液分离，主要部件是液体分布器，在每一根汽提管上部管口均对应一个液体分布器。该分布器为一根约600mm长的管子，管子下部（靠近汽提管端）每间隔120°开一个约ϕ2.5 mm的小孔，其目的是保证每根汽提管均有合成液进入，避免“干管”而引起汽提管超温，对汽提管腐蚀加剧并导致损坏。中部包含的就是汽提管（一般为ϕ31mm×6879mm×3mm）。下部为汽提液与CO_2气进行气液分离提供空间，主要部件为CO_2气分布器，实现对CO_2气的均匀分布。

3. 变换炉

发生变换反应的容器一般被称为变换炉。变换炉的实质就是塔的一种类型，由于其内部装有变换催化剂，故被归为填料塔类（见图4-2）。

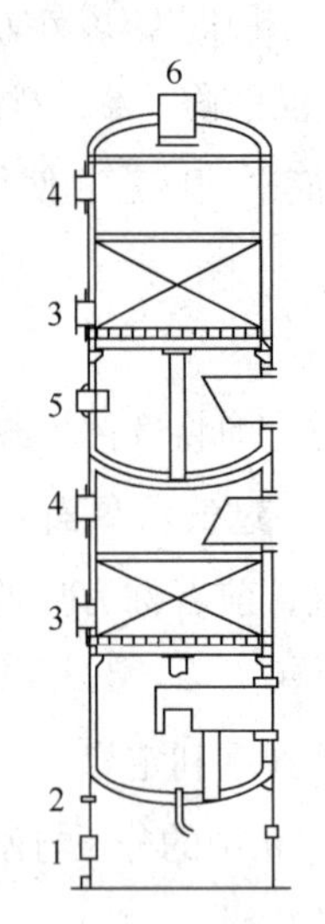

图4-2 中温变换炉结构示意简图
1-检查口；2-排气口；3-卸料口；4-人孔；5-冷激煤气进口；6-粗水煤气进口

一氧化碳变换炉，根据操作温度不同分为高温、中温和低温变换炉。而操作温度主要由使用催化剂的种类来决定，主要有以下三类：

（1）Fe-Cr系变换催化剂的变换工艺，称为中、高温变换工艺。

最早在1912年，由德国人W.Wied研制出$FeO-Al_2O_3$并用于一氧化碳变换；随后A. Mitasch等则成功研制出Fe-Cr系催化剂，并于1913年在德国BASF公司的合成氨工厂进行首次试用。到20世纪60年代以前，大多数变换反应采用以Fe_2O_3为主的Fe-Cr系催化剂，适用的温度范围为350～550℃；但由于其操作温度较高，使得气体经变换后所含一氧化碳量仍较多（约3%）。

（2）Cu-Zn系变换催化剂的变换工艺，称为低温变换工艺。

随着制氨工艺的改进以及脱硫技术的不断发展，可实现气体中总硫含量经处理后得到明显下降（＜0.1mg/kg），而这也让在较低温度下虽具有较高活性但易被硫毒化的以CuO为主的Cu-Zn系催化剂（由美国Giraler公司于1963年最早开发）得到充分应用。该催化体系操作温度为200～280℃，变换后气体中的一氧化碳含量可降至0.3%左右。

（3）Co-Mo系变换催化剂的变换工艺，称为耐硫宽温变换。

对于煤制甲醇及煤制氨工艺来说，气化过程中对高位能热量进行回收的方式可分为激冷和废锅两种工艺流程。在以往激冷工艺过程中，若沿用传统的先脱硫、后变换工艺流程，由于脱硫是在较低温度条件下完成的，这会导致在粗原料气的冷却过程中将回收到大量蒸汽冷凝。因此，根据这一情况，将变换直接串联在煤（油）气化之后，再采用一步法进行同时脱硫脱碳处理，而这一过程也促使人们开发出与之相适应的Co-Mo系耐硫变换催化剂。但就废锅工艺流程而言，则可用先脱硫再进行一氧化碳变换的方式对热量进行回收。

目前，国内研制的Co-Mo系宽温变换催化剂的活化温度范围为160～500℃，变换气中CO含量可保持在1%左右。

第三节　煤气变换3D认知实训

一、煤气变换3D认知实训任务及考核

这部分的实训任务主要包含14项知识点：（1）煤气变换基本概念认知实训，包含化工行业概述、变换装置概述、变换工艺概述、DCS系统等相关知识；（2）煤气变换安全认知实训，包含安全教育，化工生产标准穿戴等相关知识；（3）煤气变换设备认知实训，包含化工设备基础知识，二硫化碳储槽、变换炉、废热锅炉、气液分离器、汽提塔等设备的相关知识；（4）煤气化工艺认知实训，包含变换装置流程、工艺操作要点等相关知识。

该部分具体学习和操作细节与第三章第三节对应内容相同，请参照相关步骤展开学习和考核。

二、煤气变换知识学习

该部分具体学习和操作细节与第三章第三节对应内容相同，请参照相关步骤展开学习和考核。

三、煤气变换工艺简况与主要设备的3D视图

如图4-3所示，煤气变换生产操作3D虚拟仿真认知实训的工艺简图中，主要包含气液分离器（V201-V205）、二硫化碳储罐（S201）、原料气预热器（E201）、变换炉（R201）、废热锅炉（E202、E203）、除盐水预热器（E204）、水冷却器（E205）、低温冷凝液预热器（E206）、开工蒸汽加热器（E207）、汽提塔（T201）等设备。

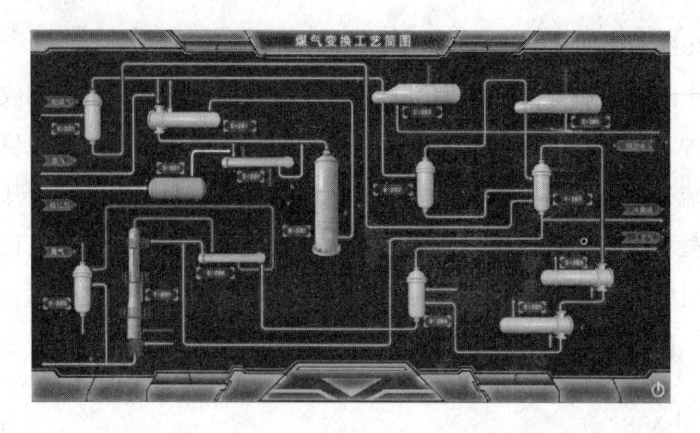

图4-3　煤气变换工段工艺简图及3D设备位置连接图

以下是煤气变换工段涉及的相关设备编号、结构和工作原理，设备在整个工艺流程中的作用，以及设备在3D工厂中所在的位置。

（1）气液分离器（V201～V205）：用于分离气化碳洗塔来的粗水煤气中夹带的水分。煤气变换工段一共设置了5个气液分离器，图4-4是5个气液分离器在3D虚拟工厂中的位置。点击设备，查看相关知识。

1#气液分离器是变换炉进口第一水分离器，由内置旋流板、填料层和除沫器组成。主要作用是除去水煤气中携带的煤灰，并分离水煤气中冷凝水，防止煤灰堵塞催化剂微孔，影响催化剂活性。

2#～5#气液分离器是变换炉出口后续工艺设置的4个水分离器，其主要作用是分离变换气及水，完成水的分离后，变换气去往净化工段。V202气液分离器用于将1#废热锅炉出来的水煤气进行汽液分离。V203气液分离器用于将2#废热锅炉出来的水煤气再进行汽液分离，同时接收1#气液分离器和2#气液分离器排出的冷凝液，并排出工艺冷凝液。V205气液分离器的作用，是将经过低温冷凝液预热器回收热量后的汽提塔塔顶气体进行气液分离。

图4-4　1#到5#气液分离器在3D虚拟工厂中的位置

（2）二硫化碳储罐（S201）：储存二硫化碳。点击设备，查看相关知识（见图4-5）。

（3）原料气预热器（E201）：将部分水煤气与变换气换热（见图4-6）。

图4–5 二硫化碳储罐在3D虚拟工厂中的位置

图4–6 原料气预热器在3D虚拟工厂中的位置

（4）变换炉（R201）：发生变换反应，将粗水煤气在变换催化剂作用下转化为合适气体组分的变换气，并将有机硫转化为容易脱除的无机硫。点击设备，查看相关知识（见图4–7）。

图4–7 变换炉在3D虚拟工厂中的位置

（5）废热锅炉（E202、E203）：利用水煤气副产蒸汽。点击设备，查看相关知识（见图4–8）。

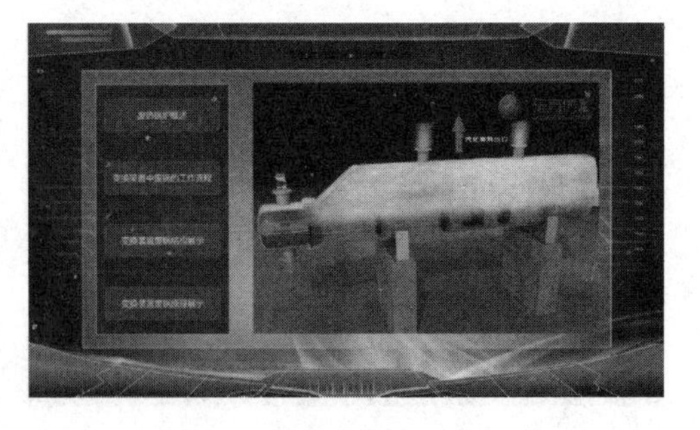

图4–8 废热锅炉在3D虚拟工厂中的位置及其设备剖析

（6）除盐水预热器（E204）：用于将3#气液分离器分离出来的气体进行冷却（见图4–9）。

（7）水冷却器（E205）：用于将1#除盐水预热器冷却的气体进一步冷却（见图4–10）。

图4-9　除盐水预热器在3D虚拟工厂中的位置

图4-10　水冷却器在3D虚拟工厂中的位置

（8）低温冷凝液预热器（E206）：用4$^{\#}$气液分离器排出的冷凝液来回收汽提塔塔顶气体的热量（见图4-11）。

（9）开工蒸汽加热器（E207）：在开车时以蒸汽为热量来加热氮气（见图4-12）。

图4-11　低温冷凝液预热器在3D虚拟工厂中的位置

图4-12　开工蒸汽加热器在3D虚拟工厂中的位置

（10）汽提塔（T201）：主要是除去低温变换冷凝液中的氨，再将汽提后的冷凝液送往气化装置除氧器循环利用。点击设备，查看相关知识（见图4-13）。

图4-13　汽提塔在3D虚拟工厂中的位置及设备剖析

第四节　岗位操作

一、冷态开车

1. 开车前准备工作

（1）所有设备（变换炉、废锅、汽提塔、换热器、分离器、储槽等）出厂前都应该进行过水压、气压气密性试验和光学试验检查各焊缝，以确保其达到相应压力等级标准。

（2）变换炉清理干净后应按照计算的装填高度将催化剂装填完成，完成后确认炉内无粉尘和碎屑。封闭人孔，冲入氮气保持微正压。并且做好装填记录，其中包括规格材质、高度数量、装填时间等内容。

（3）管道敷层完整无破损和严重腐蚀，采用闭水法试验确保严密性，满足工艺设计参数。管道的支撑、吊架等构件均应牢固可靠合理。热力管道保温层应完好无损，且热补偿装置符合有关要求。

（4）系统内涉及的控制仪表、电气回路及DCS系统，均已安装正确调试完毕。控制系统的仪表报警、联锁值已经过工艺和仪表人员共同确认，并做好相应数值记录。变送器零点位置偏移通过吹扫引压线的方法调零。

（5）全系统安装完毕后，并且确认所有设备、管道、阀门连接无误，各安全阀及放空阀均已校验完毕，所有阀门复位。管道已彻底吹扫清理干净，氮气置换合格。

（6）生产区域内保持道路通畅，所有安全设施、消防设施全部到位，现场可燃气体检测仪表、火灾报警器、消防设施均已配置和调试完好；相关公用工程部分（包括循环水、脱盐水、工业水、水蒸气、高低压供电、仪表空气、氮气）均具备投用条件，准备到位随时可用；通信设施畅通，并保证足够的无线对讲机提供联络使用。

（7）必要技术资料已具备（工艺规程、岗位操作法和开车方案已编制完毕）并已发放生产岗位，操作人员经培训关于原始开车已有足够的技术准备，分工明确、方案完整。

（8）系统气密性试验完成，无漏点。

（9）系统氮气置换完成，取样分析合格。

2. 变换催化剂升温

（1）打通催化剂升温流程，打开E201管程入口阀门VA2013；

（2）打开E207管程入口阀门VA2014；

（3）打开E207管程出口阀门VA2016；

（4）打开E201壳程出口管线放空阀门VA2033；

（5）打开变换器出口阀门VA2017；

（6）打开低压氮气阀门VA2004；

（7）调节FV2001，使氮气流量达到8000 Nm^3/h（建议多次少量进行调整到位，避免直接调整到设定值）；

（8）E207入口管线暖管完成后，打开蒸汽进加热器阀门VA2012；

（9）当E207出口管线暖管完成后，打开TV2001控制蒸汽量，以20℃/h（仅为参考值）的速率升温到220℃；

（10）升温过程中床层温度TIA2004A-C、TIA2005A-C差小于30℃；

（11）当床层温度达到220℃时，床层恒温2h（模拟恒温10s）。

3. V201导气

缓慢开大VA2001，以小于0.1MPa/min（仅作为参考值）速率对V201升压，多余气体由气化工段进入火炬。

4. 催化剂硫化

（1）打开S201冲压阀门VA2010，对S201进行冲压；

（2）当S201的压力PG0921达到0.5MPa时，关掉氮气冲压阀门VA2010；

（3）当催化剂床层220℃恒温结束且V201导气完成，稍开HV2001（开度约1%），引工艺气加到氮气中一起进入反应器（湿工艺气：氮气=1:3）；

（4）全开V201出口阀门VA2005；

（5）微开HV2001（开度约为1%），调节工艺气流量约为1100Nm^3/h（此流量为干基流量，其值与工艺气组分有关；该流量表显示反应略滞后约2min）；

（6）当配工艺气步骤结束后，逐渐打开S201出口阀VA2011，控制CS_2流量（FG0903）为10～15kg/h；

（7）观察催化剂床层温度待其稳定以后，以每次2kg/h（仅为参考值，软件界面无法直接设定）增加CS_2加入量到25kg/h；

（8）当催化剂床层温度稳定时，逐渐调节工艺气流量约为2200Nm^3/h（将工艺气流量增加一倍；工艺气：氮气=1.0～1.5）；

（9）当有硫穿透时，逐步提高PI2001的压力到0.4MPa；

（10）提氢提压步骤结束后，以10～15℃/h的速度将入口床层温度TIA2004A升至300℃（操作提示：提氢不提温，提温不提氢）；

（11）硫化过程中床层温度TIA2004A-C、TIA2005A-C差小于30℃；

（12）分析进出口检测点处的硫含量基本一致时，可认为硫化结束，关闭CS_2储槽（S201）的出口阀门VA2011；

（13）再关闭低压氮气阀门VA2004；

（14）然后关闭加热蒸汽阀门VA2012；

（15）关闭放空阀VA2033；

（16）关闭氮气调节阀FV2001；

（17）关闭蒸汽加热温度调节阀TV2001；

（18）关闭氮气阀门VA2004；

（19）关闭E207管程入口阀VA2014；

（20）关闭E207管程出口阀VA2016；

（21）关闭E201壳程入口阀VA2017；

（22）打开E201壳程入口阀VA2017；

（23）打开E207跨线阀VA2015。

5. 蒸发器上水

（1）打开E202上水控制阀前截止阀VD2006；

（2）打开E202上水控制阀后截止阀VD2005；

（3）打开E202上水调节阀LV2002；

（4）当E202液位达到50%时，关闭LV2002；

（5）控制E202液位，保持E202液位LIC2002在50%；

（6）稍开E202连排线VA2021；

（7）打开E203上水控制阀前截止阀VD2011和后截止阀VD2012；

（8）打开E203上水调节阀LV2004；

（9）当E203液位达到50%时，关闭LV2004；

（10）控制E203液位，保持E203液位LIC2004在50%；

（11）稍开E203连排线VA2026。

6. 蒸发器蒸汽并网

（1）通过调节PIC2002控制蒸发器压力E202蒸汽压力，保持蒸汽压力在0.9MPa；

（2）通过调节PIC2003控制蒸发器压力E203蒸汽压力，保持蒸汽压力在0.4MPa。

7. 控制阀投用

（1）打开V201液位控制阀前截止阀VD2001；

（2）打开变换跨线流量控制阀FV2002前截止阀VD2003和后截止阀VD2004；

（3）打开E202压力控制阀PV2002前截止阀VD2007和后截止阀VD2008；

（4）打开E203压力控制阀PV2003前截止阀VD2013和后截止阀VD2014；

（5）打开V202液位控制阀前截止阀VD2009；

（6）打开V203液位控制阀LV2005-1前截止阀VD2019；

（7）打开V203液位控制阀LV2005-2前截止阀VD2015；

（8）打开V203液位控制阀LV2005-1后截止阀VD2020；

（9）打开V204液位控制阀前截止阀VD2021；

（10）打开汽提蒸气流量控制阀前截止阀VD2023和后截止阀VD2024；

（11）打开汽提塔液位控制阀前截止阀VD2025；

（12）打开V208压力控制阀前截止阀VD2029和后截止阀VD2030。

8. 冷却器投用

（1）打开E204除盐水上水阀VA2029；

（2）打开E205循环水上水阀VA2030。

9. V201液位投用

（1）当分离器V201液位达到5%时，打开LV2001后截止阀VD2002；

（2）当分离器V201液位达到5%时，打开LV2001；

（3）通过调节LIC2001，保持V201中的液位维持在5%。

10. 变换导气

（1）硫化步骤结束后，在VA2001全开情况下，稍打开FV2002，以小于0.1MPa/min（仅为参考值）速率对变换系统升压（提示:冲压流量约在8000 Nm^3/h）；

（2）4#分离器V204出口阀门PV2005控制设定为自动，变换系统压力由PICS2005控制；

（3）变换系统压力PICS2005设定值为3.35MPa；

（4）打开E201壳程出口阀VA2018；

（5）调节TIC2003，控制TIC2003在285℃，保持变换反应器进料温度在285℃；

（6）打开V205压力控制阀PV2006；

（7）调节V204密封水流量FIC2005至3500 Nm^3/h；

（8）当PICS2005压力达到3.0MPa时，逐渐开大FV2002；

（9）保持变换器跨线流量FV2002在46692 Nm^3/h（建议多次少量调整到位，避免直接调整到设定值）；

（10）当PICS2005压力达到3.0MPa左右时，逐渐开大HV2001，使AI0901值达到26.7%；

（11）通过调节PICS2005，使变换系统压力维持在3.35MPa；

（12）当分离器V202液位达到50%时，打开LV2003后截止阀VD2010；

（13）当分离器V202液位达到50%时，打开LV2003；

（14）在导气过程中，通过调节LIC2003以保持V202液位在50%；

（15）当分离器V203液位达到50%时，打开LV2005-2后截止阀VD2016；

（16）当分离器V203液位达到50%时，打开LV2005；

（17）全开V203去T201管线上的阀门VA2036；

（18）打开P201入口阀VD2017；

（19）启动P201；

（20）打开P201出口阀VD2018；

（21）在导气过程中，通过调节LIC2005以保持V203液位在50%；

（22）当分离器V204液位达到50%时，打开LV2006后截止阀VD2022；

（23）当分离器V204液位达到50%时，打开LV2006；

（24）导气过程中，通过调节LIC2006保持V204液位在50%。

11. 汽提塔投用

（1）打开汽提蒸汽流量调节阀FV2007；

（2）通过调节汽提蒸汽量，使汽提塔塔顶温度TI2014大于110℃；

（3）当汽提塔液位LIC2007达到50%时，打开P202入口阀VD2027；

（4）启动P202；

（5）打开P202出口阀VD2028；

（6）打开汽提塔塔底液出边界阀VA2041；

（7）当T201液位达到50%时，打开LV2007后截止阀VD2026；

（8）通过汽提塔液位调节阀LV2007以保持汽提塔液位在50%；

（9）当8#分离器V208液位LIC2008达到50%时，打开P203入口阀VD2031；

（10）启动P203；

（11）打开P203出口阀VD2032；

（12）调节LV2008，使V205液位保持在50%；

（13）通过调节PIC2006，使汽提系统压力PIC2006保持在0.09～0.14MPa。

二、正常停车

1. 变换系统停车

（1）联系净化岗位缓慢关闭出变换系统入净化工序阀门VA2034；

（2）同时打开PV2005，变换气通过PV2005放火炬；

（3）在切断变换系统入净化工序阀门过程中，注意控制好变换系统压力，保持压力稳定在3.05～3.55MPa；

（4）当净化入口阀门关闭后联系气化岗位，缓慢关进变换系统的切断阀HV2001；

（5）当净化入口阀门关闭后联系气化岗位，缓慢关进变换系统的切断调节阀FV2002；

（6）关闭气化入变换工段阀门VA2001；

（7）关闭分离罐V201液位控制阀LIC2001的前后手动阀及旁路阀；

（8）进出工序阀关闭后，开大PV2005将系统泄压至0.8MPa，控制卸压速率＜0.1MPa/min；

（9）关闭分离器V202液位调节阀LIC2003的前后手动阀及旁路阀，冷凝液系统保持正常液位；

（10）当变换系统压力降到0.8MPa时，关闭PV2005；

（11）关闭分离器V203液位调节阀LV2005-1的前后手动阀及旁路阀，冷凝液系统保持正常液位；

（12）关闭泵的出口阀VD2018；

（13）关闭泵P201；

（14）关闭分离器V203液位调节阀LV2005-2的前后手动阀及旁路阀，冷凝液系统保持正常液位；

（15）关闭分离器V204密封水进口阀FV2005；

（16）关闭分离器V204液位调节阀LIC2006的前后手动阀及旁路阀，冷凝液系统保持正常液位；

（17）关闭分离器T201液位调节阀LIC2007的前后手动阀及旁路阀，冷凝液系统保持正常液位；

（18）关闭P202出口阀VD2028；

（19）关闭泵P202；

（20）关闭分离器V205液位调节阀LIC2008，冷凝液系统保持正常液位；

（21）关闭泵P203出口阀VD2032；

（22）关闭泵P203；

（23）关闭汽提塔T201的0.5MPa蒸汽入口调节阀FIC2007及其前后手阀和旁路阀。

第五节　仿真界面

一、DCS界面画面

1. 变换炉系统DCS界面图

变换炉系统DCS界面图见图4-14。

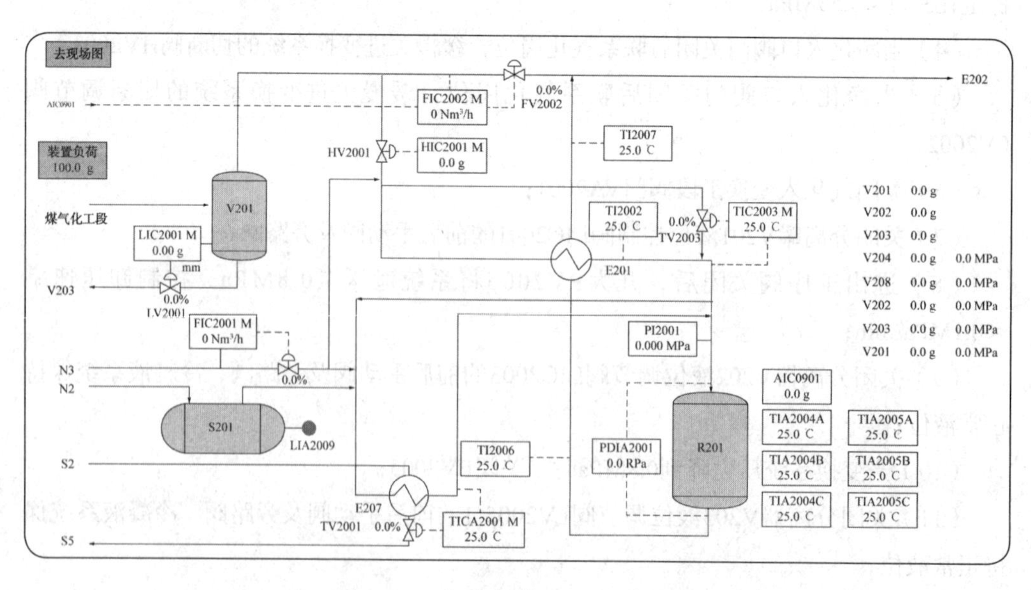

图4-14　变换炉系统DCS界面图

2. 变换低压蒸发器1、2DCS界面图

变换低压蒸发器1、2DCS界面图见图4-15。

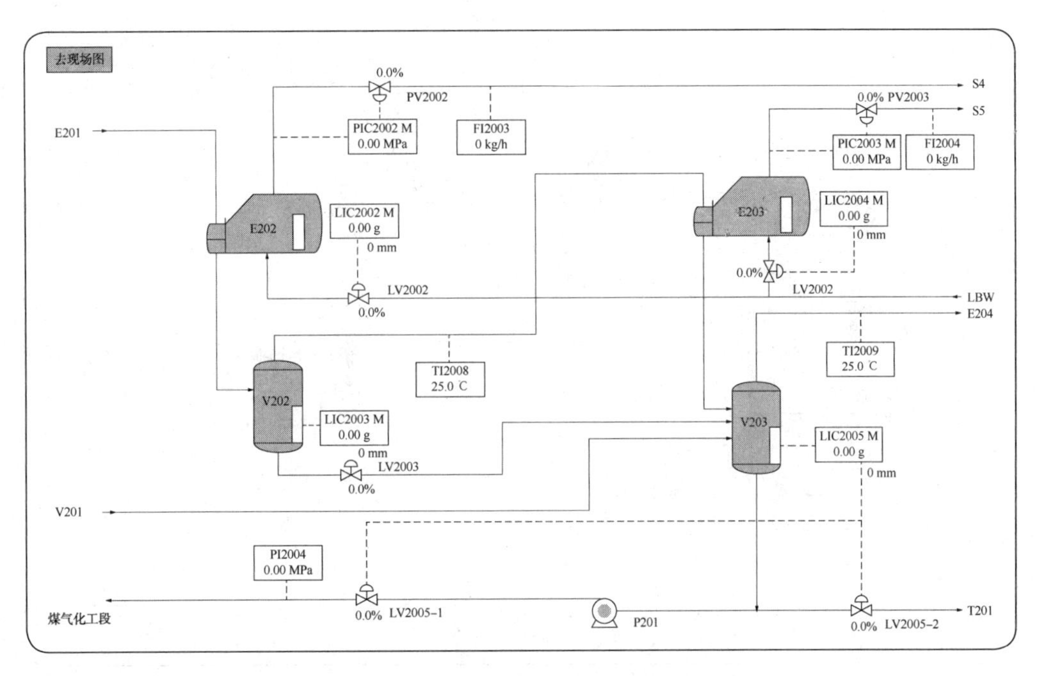

图4-15　变换低压蒸发器1、2DCS界面图

3. 工艺气冷却系统DCS界面图

工艺气冷却系统DCS界面图见图4-16。

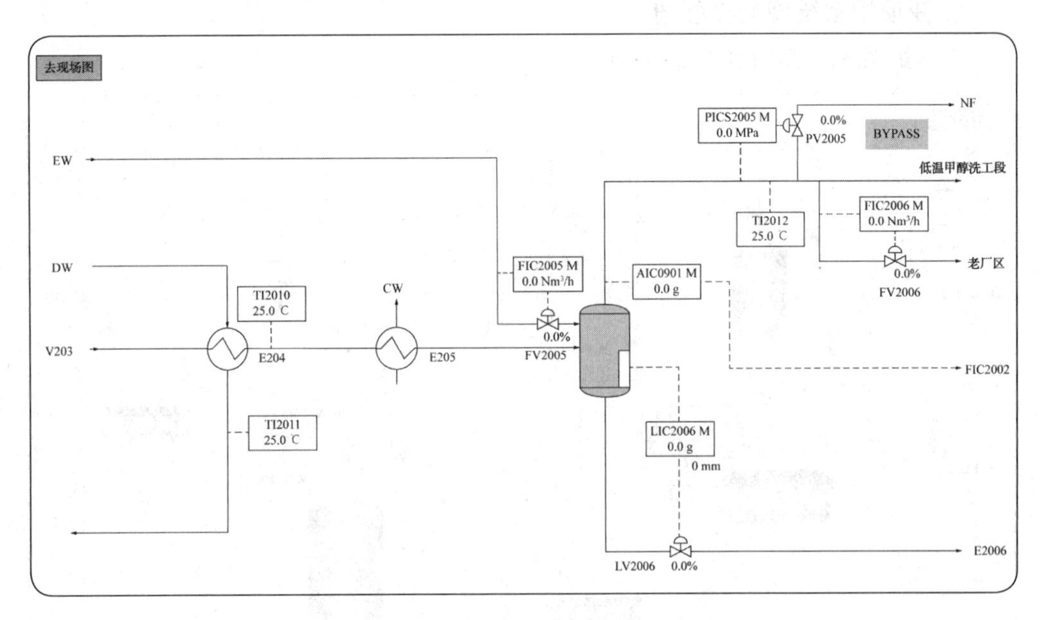

图4-16　工艺气冷却系统DCS界面图

4. 汽提塔系统DCS界面图

汽提塔系统DCS界面图见图4-17。

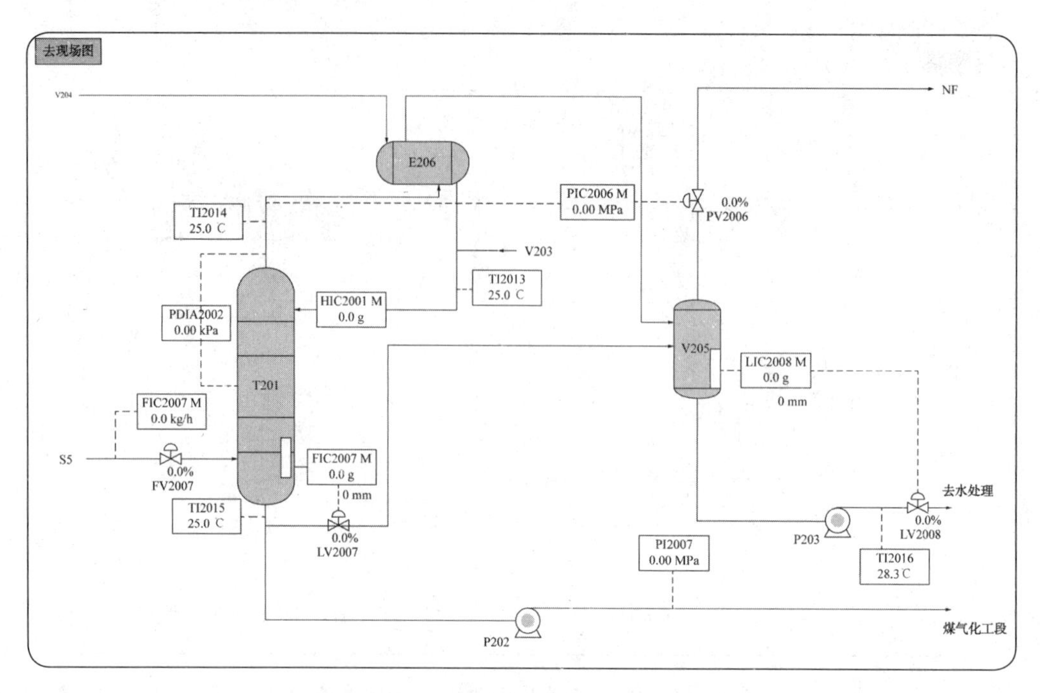

图4-17 汽提塔系统DCS界面图

二、现场画面

1. 变换炉系统现场界面图

变换炉系统现场界面图见图4-18。

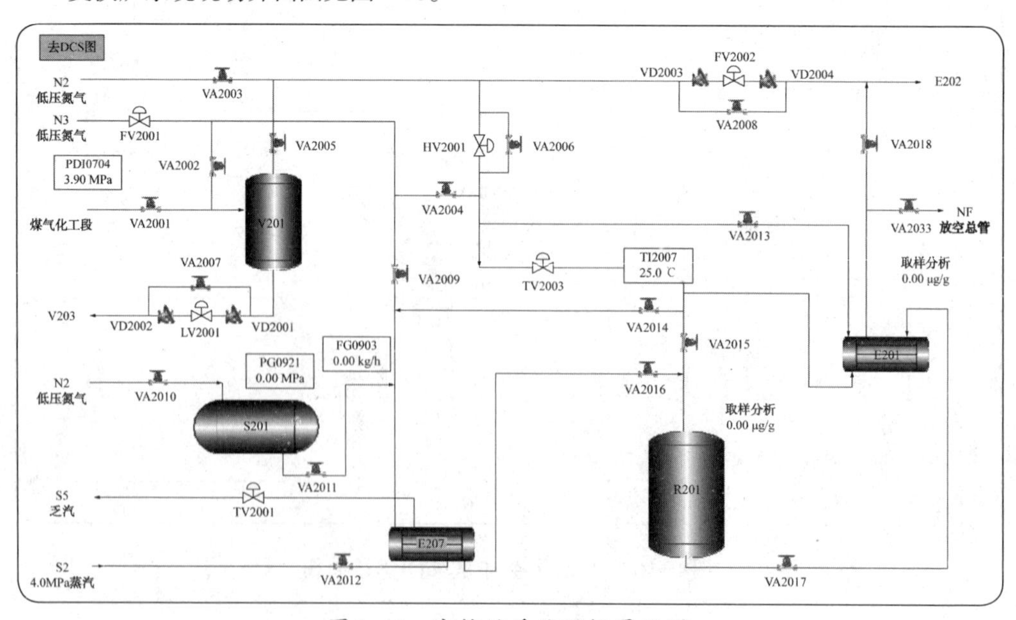

图4-18 变换炉系统现场界面图

2. 变换低压蒸发器1、2现场界面图

变换低压蒸发器1、2现场界面图见图4-19。

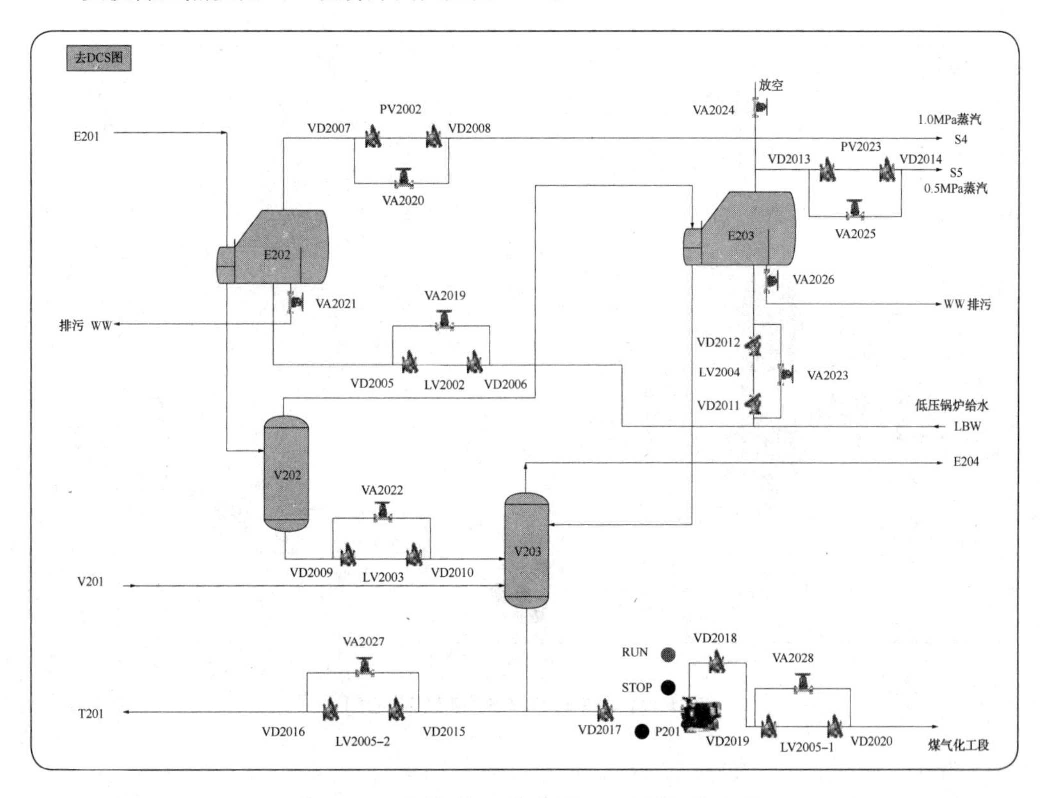

图4-19　变换低压蒸发器1、2现场界面图

3. 工艺气冷却系统现场界面图

工艺气冷却系统现场界面图见图4-20。

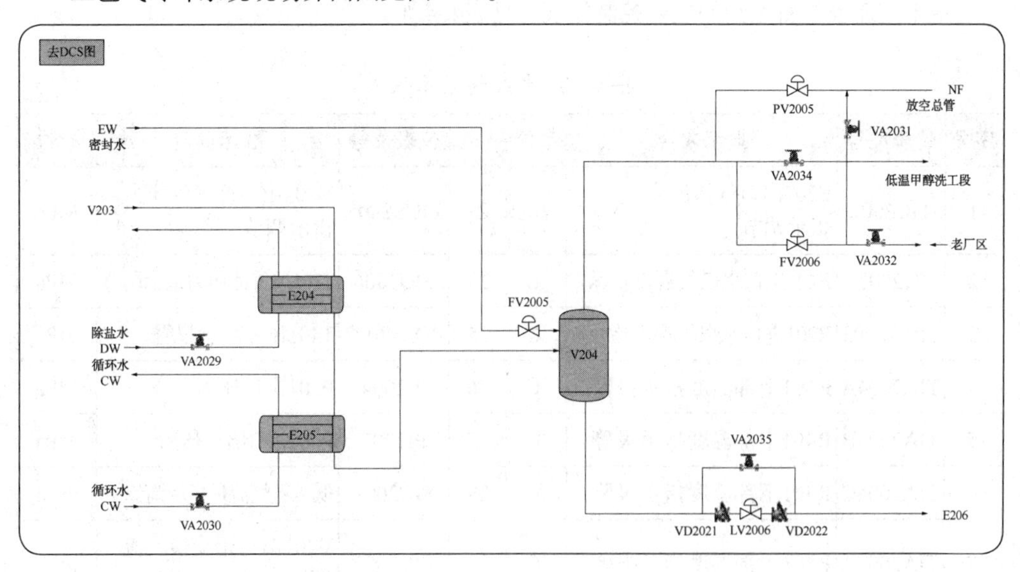

图4-20　工艺气冷却系统现场界面图

4. 汽提塔系统现场界面图

汽提塔系统现场界面图见图4-21。

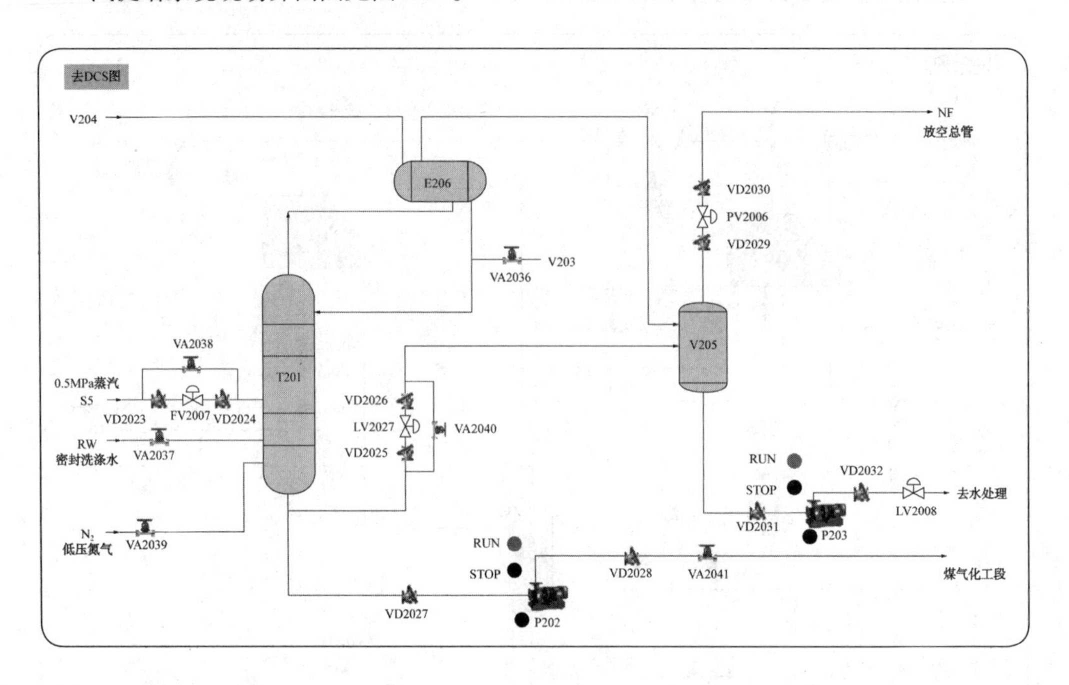

图4-21　汽提塔系统现场界面图

第六节　主要阀门与仪表

本工艺流程中所用到的主要控制仪表，见表4-4所示。

表4-4　主要控制显示仪表

序号	仪表位号	显示内容	单位	序号	仪表位号	显示内容	单位
1	TIC2001	E207出口气体温度指示调节	℃	23	PICS2005	V204出口变换气压力指示调节	MPa
2	TI2002	E201出口水煤气温度指示	℃	24	PIC2006	T201顶气体压力指示调节	MPa
3	TICA2003	R201进口水煤气温度指示	℃	25	PDIA2002	T401压差指示报警	MPa
4	TIA2004A	R401上部温度指示报警	℃	26	PI2004	P201出口压力	MPa
5	TIA2004B	R401中部温度指示报警	℃	27	PI2007	P402A/B出口压力	MPa
6	TIA2004C	R401下部温度指示报警	℃	28	FIC2001	低压氮气流量指示调节	m^3/h
7	TIA2005A	R401上部温度指示报警	℃	29	FIC2002	V201出口未变换气流量指示	m^3/h

续表

序号	仪表位号	显示内容	单位	序号	仪表位号	显示内容	单位
8	TIA2005B	R401中部温度指示报警	℃	30	FI2003	E202出口蒸汽流量指示	kg/h
9	TIA2005C	R401下部温度指示报警	℃	31	FI2004	E203出口蒸汽流量指示	kg/h
10	TI2007	E201出口工艺气温度指示	℃	32	FIC2005	V407密封水流量指示调节报警	m^3/h
11	TI2008	V202出口变换气温度指示	℃	33	FIC2007	T201进口蒸气流量指示调节	kg/h
12	TI2009	V203出口变换气温度指示	℃	34	LIC2001	V201液位指示调节报警	mm
13	TI2010	E204出口变换气温度指示	℃	35	LIC2002	E202液位指示调节报警	mm
14	TI2011	E204壳侧出口除盐水温度指示	℃	36	LIC2003	V202液位指示调节报警	mm
15	TI2012	V204出口变换气温度指示	℃	37	LIC2004	E203液位指示调节报警	mm
16	TI2013	T201进口冷凝液温度指示	℃	38	LIC2005	V203液位指示调节报警	mm
17	TI2014	T201塔顶出口气体温度指示	℃	39	LIC2006	V204液位指示调节报警	mm
18	TI2015	T201釜液出口温度指示	℃	40	LIC2007	T201液位指示调节报警	mm
19	PIC2002	E202出口蒸汽压力指示调节	MPa	41	LIC2008	V205液位指示调节报警	mm
20	PI2001	R201进口水煤气压力指示	MPa	42	AIC401	V204出口CO含量指示调节	%（体）
21	PDI2001	R201进出口气体压差指示报警	MPa	43	HIC2001	V201出口去E401工艺气遥控	%（体）
22	PIC2003	E203出口蒸汽压力指示调节	MPa				

思考题

1．煤气变换工艺的工作原理？进行CO变换的目的？

2．煤气变换炉中，碳氢比例控制范围？如何调节工艺条件利于变换反应进行？

3．煤气变换工艺原理是什么？

4．反应温度怎样影响煤气变换过程？其一般控制在什么范围内？

5．工业上，煤气变换所需压力范围？反应压力变化对煤气变换是否有影响？

6．反应生成的二氧化碳对煤气变换的影响？如何去除二氧化碳？

7．简述一下煤气变换过程。

8．简述汽提塔结构及其工作原理。

9．煤气变换工艺中，变换炉所采用催化剂体系及各自反应温度特点是什么？

10．变换炉（R201）中，催化剂床层各段间的温度差应控制在什么范围内？如何控制？

11．找到变换炉、水冷却器、汽提塔在煤气变换工段3D虚拟工厂中的位置。

第五章
煤气净化工段

第一节　概述

经过煤气变换工段之后，甲醇合成原料气再经过除灰和除焦油后，所含主要杂质是硫化物和二氧化碳。一方面，硫化物不仅堵塞和腐蚀设备及管道，更可降低甲醇合成催化剂的活性，引起催化剂中毒，同时，硫作为一种有价值的化工产品，应该进行分离和回收；另一方面，杂质气体的存在，也提高了气体输送装置的能耗。因此，必须在进入甲醇合成工段之前，脱除硫化物和二氧化碳，这是甲醇生产的关键步骤之一。

一、气化煤气的脱硫

水煤气中硫化物主要包括两类：一是无机硫化物，主要为硫化氢，占总硫含量的90%以上；二是有机硫化物，约占总硫含量的10%，主要包括硫氧化碳（COS）、少量二硫化碳（CS_2），极少量硫醇、硫醚和噻吩等。

煤气经过脱硫，总硫含量要求低于0.1mg/m^3。要达到如此严格的要求，脱硫需要分阶段、分步骤进行，因为某种单一的脱硫方法无法达到这样的要求。按照脱硫剂的状态可以将脱硫方法分为干法和湿法两大类。

1. 干法脱硫

干法脱硫是指脱硫剂为固体，通过选择性吸附或发生化学反应，来脱除煤气中的硫化物，主要包括活性炭法、氧化锌法、氧化铁法、氧化锰法、分子筛法、加氢转化法、水解转化法和离子交换树脂法等。

干法脱硫的主要优势是工艺简单而技术成熟，脱硫效率高，操作简便，设备简单，易于维修，绝大部分干法脱硫剂可同时去除硫化氢和有机硫。而其缺点主要是其脱硫剂的硫容量较低，脱硫剂再生和硫黄回收困难，反应速率慢而设备庞大，无法进行连续操作。因此无法直接进行大量脱硫，通常不单独使用，而是与湿法脱硫相结合，作为二级脱硫使用。

下面简单介绍常用的活性炭法、氧化锌法和加氢转化法。

1）活性炭法

活性炭作为一种常用的吸附剂，在氧气的存在下，可有效催化下列反应：

$$2H_2S+O_2 \rightleftharpoons 2H_2O+2S\downarrow \qquad \Delta H=-434.0\text{kJ/mol} \tag{5-1}$$

硫化氢与氧在活性炭表面的反应分为两步。第一步是活性炭表面对氧分子的化学吸附，形成表面氧化物，成为催化中心，此步骤容易进行，甲醇合成气中仅需少量氧（0.1%～0.5%）即可使此步骤发生反应。第二步是气相中的硫化氢分子与表面氧化物反应，生产单质硫分子沉积在活性炭空隙中。由于比表面积很大，活性炭硫容量甚至可超过100%，高于其他固体脱硫剂。活性炭的脱硫效率受到活性炭质量、氧和氨的含量、温度、相对湿度、煤焦油及不饱和烃含量等的影响。

活性炭在使用一段时间后，其空隙中富集了硫及其含氧酸盐，会失去脱硫能力，此时需进行活性炭的再生，将硫和含氧酸盐从空隙中除去。优质活性炭循环使用次数可达20～30次。

活性炭再生的方法包括硫化铵萃取法、热氮气再生法、过热蒸汽再生法、有机溶剂再生法等，目前应用最多的是过热蒸汽再生法。饱和蒸汽经电加热至400～500℃，进入活性炭层，将硫黄升华后带出，蒸汽冷却后，硫黄被冷凝分离。

活性炭法脱硫效率高，硫容量相对较大，原料活性炭来源广泛，在常温下即可脱硫，回收硫黄纯度也较高。

2）氧化锌法

在氧化锌脱硫剂中，氧化锌质量含量在75%～99%。一般制成条状或球状，使用前为灰白色或浅黄色，使用后为深灰色或黑色。其脱硫原理，有两种解释。一是转化机理，有氢气存在时，二硫化碳、硫氧化碳等有机硫（噻吩除外）在氧化锌和硫化锌催化下生成烯烃和硫化氢，进而被氧化锌除去：

$$COS+H_2 \rightleftharpoons H_2S+CO \tag{5-2}$$

$$CS_2+4H_2 \rightleftharpoons 2H_2S+CH_4 \tag{5-3}$$

$$ZnO+H_2S \rightleftharpoons ZnS+H_2O \tag{5-4}$$

$$ZnO+C_2H_5SH \rightleftharpoons ZnS+C_2H_5OH \tag{5-5}$$

$$ZnO+C_2H_5SH \rightleftharpoons ZnS+C_2H_4+H_2O \tag{5-6}$$

$$ZnO+C_2H_5-S-C_2H_5 \rightleftharpoons ZnS+2C_2H_4+H_2O \tag{5-7}$$

另一种解释是吸收机理，认为有机硫可直接被氧化锌吸收，在200～400℃反应完全。

$$COS+ZnO \rightleftharpoons ZnS+CO_2 \tag{5-8}$$

$$CS_2+2ZnO \rightleftharpoons 2ZnS+CO_2 \tag{5-9}$$

影响氧化锌法脱硫效率的主要因素包括催化剂杂质含量、反应温度、空速与线速、操作压力、水汽含量、硫化物类型与浓度、二氧化碳含量等。氧化锌法可将原料气中硫含量降至0.055mg/kg以下，由于其脱硫净化度非常高，常与其他脱硫方法联用，作为最后的脱硫工序。

3）加氢转化法

通常采用钴钼催化剂对各种有机硫进行加氢转化，得到硫化氢后，再采用氧化锌法，可将硫含量降至0.1mg/m³以下。

加氢转化反应原理如下［包括式（5-2）和式（5-3）］：

$$R-SH+H_2 \rightleftharpoons RH+H_2S \tag{5-10}$$

$$R-S-R'+2H_2 \rightleftharpoons RH+R'H+H_2S \tag{5-11}$$

$$C_2H_4S+4H_2 \rightleftharpoons C_4H_{10}+H_2S \quad (5\text{-}12)$$

$$C_2H_4+H_2 \rightleftharpoons C_2H_6 \quad (5\text{-}13)$$

这些放热反应平衡常数通常较大，反应可以进行得很完全。

钴钼催化剂常用的是负载在γ-Al_2O_3上的MoO_3和CoO。加氢转化的效率主要受到温度、压力、氢浓度和空速的影响。催化剂长期使用后，随着表面结焦增多，活性降低，需要清焦再生，方法是在惰性气体（常用氮气）或蒸汽中配入适量氧气或空气，通过催化剂床层。若是由于局部过热引起活性组分钼的流失，或者砷等物质的存在使催化剂生成了无加氢活性的化合物，则使催化剂永久失活，此时需要更换催化剂。

2. 湿法脱硫

湿法脱硫是采用溶液吸收剂，选择性吸收硫化物的方法。其主要优势在于吸收速率快、脱硫可进行连续生产、生产强度较大、溶液易于再生等，可用于硫化氢含量较高的场合。但其对硫化物的净化效果不如干法，因此为达到较低的硫含量，可在湿法脱硫的流程后串联干法，使整个流程经济合理。

湿法脱硫的脱硫剂应尽可能满足如下条件：硫化氢在脱硫剂中溶解度大，硫化氢在脱硫剂上平衡分压较低；有效地选择性吸收硫化氢；副反应少；易于再生和回收；对设备腐蚀较小；来源易得且成本较低；流程操作简单。

湿法脱硫根据溶液的吸收和再生性质不同，可分为三类，分别是化学吸收法、物理吸收法和物理-化学吸收法。下面分别进行介绍。

1）化学吸收法

化学吸收法主要是利用碱性溶液吸收酸性气体硫化氢，可分为中和法和湿式氧化法。

中和法是碱性溶液吸收硫化氢后，生成硫氢化物而被除去，而溶液在减压条件下加热重新释放硫化氢，得到再生。此时，硫化氢不能直接放空，可通过克劳斯（Claus）工艺进一步回收硫化氢。中和法包括氨水法、氢氧化钠法、碳酸钠法、乙醇胺法、二乙醇胺法、三乙醇胺法、二异丙醇胺法等。

湿式氧化法是采用含有催化剂的溶液吸收硫化氢，再生时可结合空气中的氧，将硫氢化物催化氧化为硫黄［式（5-1）］。主要包括改良ADA法、栲胶法及KCA法、MSQ法及MQ法、茶灰法、氧化煤法、改良对苯二酚法、EDTA配位铁法、Fd法、有机磷配位铁法、HEDP-NTA配位铁法、Cn配位铁法、氨水液相催化法、萘醌法、菲醌法、ADA法、WCE法、铁氨法、氨水苦味酸法、PDS法等。目前国内使用较多的是改良ADA法和栲胶法。

（1）改良ADA法。ADA是蒽醌二磺酸的缩写，是含有2,6-蒽醌二磺酸钠和2,7-蒽醌二磺酸钠的混合物。早期的ADA法是在碳酸钠的稀碱液中加入2,6-蒽醌二磺酸钠和2,7-蒽醌二磺酸钠混合物，作为氧的载体，但是反应时间长，设备庞大，硫容量低，无法大范围推广。后来开发的新工艺加入了一定量的催化剂偏钒酸钠、配位剂酒石酸钾钠，克服了上述缺点，吸收速率大为提高，称为改良ADA法，此法得到了广泛应用。

此方法脱硫过程为：

在pH = 8.5 ~ 9.2范围，稀碱液吸收硫化氢生成硫氢化物。

$$Na_2CO_3+H_2S \rightleftharpoons NaSH+NaHCO_3 \quad (5-14)$$

接下来在液相中，偏钒酸钠与硫氢化钠反应，后者被氧化为硫单质，前者被还原为焦钒酸钠。

$$2NaSH+4NaVO_3+H_2O \rightleftharpoons Na_2V_4O_9+4NaOH+2S\downarrow \quad (5-15)$$

氧化态的ADA被焦钒酸钠还原得到还原态的ADA，焦钒酸钠重新被氧化为偏钒酸钠。

$$2ADA（氧化态）+Na_2V_4O_9+2NaOH +H_2O \rightleftharpoons 4NaVO_3+2ADA（还原态） \quad (5-16)$$

而还原态ADA被空气中的氧重新氧化为氧化态ADA，实现再生，再生后的贫液可继续循环使用。

$$2ADA（还原态）+O_2 \rightleftharpoons 2ADA（氧化态）+2H_2O \quad (5-17)$$

式（5-14）中消耗的碳酸钠可以由生成的氢氧化钠进行补偿。

$$NaOH+NaHCO_3 \rightleftharpoons NaCO_3+H_2O \quad (5-18)$$

若气体中存在氧气、氰化氢、二氧化碳时，会发生一系列的副反应。这些副反应会消耗碳酸钠，降低溶液脱硫能力，因此，应尽可能降低这些气体在原料气中的含量。

改良ADA法脱硫是一个较为复杂的过程，溶液的pH值、偏钒酸钠含量、ADA用量、酒石酸钾钠含量、温度、压力、氧化停留时间、二氧化碳等气体含量等因素，都会对脱硫效率产生影响。

（2）栲胶法。栲胶法主要是使用碱性栲胶和钒酸盐水溶液进行脱硫。栲胶来自含单宁的树皮、根、茎、叶和果壳等，这些植物组分在水中萃取熬制即可得到栲胶。其主要成分是单宁，一种聚酚类物质，也有氧化态（醌式结构，TQ醌态）和还原态（酚式结构，THQ酚态），因此栲胶法脱硫的原理与改良ADA法相同，只是采用栲胶替代ADA作为氧的载体。栲胶本身作为钒配位剂，无须使用酒石酸钾钠配位剂。

栲胶法是目前甲醇合成领域中原料气脱硫应用较广泛的方法之一，克服了改良ADA法中ADA价格高、操作中硫黄堵塔的缺点。我国具有丰富的栲胶资源，因此此方法运行成本较低。

传统栲胶法在配制成为脱硫液之前，需对其进行复杂的预处理。近年来开发的新型P型和V型栲胶，则可直接加入系统进行脱硫。

栲胶法脱硫原理为：

首先是碱性水溶液对硫化氢的吸收，见式（5-14）。然后是五价的钒配离子对HS^-氧化，析出硫黄，五价钒被还原成四价钒。

$$2[V]^{5+}+HS^- \rightleftharpoons 2[V]^{4+}+S\downarrow+H^+ \quad (5-19)$$

与此同时，醌态栲胶也氧化HS^-生成硫黄，醌态栲胶被还原为酚态栲胶。

$$TQ（醌态）+HS^- \rightleftharpoons THQ（酚态）+S\downarrow \quad (5-20)$$

醌态栲胶氧化四价的钒配离子，钒配离子被氧化为五价，得到再生。

$$TQ（醌态）+[V]^{4+}+H_2O \rightleftharpoons THQ（酚态）+[V]^{5+}+OH^- \quad (5-21)$$

空气中的氧气将酚态栲胶氧化，再生得到醌态栲胶，同时生成H_2O_2。

$$2THQ（酚态）+O_2 \rightleftharpoons 2TQ（醌态）+H_2O_2 \quad (5-22)$$

H_2O_2氧化四价的钒配离子和HS^-。

$$H_2O_2+2[V]^{4+} \rightleftharpoons 2[V]^{5+}+2OH^- \quad (5-23)$$

$$H_2O_2+HS^- \rightleftharpoons H_2O+OH^-+S\downarrow \quad (5-24)$$

与改良ADA法相同，氧气、氰化氢、二氧化碳等气体存在时，也会发生类似的副反应。

影响栲胶法脱硫的主要因素包括总碱度（溶液的pH值）、$NaVO_3$含量、栲胶浓度、二氧化碳气体含量、温度等。

2）物理吸收法

物理吸收法是利用脱硫剂对硫化氢的物理溶解作用，在一定条件下吸收硫化氢，其原理完全是物理溶解，在压力降低或温度升高时，重新释放硫化氢，脱硫剂得到再生。物理吸收法主要包括水洗法、碳酸丙烯酯法、低温甲醇洗法、聚乙二醇二甲醚法、磷酸三丁醇法、*N*–甲基吡咯烷酮法和*N*–甲基–*ε*–己内酰胺法等。

目前应用较多的是低温甲醇洗法，在本章第二节中将详细介绍。

3）物理–化学吸收法

在物理–化学吸收法中，既有物理溶剂，也有化学溶剂，脱硫同时包含有物理溶解和化学反应过程，主要包括环丁砜法和常温甲醇法。以环丁砜法为例，采用环丁砜和烷基醇胺的混合物为吸收剂，环丁砜对硫化氢进行物理吸收，而烷基醇胺对硫化氢进行化学吸收。

二、气化煤气的脱碳

在煤气化制得的甲醇合成原料气中，二氧化碳作为一种副产物，本身含量是过剩的，在变换工段，部分一氧化碳又转变为二氧化碳，从而使合成气碳氢比降低，这对后续甲醇合成过程是不利的。脱碳的方法也可分为干法脱碳和湿法脱碳。

1. 干法脱碳

干法脱碳是在低温、高压条件下，利用孔隙率大的固体吸附剂选择性地吸收二氧化碳，而在高温、低压下二氧化碳脱附，吸收剂再生。常用的吸附剂包括活性炭、活性氧化铝、硅胶、分子筛等。具体方法包括变温吸附和变压吸附。干法脱碳的优势在于，固体吸附剂使用寿命长，无须消耗溶剂，运行成本较低。

2. 湿法脱碳

湿法脱碳通常是指在溶液中对二氧化碳进行吸收。同湿法脱硫类似，也可分为化学吸收法、物理吸收法和物理–化学吸收法。

1）化学吸收法

由于二氧化碳是酸性气体，因此可以利用碱液对其进行吸收。化学吸收法包括氨水法、改良热钾碱法、有机胺法等。下面以改良热钾碱法为例简单介绍。

改良热钾碱法主要采用碳酸钾水溶液对二氧化碳进行吸收。这是一个气液两相反应，步骤包括气相中的二氧化碳扩散到溶液表面，并溶解在界面溶液中，在界面溶液中与碳酸钾溶液发生反应，反应产物向液相主体扩散。其中化学反应步骤最慢，是速率控制步骤。

$$K_2CO_3+H_2O+CO_2 \rightleftharpoons 2KHCO_3 \tag{5-25}$$

为提高此反应的反应速率，较简单的方法是提高反应温度。但温度提高后，溶液对碳钢体系的腐蚀性也大幅提高，因此后来采用加入活化试剂二乙醇胺的方法提高反应速率。脱碳后气体的净化度取决于碳酸钾水溶液中二氧化碳的平衡分压，平衡分压越低则表明二氧化碳参与越少，净化度越高。而平衡分压与吸收温度、碳酸钾浓度、溶液中碳酸钾转化为碳酸氢钾的摩尔分数等因素有关。因此吸收的效率受到吸收温度、压力、碳酸钾浓度、活化试剂浓度等因素影响。

含有二乙醇胺的碳酸钾溶液在去除二氧化碳的同时，也可除去合成气中含有的酸性组分，如硫化氢、氰化氢、硫醇、二硫化碳、硫氧化碳等

$$COS+H_2O \rightleftharpoons H_2S+CO_2 \tag{5-26}$$

$$CS_2+H_2O \rightleftharpoons H_2S+COS \tag{5-27}$$

$$H_2S+K_2CO_3 \rightleftharpoons KHCO_3+KHS \tag{5-28}$$

$$HCN+K_2CO_3 \rightleftharpoons KHCO_3+KCN \tag{5-29}$$

$$R-SH+K_2CO_3 \rightleftharpoons KHCO_3+RSK \tag{5-30}$$

碳酸钾溶液在吸收过程中，碳酸钾逐步转变为碳酸氢钾，因此当吸收进行到一定程度时，需对溶液进行再生，释放出二氧化碳，再生后溶液可循环使用。

$$2KHCO_3 \rightleftharpoons K_2CO_3+H_2O+CO_2 \tag{5-31}$$

降低压力和升高温度可促进碳酸氢钾的分解，生产中通常向溶液中加入惰性气体（如水蒸气）进行汽提，同时增大了溶液的湍流和解析面积，使二氧化碳充分从溶液中解析出来并降低其在气相中的分压。

2）物理吸收法

同脱硫采用的物理吸收法相似，脱碳的物理吸收法也是利用溶剂选择性地吸收杂质气体，即二氧化碳。由于气体在物理吸收溶剂中符合亨利定律，即吸收能力仅和气体的分压成正比，对于二氧化碳含量大于15%的情况，物理吸收法效果较好。所采用的溶剂包括水和有机溶剂，可分为加压水洗法、低温甲醇洗法、碳酸丙烯酯法、聚乙二醇二甲醚法、*N*–甲基吡咯烷酮法等。其中加压水洗法动力消耗较大，同时一氧化碳和氢气损失也较大，现已较少使用。下面简单介绍碳酸丙烯酯法和聚乙二醇二甲醚法。低温甲醇洗

法将在本章第2节详细介绍。

（1）碳酸丙烯酯法。碳酸丙烯酯是一种无色、无腐蚀性、性质稳定的透明液体，沸点约238℃（0.1MPa），具有一定极性。碳酸丙烯酯本身无腐蚀性，但降解后对碳钢则产生腐蚀性。此法的优点是饱和蒸气压低，溶剂损耗较低，工艺流程较为简单，对二氧化碳具有较强吸收能力（二氧化碳在碳酸丙烯酯的溶解度，相同条件下约为其在水中的4倍）。主要不足是碳酸丙烯酯成本较高，而二氧化碳回收率相对较低，液体损失量相对较大。吸收效果主要受到吸收压力、液气比、二氧化碳含量等因素影响。碳酸丙烯酯溶有一定量二氧化碳、硫化氢、有机硫、水或发生降解后，其溶液颜色变为棕黄色。碳酸丙烯酯吸水性较强，并可发生水解：

$$C_3H_6CO_3+2H_2O \rightleftharpoons C_3H_6(OH)_2+H_2CO_3 \quad (5-32)$$

$$H_2CO_3 \rightleftharpoons H_2O+CO_2 \quad (5-33)$$

碳酸丙烯酯蒸汽压较低，因此吸收过程在常温和加压下进行，富液减压或通入空气，在常温下即可进行解吸，因此脱碳过程无须加热。若碳酸丙烯酯同时吸收了部分硫化物和烃类时，可采用逐级降压的方法，分别回收二氧化碳、硫化物和烃类等。为减少碳酸丙烯酯吸水分解，再生时可通过再生气体将水分带出。

（2）聚乙二醇二甲醚法。聚乙二醇二甲醚作为吸收剂，一般是不同相对分子质量的同系物的混合物，常用的是聚合度2～9的混合物，溶剂无毒无腐蚀性，也可有效吸收二氧化碳、硫化氢、硫氧化碳、硫醇等酸性组分和水。吸收效率主要影响因素包括压力、温度、溶剂的饱和度和气液比等。溶剂吸收过程之后，富液也可采用减压加热和汽提的方法进行再生。此法的主要优点是吸收能力大，溶液循环量小，再生能耗低，同时溶剂性质稳定，蒸气压低，损失小，无须溶剂回收装置，聚乙二醇二甲醚在环境中可进行生物降解，无毒害，是一种清洁的生产工艺，成本上低于碳酸丙烯酯法和低温甲醇法。

3）物理–化学吸收法

同脱硫的物理–化学吸收法类似，脱碳的物理–化学吸收法也同时包含物理溶解和化学反应过程，主要包括环丁砜法和甲基二乙醇胺法等。

第二节　工艺原理与主要设备

郑州大学的煤制甲醇仿真实训系统采用了低温甲醇洗的方法进行脱硫脱碳，在此重点介绍低温甲醇洗法的原理和工艺过程及主要设备。

一、低温甲醇洗法脱硫脱碳

低温甲醇洗是一种物理吸收方法，是20世纪50年代德国林德（Linde）公司和鲁奇

（Lurgi）公司共同开发的一种气体净化工艺。采用低温甲醇为吸收溶剂，在低温下对多种酸性气体均有良好的溶解性，不仅应用于煤制甲醇过程中，也在合成氨、羰基合成、城市煤气、天然气脱硫、工业制氢气等过程中进行二氧化碳和硫化氢的脱除。

低温甲醇洗法的主要优点是：可综合脱除合成原料气中多种杂质，在-70～-30℃下，对硫化氢、二氧化碳、有机硫、氨、氰化氢、一氧化氮、芳香烃、石蜡、部分饱和烷烃等均可进行吸收，高浓度的二氧化碳和硫化氢可分别进行回收；气体净化度较高，硫含量可降至0.1mg/m^{3}以下，二氧化碳含量可降至10mg/m^{3}以下；二氧化碳和硫化氢在甲醇中溶解度高，溶剂循环量较小；甲醇热稳定性及化学稳定性均较好，对管道和设备无腐蚀，成本和操作费用低。其不足之处是：工艺流程较长，甲醇具有一定毒性，整个生产过程设备安装及运行都需严防泄漏发生，以及废水需要进行处理；在低温下操作对钢材也有一定要求，需使用低温钢材；此外，为提高换热效率，某些换热器需采用价格较高的绕管式换热器。

在低温下，甲醇对酸性气体二氧化碳、硫化氢、硫氧化碳等均有较大的溶解度，对一氧化碳、氢气、氮气等则溶解度很小。由于硫化氢和甲醇均有极性且极性接近，因此硫化氢在甲醇中溶解度较大，而其他有机硫在甲醇中溶解度也较大，使得低温甲醇洗可同时脱除合成原料气中的各种硫化物。

二氧化碳和硫化氢在甲醇中的溶解度分别如表5-1和表5-2所示，二氧化碳和硫化氢随温度的降低或压力的增加，其在甲醇中的溶解度增加较快。另外，一氧化碳、氢气在甲醇中的溶解度则随温度变化很小。

表5-1　二氧化碳在甲醇中的溶解度　　　单位：m^3/t 甲醇

CO_2分压/MPa	t/℃				CO_2分压/MPa	t/℃			
	-26	-36	-45	-60		-26	-36	-45	-60
0.101	17.6	23.7	35.9	68.0	0.912	223.0	444.0		
0.203	36.2	49.8	72.6	159.0	1.013	268.0	610.0		
0.304	55.0	77.4	117.0	321.4	1.165	343.0			
0.405	77.0	113.0	174.0	960.0	1.216	385.0			
0.507	106.0	150.0	250.0		1.317	468.0			
0.608	127.0	201.0	362.0		1.418	617.0			
0.708	155.0	262.0	570.0		1.520	1142.0			
0.831	192.0	355.0							

表5-2 硫化氢在甲醇中的溶解度　　单位：m^3/t 甲醇

H_2S分压/kPa	t/℃				H_2S分压/kPa	t/℃			
	0	-25.6	-50.0	-78.5		0	-25.6	-50.0	-78.5
6.67	2.4	5.7	16.8	76.4	26.66	9.7	21.8	65.6	
13.33	4.8	11.2	32.8	155.0	40.00	14.8	33.0	99.6	
20.00	7.2	16.5	48.0	249.2	53.33	20.0	45.8	135.2	

当原料气中同时含有硫化氢和二氧化碳时，因硫化氢在甲醇中的溶解度高于二氧化碳，且其吸收速率也远大于二氧化碳，相同条件下吸收速率约是二氧化碳的10倍，因此甲醇首先吸收硫化氢。当甲醇中溶解有二氧化碳时，硫化氢在其中的溶解度较在纯甲醇中降低10%～15%。

硫化氢和二氧化碳在甲醇中溶解是一个放热过程，由于两者在甲醇中溶解度较大，在气体吸收过程中，甲醇的温度会有所升高，因此为维持吸收效果，需要不断将热量转移出去。

甲醇的纯度对吸收效果有较大影响，其中主要影响因素是水含量。水的存在将降低甲醇的吸收能力，例如，水含量为5%时，甲醇对二氧化碳的吸收能力下降约12%。因此，一般甲醇贫液要求含水量在1%以下。

甲醇对杂质气体的吸收进行到一定程度后，需要对甲醇富液进行再生，方法主要是减压、气提和热再生。洗涤塔的甲醇富液，在减压至2.0MPa左右后，由于各种气体在甲醇中溶解度不同，一氧化碳和氢气首先闪蒸出来并回收，然后甲醇再进入闪蒸塔，进一步闪蒸出二氧化碳，进行回收利用。气提则是在气相中通氮气，使二氧化碳分压降低，有利于二氧化碳的解吸，氮气量越大，二氧化碳解吸效果越好。热再生主要是通过加热，使硫化氢和残留的二氧化碳全部解吸，再生度很高。实际生产中，采用分级减压膨胀的再生方法，首先减压使一氧化碳和氢气解吸并回收，然后继续减压使大量二氧化碳解吸，得到纯度较高的二氧化碳气体，进一步再通过减压、气提和热再生使硫化氢解吸出来，然后送入脱硫工序，氧化为硫黄并回收。

二、低温甲醇洗法吸收和再生操作条件的选择

1. 吸收操作条件的选择

1）温度

降低吸收温度，可以提高硫化氢和二氧化碳在甲醇中的溶解度，提高吸收效率，且降低了甲醇的饱和蒸气压，溶剂挥发损失减少。但温度过低则使冷量损失增加。实际吸

收温度与吸收效率和压力有关，通常范围为-70～-20℃。硫化氢和二氧化碳在甲醇中产生大量溶解热，会使吸收过程中溶剂温度升高，而吸收能力下降，因此，大量吸收二氧化碳的部位设有冷却器，将甲醇溶液引出吸收塔进行冷却。吸收过程的放热量，与甲醇再生时节流效应及气体解吸时的吸热量相抵，使甲醇温度降低，而冷量的损失可由氨冷器或其他冷源进行补偿。

2）压力

增加压力可以增加硫化氢和二氧化碳在甲醇中的溶解度，提高吸收效率。但吸收压力过高，对设备的强度和材质的要求提高，设备成本提高。同时，合成原料气中的一氧化碳和氢气的溶解损失也会提高。通常采用的压力范围为2～8MPa。

2. 解吸操作条件的选择

1）闪蒸的操作条件

由于吸收过程中一氧化碳和氢气会少量溶于甲醇，溶液排出吸收塔时，成为泡沫状态也会少许夹带原料气，使一氧化碳和氢气损失。因此，吸收塔排出的溶液需在中间压力下闪蒸，回收一氧化碳和氢气。在进入再生塔之前闪蒸也可提高解吸得到的二氧化碳的纯度。

闪蒸的温度和压力的选择，要求使硫化氢和二氧化碳解吸量小，而一氧化碳和氢气尽可能多地解吸出来。总体上，温度较高、压力较低，使一氧化碳和氢气解吸充分，可减小原料气损失，但压力过低，则使二氧化碳洗涤塔负荷提高，洗涤效率降低。

2）二氧化碳解吸塔的操作条件

此塔的温度和压力将影响二氧化碳的回收率、二氧化碳中硫化氢的含量。若塔内压力较低，温度较高，解吸的二氧化碳数量多，但其中硫化氢和甲醇含量偏高。压力降低时，由于节流效应，甲醇温度降低，因此二氧化碳解吸塔的温度与塔内压力和闪蒸温度有关。此外，因二氧化碳解吸塔和硫化氢浓缩塔之间存在温度差，在这两个塔之间循环的甲醇量也会对二氧化碳解吸塔的温度产生影响，因此实际生产中可通过对此进行调节，从而影响二氧化碳解吸塔的温度。压力是二氧化碳解吸的主要影响因素，其范围选择以解吸得到的二氧化碳产品中硫化氢含量低于1mg/m^3、甲醇含量低于25mg/m^{3}为依据。一般二氧化碳解吸塔压力范围在0.2～0.4MPa。

3）甲醇的热再生

热再生塔对甲醇的再生效果有重要影响，在塔内接近常压加热，并使用蒸汽汽提，使溶解的二氧化碳和硫化氢解吸。其中塔内汽提蒸汽的量是主要影响因素，蒸汽量提高，再生效果更好，但蒸汽量过多，增加了加热蒸汽消耗，也可能超出塔板的负荷。

三、工艺流程概述

煤气净化工段前段和后段工艺流程分别见图5-1和图5-2。

1. 煤气冷却和净化

粗煤气（2.81MPa、37℃）进入煤气净化工段首先在F301分离器进行一级分离，粗煤气在E301/E302被冷煤气和制冷岗位输送的0℃级冷冻液NH_3冷却到8℃，在F302分离器进行二级分离，冷煤气经E303被T303Ⅰ/T304Ⅰ段的驰放气和净煤气冷却至-16.3℃后再经过E304被制冷岗位送过来的-40℃级液氨进一步冷却至-32℃，进入硫化氢吸收塔T301预洗段。冷煤气在进入E303之前用P301输送的喷淋甲醇来降低粗煤气冰点。在F301/F302分离下的煤气水、冷凝液进入煤气水系统。

-32℃煤气（含有甲醇和煤气冷凝液）进入H_2S吸收塔T301下段10块塔盘进行脱除煤气中气态轻油和高沸点碳氢化合物等杂质。然后进入T301塔上段81块塔盘脱除煤气中的H_2S和COS等有机硫。脱硫煤气进入CO_2吸收塔T302，分三段进行脱除CO_2，煤气得到净化，得到净化气产品。净化气中含CO_2应小于20mL/m^3，甲醇应小于150mL/m^3，2.49MPa、27℃的净化气送到甲烷分离工序进一步脱甲烷。

2. 甲醇洗涤循环

在甲醇洗涤过程中，从热再生塔T305塔底出来的精甲醇（H_2O含量小于0.1%）经过P306加压至2.65MPa，经过E312三台换热器冷却到-39℃，送到CO_2吸收塔T302顶部第106块塔盘上，洗涤CO_2。T302塔底富CO_2甲醇约195.8t/h经过P301泵加压3.4MPa送到H_2S吸收塔T301顶部洗涤H_2S、COS等杂质。T301塔下部第10块塔板上的甲醇液约6t/h由P301提供去T301塔下段预洗脱除煤气中轻油水等杂质；T301上塔另外一股甲醇经过F6113A04超滤器滤除大颗粒杂质后，甲醇富液送至H_2S浓缩塔T304Ⅰ段进行再生。

T302中、下段洗涤甲醇来源分别是：中段洗涤甲醇（主洗甲醇）来源于CO_2闪蒸塔T303Ⅳ段，底部贫CO_2甲醇（CO_2在甲醇含量为5.1%），-55℃甲醇贫液经过主洗甲醇泵P303以流量274.2t/h加压至3.25MPa送到T302塔中部第40块塔板处洗涤大量CO_2，该甲醇循环称为主洗甲醇。下段洗涤甲醇来源于T302塔釜甲醇富液747t/h（CO_2在甲醇含量为17.5%），经P302加压至2.67MPa，经过E306被制冷岗位送来的-41℃级冷冻氨冷却到-35℃，进一步送到第10块塔板处洗涤一部分CO_2，该洗涤甲醇称为粗洗甲醇。T302塔釜-23℃富CO_2甲醇分为两股，一股约195.8 t/h到T301塔顶部，另一股约516.79t/h到T303进行甲醇再生。

在洗涤甲醇再生过程中，经T301下塔洗涤轻油、水、萘等杂质的富硫富碳甲醇从T301塔底部通过阀门LIC3007节流进入预洗闪蒸塔T307Ⅱ、Ⅲ段减压闪蒸，脱除轻组分气体和大部分CO_2气体，两段闪蒸气体送到H_2S浓缩塔T304Ⅱ段，进行硫化氢富集。从T307Ⅱ段出来的预洗甲醇通过E317复热后进入T307塔Ⅲ段，脱气后甲醇进入F304Ⅰ段进行脱油处理。

来自水处理的脱盐水40℃首先在CO_2尾气洗涤塔T306中，回收T303/T304塔排放气中的残留甲醇蒸气后，作为萃取剂再经过P308泵升压至0.65MPa，一股直接输送到萃取

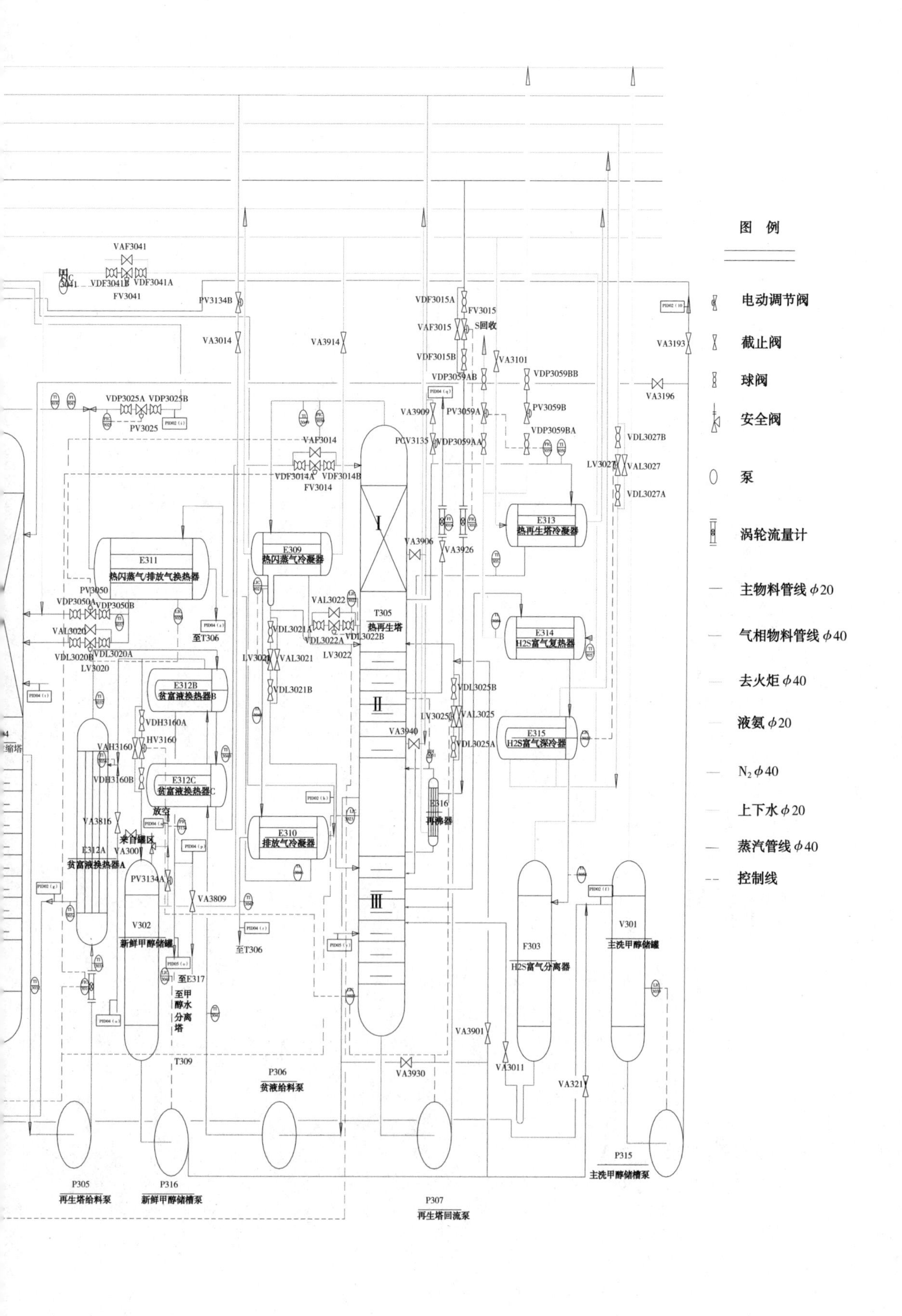

图 例
电动调节阀
截止阀
球阀
安全阀
泵
涡轮流量计
主物料管线 φ20
气相物料管线 φ40
去火炬 φ40
液氨 φ20
N₂ φ40
上下水 φ20
蒸汽管线 φ40
控制线
E311
热闪蒸气/排放气换热器
E309
热闪蒸气冷凝器
E313
热再生塔冷凝器
E314
H2S富气复热器
E315
H2S富气深冷器
E312B
贫富液换热器B
E312C
贫富液换热器C
E312A
贫富液换热器A
E310
排放气冷凝器
E316
再沸器
T305
热再生塔
V302
新鲜甲醇储罐
F303
H2S富气分离器
V301
主洗甲醇储罐
P305
再生塔给料泵
P316
新鲜甲醇储槽泵
P306
贫液给料泵
P307
再生塔回流泵
P315
主洗甲醇储槽泵
至T306
至E317
至甲醇水分离塔
T309
来自罐区
放空
S回收
VAF3041
VDF3041B
VDF3041A
FV3041
PV3134B
VA3014
VA3914
VDF3015A
FV3015
VAF3015
VDF3015B
VA3101
VDP3059AB
VDP3059BB
PV3059B
VA3909
PV3059A
VDP3059BA
PCV3135
VDP3059AA
VA3193
VA3196
VDL3027B
LV3027
VAL3027
VDL3027A
VDP3025A
VDP3025B
PV3025
VAF3014
VDF3014A
VDF3014B
FV3014
VA3906
VA3926
PV3050
VDP3050A
VDP3050B
VAL3020
VDL3020B
VDL3020A
LV3020
VAL3022
VDL3021A
VDL3022A
VDL3022B
LV3021
VAL3021
LV3022
VDL3021B
VDL3025B
LV3025
VAL3025
VDL3025A
VA3940
VDH3160A
HV3160
VAH3160
VDH3160B
VA3816
VA3001
PV3134A
VA3809
VA3901
VA3011
VA3930
VA3211

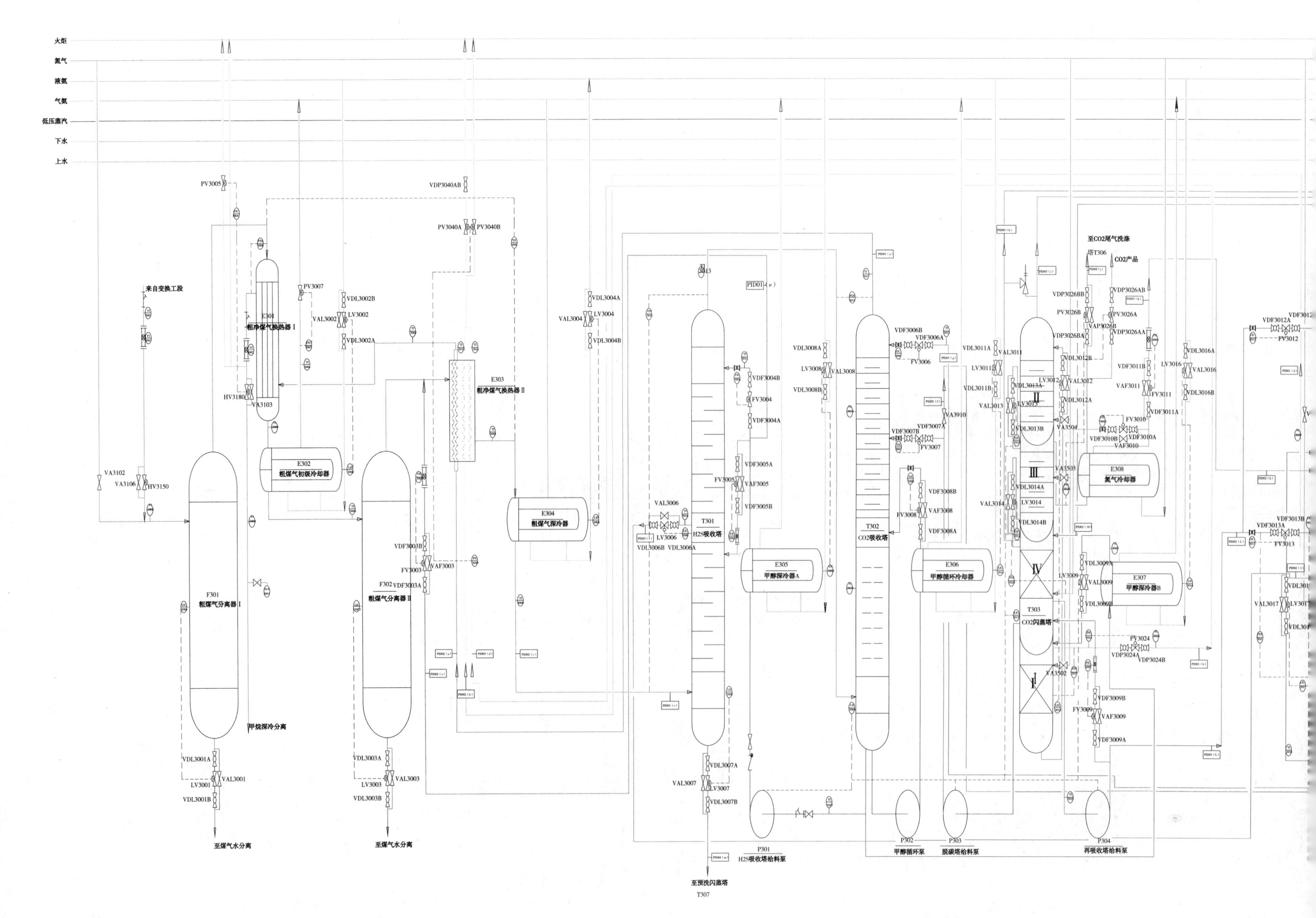

图5-1　煤气净化前段工艺流程图

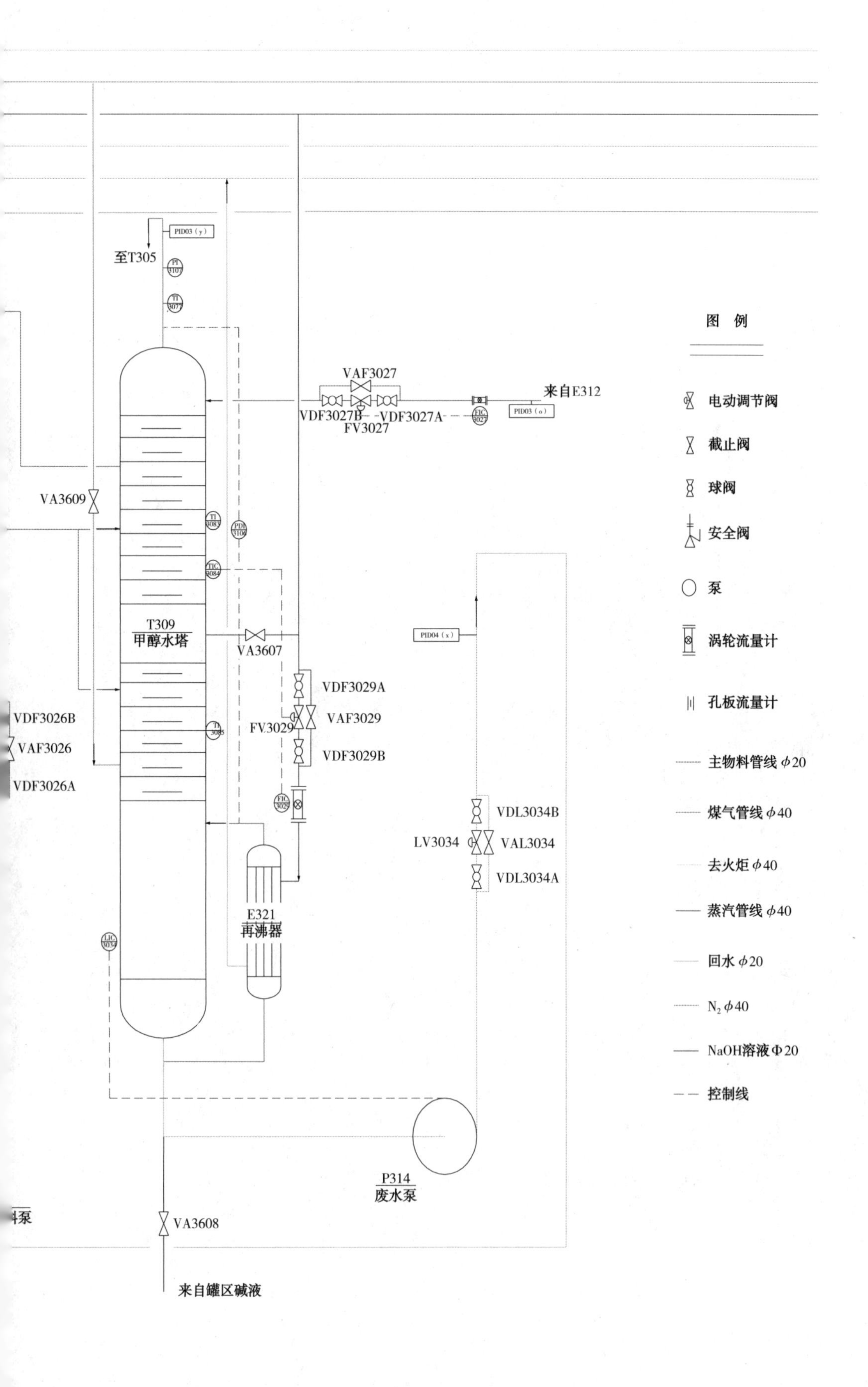

至T305
PID03（y）
PI 3107
TI 3077
VAF3027
来自E312
VDF3027B
VDF3027A
FV3027
FIC 3027
PID03（o）
VA3609
TI 3083
PDI 3106
TIC 3084
T309
甲醇水塔
VA3607
PID04（x）
VDF3029A
VAF3029
FV3029
VDF3029B
VDF3026B
VAF3026
VDF3026A
TI 3085
FIC 3029
VDL3034B
LV3034
VAL3034
VDL3034A
E321
再沸器
LIC 3034
P314
废水泵
料泵
VA3608
来自罐区碱液
图 例
电动调节阀
截止阀
球阀
安全阀
泵
涡轮流量计
孔板流量计
主物料管线 ϕ20
煤气管线 ϕ40
去火炬 ϕ40
蒸汽管线 ϕ40
回水 ϕ20
N_2 ϕ40
NaOH溶液Φ20
控制线

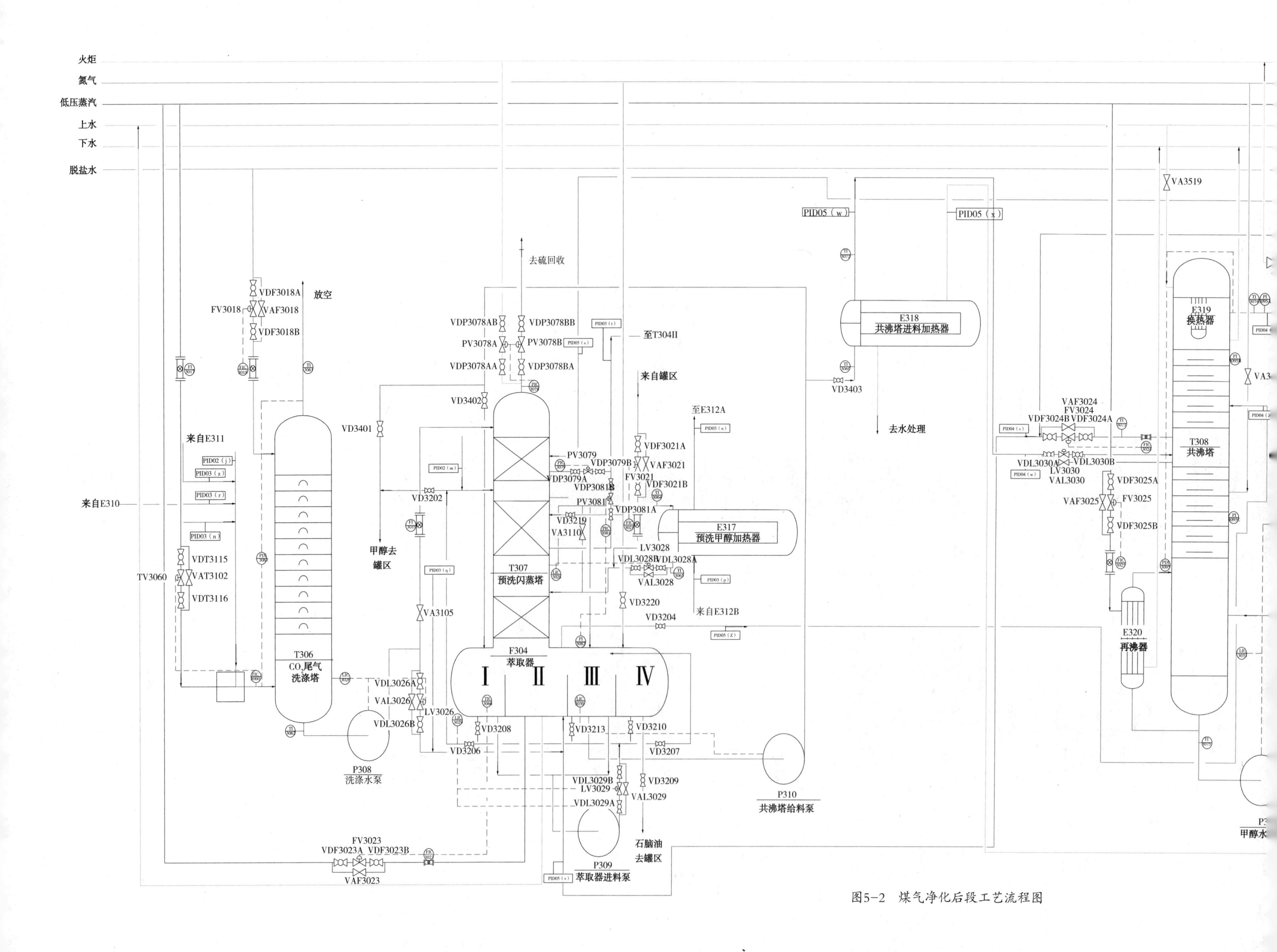

图5-2　煤气净化后段工艺流程图

器F304I室，另一股在T307Ⅰ段洗涤来自共沸塔T308的不凝气中携带的甲醇蒸气的甲醇水混合后参加萃取轻油。

甲醇、水和轻油的混合物在F304Ⅲ室的加热槽中充分混合后溢流至F304Ⅲ室混合室，由P309泵送出，通过一个特殊分配器在萃取室F304Ⅰ室进行萃取分离，轻油浮在上层，甲醇水溶液在下层。含有微量轻油、H_2S气体的甲醇水溶液经过一个可调漏斗流到F304Ⅱ室，然后经过P310泵送到共沸塔T308进行轻油、H_2S、NH_3等气体的气提。F304的闪蒸气进入T308。

T308共沸塔气提轻油、H_2S、NH_3等气体，气提气是由再沸器E320低压蒸汽间接加热产生。从T308塔顶部出来的蒸汽含甲醇、水和轻油，在T308塔顶水冷器E319中冷凝为液体。冷凝液分为两股，一股作为T308共沸塔回流液，另一股送到F304Ⅰ室参加萃取进行回收轻油。T308共沸塔的不凝气进入T307塔Ⅰ段回收甲醇蒸气后送入H_2S总管。而T308塔塔底部甲醇水溶液由P313泵送至T309甲醇水塔精馏塔进行最终甲醇与水分离的甲醇脱水阶段。

甲醇水溶液进入甲醇-水分离塔T309中部，进行甲醇水溶液的精馏。提馏段气提气介质甲醇-水蒸气是由再沸器E321低压蒸汽间接加热产生的。塔顶得到基本不含水分（含水0.2%）的甲醇蒸气，送往热再生塔T305中部作为气提气介质。T309塔的回流液来源是T305Ⅱ段塔底精甲醇泵P306供给的约10t/h精甲醇。T309塔底部废水温度为136℃，流量为5.04t/h，甲醇含量低于0.1%，经过P314送至E318冷却到47℃，再送至生化处理。

3. 甲醇再生

1）富硫甲醇再生

来自T301塔上段底部富H_2S、CO_2甲醇通过阀门LV3006减压闪蒸至-35℃，然后送到T304两段闪蒸膨胀再生。T304塔的Ⅰ、Ⅱ段压力分别为0.78MPa和0.14MPa，在Ⅱ段通入N_2气提CO_2等组分，同时甲醇降温到-47℃。

T304塔甲醇溶液靠压力差和自重依次逐级闪蒸。Ⅰ段的闪蒸气经过E303被煤气复热回收冷量后，送至燃料气系统，Ⅱ段闪蒸气和气提气混合经过E311回收冷量后送至T306。T304塔Ⅱ段底部-47℃甲醇经过P305泵加压再经过E312A、E312B和E312C复热到78℃，送至T305塔Ⅰ段闪蒸溶解在其中的CO_2，而闪蒸气依次进入E309、E310和E311回收携带的甲醇，冷却后进T304Ⅱ段实现H_2S提浓，而甲醇进入T305Ⅱ段加热脱气再生。

T305塔的气提气一部分靠T309塔顶部甲醇蒸气，另一部分靠再沸器E316的低压蒸汽间接加热提供。T305塔顶部再生出来的气体经过E313水冷器冷却后甲醇温度降至40℃，进入T305Ⅱ段。然后由P307泵把甲醇送到T305Ⅱ段塔顶部作为回流液。T305Ⅱ段底部得到无硫精甲醇，经过升压泵P306提压后，再经过E312A、E312B和E312C冷却到-39℃送至T302塔顶部作为精洗甲醇。

T305Ⅲ段的排放气中残留的甲醇蒸气，经过H_2S富气加热器E314冷却至25℃，再在

E315中被制冷岗位送来的-40℃液氨进一步冷却至-34℃，通过F303分离出冷凝的甲醇液体，甲醇液返回T305Ⅲ段，富H_2S气通过E314回收冷量后，一股去硫化氢管网，另一股作为循环气送入T304Ⅱ段进行H_2S富集。

2）富CO_2甲醇再生

CO_2吸收塔T302底部不用于H_2S吸收的富CO_2甲醇，经过E307冷却，再经过阀门LV3009减压，甲醇贫液温度降至-34℃送到T303进行四段闪蒸再生。

Ⅰ段闪蒸中有用气体H_2、CO、CH_4等气体和大量CO_2被闪蒸出来。因此在Ⅰ段闪蒸器上部装有12块塔板，从T303Ⅳ段来的闪蒸再生甲醇用P304送到第Ⅰ段闪蒸段的第12块塔板上洗涤CO_2，以提高闪蒸气热值和回收CO_2产品气。经洗涤后的闪蒸气经E303回收冷量后送至燃料气系统。

T303塔的Ⅰ、Ⅱ、Ⅲ段再生甲醇方法是减压闪蒸，其压力分别是0.79MPa、0.24MPa和0.16MPa。Ⅳ段甲醇再生方法与T304Ⅱ段一致。T303Ⅳ段底部-55℃甲醇贫液，一股经过P303泵提压送T302塔中部作为主洗甲醇来洗涤CO_2气体，一股经过P304泵提压送至T303塔Ⅰ段，作为吸收液；另外两股经P304提压后送至T304，作为再吸收液。

T303塔Ⅱ段的闪蒸气和T304塔Ⅱ段的酸性气混合进入E311回收冷量后，再和Ⅲ段的部分闪蒸CO_2产品气再度混合送入T306回收甲醇后，排入大气。另外，Ⅲ段的一股约4.256t/h的CO_2送入醇醚车间；Ⅳ段闪蒸气经过E308、E310回收冷量后，进入T306回收甲醇，最后排入大气。

3）气提气

从低压氮气管网过来的40℃氮气和T303Ⅲ闪蒸出来的CO_2气换热，温度降至-35℃，一股3.3t/h去T303塔Ⅳ段作为气提气，一股3.3t/h去T304塔Ⅱ段作为气提气。

4. 甲醇储槽系统

当装置在检修时，低温甲醇洗装置的甲醇要排到储槽。储槽系统包括新鲜甲醇储槽V302和主洗甲醇储槽V301。

新鲜甲醇储槽接受来自罐区的甲醇。通过该甲醇储槽，新鲜甲醇进入系统中，以补充正常操作的甲醇损耗。在装置停车期间，也可用于储存自己热再生塔的再生甲醇。

主洗甲醇储槽用于储存来自吸收塔和闪蒸塔的冷的富甲醇液，这个储槽可以储存整个系统的全部甲醇。

四、煤气净化工段主要设备

本工段主要设备见表5-3。

表5-3　煤气净化工段主要设备

序号	设备位号	名称	序号	设备位号	名称
1	F301	粗煤气分离器Ⅰ	27	T308	共沸器
2	F302	粗煤气分离器Ⅱ	28	E320	T308再沸器
3	E301	粗净煤气换热器Ⅰ	29	E318	共沸塔进料加热器
4	E302	粗煤气初级冷却器	30	T309	甲醇水塔
5	E303	粗净煤气换热器Ⅱ	31	E321	T309共沸器
6	E304	粗煤气深冷器	32	E313	热再生塔冷凝器
7	T301	H_2S吸收塔	33	E314	H_2S富气复热器
8	E305	甲醇深冷器A	34	E315	H_2S富气深冷器
9	T302	CO_2吸收塔	35	F303	H_2S富气分离器
10	E306	甲醇循环冷却器	36	V301	主洗甲醇储罐
11	E307	甲醇深冷器B	37	V302	新鲜甲醇储罐
12	T303	CO_2闪蒸塔	38	P301	H_2S吸收塔给料泵
13	E308	氮气冷却器	39	P302	甲醇循环泵
14	T304	H_2S浓缩塔	40	P303	脱碳塔给料泵
15	E311	热闪蒸汽/排放气换热器	41	P304	再吸收塔给料泵
16	E312A	贫富液换热器A	42	P305	再生塔给料泵
17	E312B	贫富液换热器B	43	P306	贫液给料泵
18	E312C	贫富液换热器C	44	P307	再生塔回流泵
19	T305	热再生塔	45	P308	洗涤水泵
20	E309	热闪蒸	46	P309	萃取器进料泵
21	E310	排放气冷凝器	47	P310	共沸塔进料泵
22	E316	T305再沸器	48	P313	甲醇水塔加料泵
23	T306	CO_2尾气洗涤塔	49	P314	废水泵
24	T307	预洗闪蒸塔	50	P315	主洗甲醇储槽泵
25	F304	萃取器	51	P316	新鲜甲醇储槽泵
26	E317	预洗甲醇加热器			

五、吸收原理及填料塔简介

此工段主要涉及的化工单元操作是吸收，在此简要介绍吸收过程及采用的填料塔设备。

1. 吸收原理简介

吸收是利用混合气体各组分在同一种溶剂中溶解度的差异而实现组分分离的过程，可以同时实现净化和回收的目的。作为完整的分离方法，吸收过程包括“吸收”和“解吸（脱吸）”两个步骤。“吸收”起到把溶质从混合气体中分离的作用，因此在塔底得到的是溶剂和溶质组成的混合液，还需要进行“解吸”才能得到纯溶质并回收溶剂。解吸通常采用吸收液在塔设备中与惰性气体或蒸气进行逆流接触，溶液由塔顶下流过程中与来自塔底的气相进行传质，溶质逐渐从溶液中释放出来，在塔顶得到释放出来的溶质和惰性气体（或蒸气）的混合物，在塔底得到较纯净的溶剂。

吸收溶剂的选择，应满足以下条件：

（1）溶剂对被吸收组分应具有较大的溶解度，即在一定的温度和浓度下，平衡分压较低，可减少溶剂用量，进而减少回收溶剂的能耗，同时传质速率更快，设备尺寸更小；

（2）吸收溶剂应具有高选择性，可选择性溶解吸收目标气体，而较少溶解其他气体；

（3）吸收后溶剂易于再生，可减少“解吸”的设备和操作费用；

（4）溶剂蒸气压应较低，可减少挥发和气体夹带损失，同时黏度较低，化学稳定性较高；

（5）溶剂应具有较低的成本，无毒无腐蚀性，不易燃，不易产生泡沫。

吸收操作的费用包括气液两相流经吸收设备所消耗的能量费用、溶剂挥发及变质损失和溶剂再生等费用，其中溶剂再生即解吸操作费用是最大的一部分费用。

2. 吸收过程的相平衡关系

在一定的温度和压强下，混合气体与一定量的吸收剂相接触，溶质会向液相转移，直到液相中溶质浓度达到饱和，这种状态即称为相平衡。平衡状态下气相中的溶质分压称为平衡分压或饱和分压，而液相中的溶质浓度称为平衡浓度或饱和浓度，即气体在液体中的溶解度。在一般情况下，提高压力或降低温度可以提高气体的溶解度，从而有利于吸收，而降低压力或提高温度有利于解吸。

平衡状态下溶质在气相和液相中的组成关系，可以用亨利定律（Henry’s Law）来描述。亨利定律适用于溶解度曲线中低浓度的直线部分。

（1）用p和x表示的平衡关系。当液相组成用溶质摩尔分数表示时，稀溶液上方气体中溶质的分压与液相中溶质的摩尔分数存在如下关系：

$$p^{*}=Ex \tag{5-34}$$

式中 p^{*}——溶质在气相中的平衡分压，kPa；

x——溶质在液相中的摩尔分数，%；

E——亨利系数，其值随物系的特性及温度而改变，由实验测定。

对于理想溶液，压强不高而温度不变时，亨利定律与拉乌尔定律一致，亨利系数即此温度下的纯溶质的饱和蒸气压，而实际非理想溶液此关系不成立。

（2）用p和c表示的平衡关系。当以物质的量浓度c表示溶质在液相中的含量时，亨利定律可改写为如下形式：

$$p^{*}=c/H \tag{5-35}$$

式中　c——单位体积溶液中溶质的摩尔数，kmol/m^3；

H——溶解度系数，kmol/(m^3•kPa)。

溶解度系数H也和物系的性质有关，随温度的变化而改变。

（3）用y与x表示的平衡关系。溶质在气相与液相中的组成分别用摩尔分数y和x表示，亨利定律可改写成如下形式：

$$y^*=mx \tag{5-36}$$

式中　y^*——与液相成平衡的气相中溶质的摩尔分数；

m——相平衡常数，也称为分配系数，对特定物系是温度和压强的函数。

相平衡关系在吸收操作中的应用如下：

（1）可以选择吸收剂和合适的操作条件。相平衡常数m值较低有利于吸收操作，溶质溶解度大，可以通过升高压力或降低温度达到。

（2）判断吸收或解吸过程进行的方向。气相的实际组成y若大于液相平衡组成y^*，则为吸收过程，反之为解吸过程。若$y=y^*$，则为气液相平衡状态。

（3）计算过程推动力。吸收过程的传质推动力可表示为$y-y^*$或x^*-x，而解吸过程则为y^*-y或$x-x^*$，即气相或液相实际组成与对应条件下平衡组成的差值。

（4）确定过程进行的极限。相平衡界定了被净化气体离开吸收塔的最低溶质组成y_2，即与入塔吸收剂组成呈平衡，最低值为mx_2。而吸收液离开塔时的最高组成x_1为入塔气相组成y_1呈平衡，最高值为y_1/m。

吸收操作是溶质从气相向液相转移的过程，传质包括溶质在气相主体向气、液界面的传递，以及溶质在相界面上的溶解和相界面向液相主体的传递。在气相或液相内部进行的传质主要依靠扩散作用，包括发生分子扩散和涡流扩散（对流传质），前者通常发生在静止或滞流流体中，以浓度梯度为推动力，后者则发生在湍流流体中。

在气相或液相内部进行的单相传质，其机理为经典的双模理论，又称为停滞膜模型。此理论认为，相互接触的气相和液相两流体之间存在定态的相界面，此界面两侧分别有一个有效滞流膜层，吸收质通过分子扩散通过两个膜层；在相界面处气液两相为平衡状态；在膜层之外的气相和液相中心区，流体湍动充分，吸收质浓度均匀，气液两相的中心区浓度梯度为零，因此全部组成的变化均在两个有效膜层内。

双模理论将复杂的相际传质过程简化为气、液两膜的分子扩散过程，对于固定相界面的系统和速度较低的流体之间的传质，符合实际情况。据此模型建立的相际传质速率关系，是传质设备设计的重要依据。对于吸收过程，吸收速率是单位时间内单位相际传质面积上溶质的吸收量，吸收速率关系的一般表达式为“吸收速率 = 吸收系数×推动力”。一般地，增加吸收剂用量，较低液相入口温度和组成，可以增加吸收推动力，进而提高吸收速率。

3. 填料塔简介

吸收过程一般在吸收塔内进行，吸收塔常见的有板式塔和填料塔。

填料塔相对于板式塔，优势是生产能力较大，对气相负荷适应性较大，可用于易起泡、腐蚀性或热敏性物系，当塔径不是很大时，填料塔结构简单，造价较低，压降较低，真空操作时传质效率高于板式塔。不足是操作范围较小，对液体负荷变化敏感。当液体负荷较小时，填料表面无法很好润湿，传质效率下降，而液体负荷较大时，可能出现液泛，且不适合处理含有固体悬浮物的物料。此外，对于气液接触过程中需要冷却以便移除反应热或溶解热时，填料塔由于液体均匀分布的问题，结构复杂化，不如板式塔方便。

填料塔的结构是在塔下部设置一层支承板，在其上填充一定高度的填料。塔顶液体经分布器喷洒，靠重力形成沿填料表面向下流动的液膜，而气体则由支承板下方进入，靠压强差为动力，通过填料的空隙与填料表面的液膜进行逆向接触，最后由塔顶除沫器排出。当填料层高度较高时，为克服壁流的不利影响，通常将填料分层设置，两层之间设置液体再分布器。

填料提供了气液两相接触的传质表面，而且使气液两相分散，使液膜不断更新。在填料层内，空隙体积所占比例较大，而填料间隙形成不规则的弯曲通道，使气体通过时湍动程度更高。用于填料塔的填料种类很多，按结构可分为颗粒型填料和规整填料，其中颗粒型填料主要有拉西环、鲍尔环、阶梯环、鞍形填料、金属鞍环、球形填料和网体填料等，而规整填料则主要是波纹填料，包括波纹板和波纹丝网，以及金属孔板波纹填料和金属压延孔板波纹填料等。填料的特性对填料塔的生产能力和传质效率影响较大，需要选用比表面积和孔隙率较大、润湿性能好、单位体积质量小、具有一定力学强度的填料。

第三节　煤气净化3D认知实训

一、煤气净化3D认知实训任务及考核

这部分的实训任务主要包含14条知识点：（1）煤气净化基本概念认知实训，包含净化装置概述、净化工艺概述等相关知识；（2）煤气净化安全认知实训，包含安全教育、化工生产标准穿戴等相关知识；（3）煤气净化设备认知实训，包含H_2S吸收塔、H_2S浓缩塔、CO_2吸收塔、热再生塔、CO_2闪蒸塔、萃取器、CO_2尾气洗涤塔、甲醇水塔等设备的相关知识；（4）煤气净化工艺认知实训，包含净化装置流程、净化工艺操作要点等相关知识。

该部分具体学习和操作细节与第三章第三节对应内容相同，请参照相关步骤展开学习和考核。

二、煤气净化知识点学习

该部分具体学习和操作细节与第三章第三节对应内容相同，请参照相关步骤展开学习和考核。

三、煤气净化工艺简况与主要设备的3D视图

煤气净化生产操作3D虚拟仿真认知实训的工艺简图如图5–3所示。煤气净化单元塔设备分别为H_2S吸收塔、CO_2吸收塔、CO_2闪蒸塔、H_2S浓缩塔、热再生塔、甲醇水分离塔、预洗闪蒸塔、尾气洗涤塔。通常按介质温度又分为冷塔（H_2S吸收塔、CO_2吸收塔、CO_2闪蒸塔、H_2S浓缩塔）和热塔（热再生塔、甲醇水分离塔、尾气洗涤塔）。煤气净化工段中的装置主要任务是通过物理吸收对变换冷却装置来的原料气进行选择性吸收除去粗煤气中的CO_2和H_2S等酸性气体，以及石脑油、水和烃类等杂质，制得$CO_2 \leq 1.5\%$，总硫≤0.2mg/kg的合格净化气，同时进行石脑油回收，含H_2S酸性气体送往硫回收装置，CO_2气体保证达标排放。

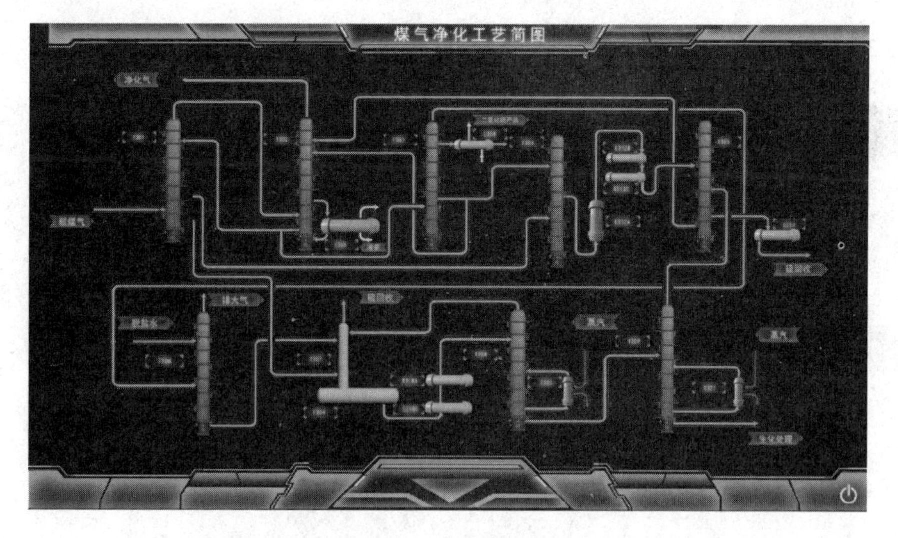

图5–3　煤气净化工艺简图及3D设备位置连接图

以下是煤气净化工段涉及的相关设备编号、结构和工作原理，设备在整个工艺流程中的作用，以及设备在3D工厂中所处的位置。

（1）H_2S吸收塔（T301）：脱除煤气中气态轻油、高沸点碳氢化合物等杂质、H_2S和有机硫等（见图5–4）。

图5-4　H_2S吸收塔在3D虚拟工厂中的位置

（2）CO_2吸收塔（T302）：脱除CO_2，净化煤气（见图5-5）。

图5-5　CO_2吸收塔在3D虚拟工厂中的位置

（3）CO_2闪蒸塔（T303）：对甲醇贫液进行闪蒸再生，回收CO_2产品气（见图5-6）。

图5-6　CO_2闪蒸塔在3D虚拟工厂中的位置

（4）H_2S浓缩塔（T304）：具有解吸CO_2和再吸收H_2S的作用（见图5-7）。

图5-7　H_2S浓缩塔在3D虚拟工厂中的位置

（5）热闪蒸汽换热器（E309），见图5–8。

图5–8　热闪蒸汽换热器在3D虚拟工厂中的位置

（6）排放气冷凝器（E310）、排放气换热器（E311），分别见图5–9、图5–10。

图5–9　排放气冷凝器在3D虚拟工厂中的位置

图5–10　排放气换热器在3D虚拟工厂中的位置

（7）热再生塔（T305）：对甲醇加热，解吸甲醇中的H_2S和尚未完全脱除的CO_2，实现溶液再生（见图5–11）。

图5–11　热再生塔在3D虚拟工厂中的位置

（8）热再生塔冷凝器（E313）、热再生塔再沸器（E316），分别见图5–12、图5–13。

（9）贫富液换热器（E313A、E313B、E313C），见图5–14。

（10）硫化氢富气复热器（E314）、硫化氢富气深冷器（E315），分别见图5–15、图5–16。

图5–12 热再生塔冷凝器在3D虚拟工厂中的位置

图5–13 热再生塔再沸器在3D虚拟工厂中的位置

图5–14 三个贫富液换热器在3D虚拟工厂中的位置

图5–15 硫化氢富气复热器在3D虚拟工厂中的位置

图5–16 硫化氢富气深冷器在3D虚拟工厂中的位置

（11）硫化氢富气分离器（F303），见图5–17。

图5–17 硫化氢富气分离器在3D虚拟工厂中的位置

（12）CO_2尾气洗涤塔（T306）：回收T303/T304塔排放气中的残留甲醇蒸气，作为尾气洗涤塔使用（见图5–18）。

（13）预洗闪蒸塔（T307）：Ⅰ段回收共沸不凝汽中甲醇蒸气，Ⅱ段、Ⅲ段减压闪蒸T301塔塔底来的富硫富碳甲醇，脱除轻组分气体和大部分CO_2气体（见图5–19）。

图5–18　CO_2尾气洗涤塔在3D虚拟工厂中的位置

图5–19　预洗闪蒸塔在3D虚拟工厂中的位置

（14）萃取器（F304）：对甲醇–水–轻油混合物进行脱油处理，萃取轻油（见图5–20）。

图5–20　萃取器在3D虚拟工厂中的位置

（15）共沸塔进料加热器（E318A，E318B）：用甲醇水塔塔底废水加热来自萃取器的闪蒸气（见图5–21）。

图5–21　两个共沸塔进料加热器在3D虚拟工厂中的位置

（16）共沸塔（T308）：进行轻油、H_2S、NH_3等气体的气提，气提气由再沸器低压蒸汽间接加热产生（见图5–22）。

（17）甲醇水塔（T309）：精馏甲醇水溶液（见图5–23）。

图5–22　共沸塔在3D虚拟工厂中的位置

图5–23　甲醇水塔在3D虚拟工厂中的位置

（18）预洗甲醇加热器（E317A、E317B），见图5–24。

图5–24　两个预洗甲醇加热器在3D虚拟工厂中的位置

（19）粗净煤气换热器Ⅰ（E301）、粗净煤气换热器Ⅱ（E303），见图5–25。

图5–25　两个粗净煤气换热器在3D虚拟工厂中的位置

（20）粗煤气初级冷却器（E302）、粗煤气深冷器（E304），分别见图5–26、图5–27。

（21）甲醇深冷器A（E305）、甲醇深冷器B（E307），见图5–28。

（22）甲醇循环冷却器（E306）、氮气冷却器（E308），分别见图5–29、图5–30。

（23）共沸塔再沸器（E320）：低压蒸汽间接加热产生H_2S、NH_3等气体的气提气。点击设备，查看相关知识（见图5–31）。

图5-26　粗煤气初级冷却器在3D虚拟工厂中的位置

图5-27　粗煤气深冷器在3D虚拟工厂中的位置

图5-28　两个甲醇深冷器在3D虚拟工厂中的位置

图5-29　甲醇循环冷却器在3D虚拟工厂中的位置

图5-30　氮气冷却器在3D虚拟工厂中的位置

图5-31　共沸塔再沸器在3D虚拟工厂中的位置及设备剖析

（24）甲醇水塔共沸器（E321）：用低压蒸汽间接加热产生甲醇-水蒸气的气提气（见图5-32）。

图5-32　甲醇水塔共沸器在3D虚拟工厂中的位置

（25）主洗甲醇贮罐（V301）、新鲜甲醇贮罐（V302），分别见图5-33、图5-34。

图5-33　主洗甲醇贮罐在3D虚拟工厂中的位置

图5-34　新鲜甲醇贮罐在3D虚拟工厂中的位置

第四节　岗位操作

一、冷态开车

1. 开工应具备的条件

（1）装置设备管道全部安装符合要求；

（2）公用工程水、电、汽（气）具备使用条件；

（3）化工原料甲醇储槽已贮备300m^{3}甲醇满足需求；

（4）装置空气吹扫、气密试验、水冲洗、水联运已完成，出现的问题已解决；

（5）系统N_2置换干燥合格，O_2含量≤0.5%；

（6）各泵试车合格（转向、润滑油、热风）；

（7）各仪表调校合格，动作灵敏；

（8）安全阀调试合格，真空破坏器调试合格；

（9）可供制冷剂；

（10）装置区内照明齐全，通信设施、消防安全防护用具齐全。

2. 煤气净化前段冷态开车步骤

1）打开部分工艺管路阀门

（1）确认开车条件满足，准备开车。

打开以下阀门：

T303段PV3024的前球阀；T303Ⅰ段PV3024的后球阀；T303Ⅱ段PV3025的前球阀；T303Ⅱ段PV3025的后球阀；T303Ⅲ段PV3026B的前球阀；T303Ⅲ段PV3026B的后球阀；T305Ⅰ段PV3050的后球阀；T305Ⅰ段PV3050的前球阀；T304段LV3020的前球阀；T304段LV3020的后球阀；T305Ⅱ 段PV3059B的前球阀；T305Ⅱ 段PV3059B的后球阀；E309的LV3021的前球阀；E309的LV3021的后球阀；T303段FV3010的前球阀；T303段FV3010的后球阀；T303段FV3011的前球阀；T303段FV3011的后球阀；煤气冷却界面上LV3001的前球阀；煤气冷却界面上LV3001的后球阀；煤气冷却界面上LV3003的前球阀；煤气冷却界面上LV3003的后球阀；T301段LV3006的前球阀；T301段LV3006的后球阀；T301段LV3007的前球阀；T301段LV3007的后球阀；T302面LV3009的前球阀；T302段LV3009的后球阀；T303段LV3012的前球阀；T303段LV3012的后球阀；T303段LV3013的前球阀；T303段LV3013的后球阀；T303段LV3014的前球阀；T303段LV3014的后球阀；T304段LV3017的前球阀；T304段LV3017的后球阀；T305段FV3014的前球阀；T305段FV3014的后球阀；T305段LV3014的前球阀；T305段LV3014的后球阀；煤气冷却界面LV3002的前球阀；PV3040A后阀门；煤气冷却界面LV3002的后球阀；煤气冷却界面LV3004的前球阀；煤气冷却界面LV3004的后球阀；T301段LV3008的前球阀；T301段LV3008的后球阀；T302段FV3011的前球阀；T302段FV3011的后球阀；T302段FV3016的前球阀；T302段FV3016的后球阀；E312段HV3160的前球阀；E312段HV3160的后球阀；E312段HV3027的前球阀；E312段HV3027的后球阀；煤气冷却界面FV3003的前球阀；煤气冷却界面FV3003的后球阀；T301段FV3004的前球阀；T301段FV3004的后球阀；T301段FV3005的前球阀；T301段FV3005的后球阀；T302段FV3006的前球阀；T302段FV3006的后球阀；T302段FV3007的前球阀；T302段FV3007的后球阀；T303段FV3009的前球阀；T303段FV3009的后球阀；T304段FV3012的前球阀；T304段FV3012的后球阀；T304段FV3013的前球阀；T304段FV3013的后球阀；T302段FV3008的前球阀；T302段

FV3008的后球阀。

（2）将下列压力控制器按下列设定值设定并投自动：

PIC3005：2.4MPa(表)；PIC3007：330kPa(表)；PIC3024：690kPa(表)；PIC3025：140kPa(表)；PIC3026：60kPa(表)；PIC3040：680kPa(表)；PIC3050：250kPa(表)；PIC3059：160kPa(表)。

2）装置用氮气充压

准备对装置进行氮气充压：班长请示调度人员，低温甲醇洗准备使用中压氮。

向高压系统充压，用VA3102控制充压速度，向高压系统充氮到PIC3005指示2.4MPa；当压力达到2.4MPa时，关闭VA3102，如果PIC3005超过3.5MPa，现场报警装置会响起。

向T303Ⅰ段充压，用VA3502控制充压速率，充压至680kPa（压力太低无法建立循环）；当压力达到690MPa时，关闭VA3502。

向T303Ⅰ段充压，用VA3709控制充压速率，充压至680kPa，由PIC3040指示（压力太低无法建立循环）；当压力达到680MPa时，关闭VA3709。

打通PIC3135流程向T305Ⅱ段充压，充压至PIC3059指示160kPa；当压力达到160MPa时，关闭VA3909。

向V302充氮气，打开VA3014；将PIC3134压力控制器投自动，设定值为50kPa；保持V302的压力在50kPa。

PIC3134低于30kPa（扣分）；PIC3134高于70kPa（扣分）。

3）充填甲醇建立循环

（1）向V302槽中充甲醇。

打开VA3001（进V302阀门）；联系甲醇罐区，向V302充甲醇；当V302具有一定液位（>10%）后，启动P31，给系统补甲醇；注意控制液位，如果LI3041超过70%，现场报警装置会响起。

V302液位低于20%（扣分）；V302液位低于10%（扣分）。

V302液位高于80%（扣分）；V302液位高于90%（扣分）。

（2）向T303填充甲醇，并建立再吸收甲醇循环。

打开P316出口管线上阀门VA3211。

打开截止阀VA3193，注意观察P316的运行状况；当LIC3015大于50%时，启动P304；将T303Ⅳ的液位LIC3015稳定在50%。

T303Ⅳ液位低于20%（扣分）；T303Ⅳ液位低于10%（扣分）。

T303Ⅳ液位高于80%（扣分）；T303Ⅳ液位高于90%（扣分）。

打开FV3009，向T303Ⅰ送甲醇；当T303Ⅰ段液位LIC3012至50%后，通过LV3012

向T303Ⅱ段填充甲醇；当T303Ⅱ段液位LIC3013至50%后，通过LV3013向T303Ⅲ段填充甲醇；当T303Ⅲ段液位LIC3014至50%后，通过LV3014向T303Ⅳ段送甲醇，建立再吸收循环；保持T303Ⅰ段液位稳定在50%；T303Ⅰ液位低于20%（扣分），T303Ⅰ液位低于10%（扣分）；T303Ⅰ液位高于80%（扣分），T303Ⅰ液位高于90%（扣分）。

保持T303Ⅱ段液位稳定在50%；T303Ⅱ液位低于20%（扣分），T303Ⅱ液位低于10%（扣分）；T303Ⅱ液位高于80%（扣分），T303Ⅱ液位高于90%（扣分）。

保持T303Ⅲ段液位稳定在50%；T303Ⅲ液位低于20%（扣分），T303Ⅲ液位低于10%（扣分）；T303Ⅲ液位高于80%（扣分），T303Ⅲ液位高于90%（扣分）。

（3）向T304填充甲醇，打通T303～T304流程。

通过FV3013缓慢向T304Ⅰ段填充甲醇至50%；保持T304Ⅰ段液位稳定在50%；T304Ⅰ液位低于20%（扣分），T304Ⅰ液位低于10%（扣分）；T304Ⅰ液位高于80%（扣分），T304Ⅰ液位高于90%（扣分）。

通过FV3012缓慢向T304Ⅱ段填充甲醇到50%；将T304Ⅱ的液位LIC3018稳定在50%。

T304Ⅱ液位低于20%（扣分），T304Ⅱ液位低于10%（扣分）；T304Ⅱ液位高于80%（扣分），T304Ⅱ液位高于90%（扣分）。

打通E311到T304Ⅱ的流程；当LIC3018大于10%时，启动P305，打通T304～T305的流程。

（4）向T305塔充填甲醇。

当T304Ⅱ段液位LIC3018至75%后，通过FV3014向T305Ⅰ段填充甲醇；保持T305Ⅰ段液位在50%；T305Ⅰ液位低于20%（扣分），T305Ⅰ液位低于10%（扣分）；T305Ⅰ液位高于80%（扣分），T305Ⅰ液位高于90%（扣分）。

向T305Ⅱ甲醇充液，打开阀VA3901；保持T305Ⅱ段液位在50%；T305Ⅱ液位低于20%（扣分），

T305Ⅱ液位低于10%（扣分）；T305Ⅱ液位高于80%（扣分），T305Ⅱ液位高于90%（扣分）。

当LIC3023大于10%时，启动P306，建立T305～T302循环。

打开E312界面阀门HV3002；打开E312界面阀门VA3809；打开E312界面阀门VA3816。

（5）T302塔充填甲醇（E306、E307充甲醇）。

手动开FV3006，向T302填充甲醇；当LIC3015大于10%时，启动P303；打开FV3007主路甲醇；保持T302段液位在50%；T302液位低于20%（扣分），T302液位低于10%（扣分）；T302液位高于80%（扣分），T302液位高于90%（扣分）。

当T302具有一定液位（>10%）后，启动P302。打开FV3008建立冷却回路循环。

当T302冷循环完成，手动打开LV3009约5%，向E307罐液，并建立主洗回路循环。

（6）T301塔、E305充甲醇。

当T302具有一定液位（>10%）后，启动P301，建立T302～T301流程。

当主洗回路循环完成，手动开FV3004 5%～10%，向E305和T301塔填充甲醇。保持T301上段液位在50%。

T301上段液位低于20%（扣分），T301上段液位低于10%（扣分）；T301上段液位高于80%（扣分），T301上段液位高于90%（扣分）。

通过LV3006向T304Ⅰ段进甲醇，进行H_2S洗涤回路循环。及时调整VA3193和VA3901，维持各液位正常稳定。

4）低温段的甲醇冷却

确认混合制冷系统已开车，氨压缩机运行正常，则可以进行氨冷器的投运；

通知混合制冷岗位（班长、主操）向低温甲醇洗送液氨；

中控手动慢慢打开LIC3016向E307缓慢充氨，控制TI3028（E307热物流出口温度）降温速度在1～2℃/h；将E307的液位稳定在50%；E307液位低于20%（扣分），E307液位低于10%（扣分）；E307液位高于80%（扣分），E307液位高于90%（扣分）。

中控手动慢慢打开LIC3011向E306缓慢充氨，控制TI3021（E306热物流出口温度）降温速度在1～2℃/h；将E306的液位LIC3011稳定在50%；E306液位低于20%（扣分），E306液位低于10%（扣分）；E306液位高于80%（扣分），E306液位高于90%（扣分）。

中控手动慢慢打开LIC3008向E305缓慢充氨，控制TI3014（E305热物流出口温度）降温速度在1～2℃/h；将E305的液位LIC3008稳定在50%；E305液位低于20%（扣分），E305液位低于10%（扣分）；E305液位高于80%（扣分），E305液位高于90%（扣分）。

甲醇冷却过程中要检查各点温度，当TI3020（T302预洗段液相温度）达到-23℃时冷却降温过程完成；

LIC3008在50%投自动；LIC3011在50%投自动；LIC3016在50%投自动；逐步将循环量调在设计值的80%。

5）T305热再生塔的投运

（1）低温段冷却过程中，应在TI3040（E312出口冷物流即富H_2S物流温度）温度降至5℃之前投用T305热再生塔再沸器E316。

（2）E313、E315投运。

投运E313：打开冷却水进阀门VA3101；

用上水阀门VA3101控制水量，使TG3053（冷却水回水温度）＜42℃；

投运E315：打开LV3027前球阀VDL3027A；打开LV3027后球阀VDL3027B；中控手动缓慢打开LIC3027调节向E315充液氨；E315的液位LIC3027投自控，设定为50%，用卸料阀门控制卸料温度为-40℃。将E315的液位LIC3027稳定在50%；E315液位低于20%（扣分），E315液位低于10%（扣分）；E315液位高于80%（扣分），E315液位高于90%（扣分）。

（3）投运E316。

打开FV3015前球阀；打开FV3015后球阀；中控手动稍开FV3015阀；注意观察PDI3051压差，中控根据需要用FIC3015控制TI3041（E312热物流进口温度）在91℃，然后投自动控制。

（4）投运P307（T305Ⅲ）。

投用E309的循环冷却水；打通E309到T305Ⅲ的流程；将E309的液位LIC3021稳定在50%；E309液位低于20%（扣分），E309液位低于10%（扣分）；E309液位高于80%（扣分），E309液位高于90%（扣分）。

投运E313、E314（T305回流罐蒸汽冷凝器）、E315后，控制TI3050（E313热物流入口温度）在工艺指标范围内（设计值74℃）；

投运E313、E314、E315后，控制TI3057（E315出口H_2S温度）在工艺指标范围内（设计值-34℃）；

投运E313、E314、E315后，控制TI3058（E315出口H_2S温度）在工艺指标范围内（设计值-34℃），这时T305Ⅲ段会有甲醇冷凝下来；

打开T305液位调节阀LV3025前球阀；打开T305液位调节阀LV3025的后球阀；现场检查确认P307供电，润滑油等正常，盘车无问题，T305具有一定液位（>10%）后启动P307；中控手动开LV3025向T305Ⅱ塔送回流液；当LIC3025液位稳定在50%后投自动，TI3050控制在78℃；将T305的液位LIC3025稳定在50%；T305液位低于20%（扣分），T305液位低于10%（扣分）；T305液位高于80%（扣分），T305液位高于90%（扣分）。

打通F303到T305的流程；打通F303气相到T304的流程，根据工艺需要调节。

6）预洗及预洗再生回路开车

如系统甲醇中水含量高，则预洗再生系统应及早开车，进行甲醇脱水，使甲醇中的水含量降至合格。

投预洗段甲醇：开FIC3005向T301预洗段送甲醇；使FIC3005在5t/h左右；中控手动调节LIC3007向T307塔Ⅱ段送甲醇；液位稳定50%投自动控制；将T301的液位LIC3007稳定在50%；T301液位低于20%（扣分），T301液位低于10%（扣分）；T301液位高于80%（扣分），T301液位高于90%（扣分）。

打通E312到T309的流程；打开从T309至T305管线阀门HV3005，调节T305下塔液位。

7）导气

确认以下条件具备：

（1）全部甲醇循环回路已运行稳定，循环在设计值的80%，自动调节器均能投入自控；

（2）T302塔底的物料出口温度TI3020已冷却到-23℃；

（3）T305Ⅱ塔底甲醇含水量＜0.1%；

（4）V302最少有100m³甲醇，P316已运行；

（5）分析仪表已具备投运条件；

（6）煤气冷却工段可供给合格的煤气，负荷在70%左右，温度在33～37℃。

将FIC3003设定为0.5t/h投自动；投运T303Ⅳ段的气提氮气；投运T304Ⅱ段的气提氮气；开粗煤气冷却画面上球阀HV3150的旁路阀VA3106，系统均压；开粗煤气大阀HV3150，关旁路阀VA3106；通过手动缓慢打开HV3150和PIC3005（E301冷物流出口）来实现低温甲醇洗的导气；大约负荷在70%时，PIC3005设定在2.4MPa，100%负荷设定在2.35MPa；在引入煤气冷却工段来的粗煤气的同时，开LV3002（E302氨液调节阀）；控制TI3006（E302热物流出口温度，5～10℃）；稳定后LIC3002投入自动控制；E302的液位LIC3002稳定在50%；E302液位LIC3002低于20%（扣分），E302液位LIC3002低于10%（扣分）；E302液位LIC3002高于80%（扣分），E302液位LIC3002高于90%（扣分）。

当LIC3001稳定在50%后投自动控制；E301的液位LIC3001稳定在50%；E301液位LIC3001低于20%（扣分），E301液位LIC3001低于10%（扣分）；E301液位LIC3001高于80%（扣分），E301液位LIC3001高于90%（扣分）。

当LIC3003稳定在50%后投自动控制，混合制冷加循环量；F302的液位LIC3003稳定在50%；F302液位LIC3003低于20%（扣分），F302液位LIC3003低于10%（扣分）；F302液位LIC3003高于80%（扣分），F302液位LIC3003高于90%（扣分）。

在总图上点“粗煤气投用按钮”。

8）粗煤气导入后的系统甲醇循环调整

导气后应注意各塔压差的变化：PDI3008（粗煤气在各个设备的总压差）；PDI3012（T301整塔压差）；PDI3018（T302整塔压差）；PDI3051（T305Ⅱ压差）。

应注意各点温度变化，及时调整氨冷器液位；甲醇循环量根据负荷及时调整；在一般情况下，预洗再生部分甲醇/水之比为1:1。

9）导气后氨系统及闪蒸气系统调整

E302氨冷器调整：控制LIC3002，使TI3006达到设计值8℃；

E304氨冷器调整：控制LIC3004，使TI3009达到设计值-32.3℃；

E305氨冷器调整：控制LIC3008，使TI3014达到设计值-34℃；

E306氨冷器调整：控制LIC3011，使TI3021达到设计值-35℃；

E307氨冷器调整：控制LIC3016，使TI3028达到设计值-34℃；

E315氨冷器调整：控制LIC3027，使TI3028达到设计值-34℃，确保进入洗涤塔的粗煤气温度正常和洗涤甲醇温度正常。

10）产品输送

产品输送包括向甲烷分离车间送的净煤气、送醇醚车间的CO_2产品气、送WSA的H_2S酸气三部分。

确认以下条件：

（1）低温甲醇洗负荷在70%以上，运行稳定；

（2）联系化验室分析T301塔脱硫煤气、T302塔净煤气样；

（3）PIC3005设定2.40MPa；

（4）甲烷分离车间已具备受气条件。

均压，打开该管线上的VA3103；缓慢打开HIC3180，注意PIC3005压力稳定。

CO_2产品气的送出：联系调度，甲醇合成已具备接受条件；现场打开T303画面上PIC3026A的前手阀；现场打开T303画面上PIC3026A的后手阀；中控注意PIC3026压力。

H_2S产品气的送出：分析低温甲醇洗工段的酸气H_2S含量30%以上，硫回收具备受气条件；现场打开PIC3059A的前手阀；现场打开PIC3059A的后手阀；中控调节PV3059A向界区外送废气时，检查硫化氢总管压力稳定。

投用自动串级联锁：将T305Ⅱ的液位LIC3023投自动；将T305Ⅰ的液位LIC3022投串级；将T305Ⅲ的液位LIC3025投串级；将T304Ⅱ的液位LIC3018投串级；将P305出口流量阀FV3014投串级；将T301的液位LIC3006投串级；将P306到V302的流程打通，投串级；将T304Ⅱ的液位LIC3015投自动；将T304I的液位LIC3012投串级；将T304Ⅱ的液位LIC3013投串级；将T304Ⅲ的液位LIC3014投串级；将T302的液位LIC3009投串级。

3. 煤气净化后段冷态开车步骤

1）打开部分工艺管路阀门

确认开车条件满足，准备开车。

（1）打开以下阀门：

T307Ⅰ段PV3078B的前球阀；T307Ⅰ段PV3078B的后球阀；T307Ⅱ段PV3079的前球阀；T307Ⅱ段PV3079的后球阀；T307Ⅲ段PV3081的前球阀；T307Ⅲ段PV3081的后球阀。

（2）将下列压力控制器按下列设定值设定并投自动：

PIC3078投自动设定SP为100；PIC3079投自动设定SP为410；PIC3081投自动设定SP为150。

2）装置用氮气充压

准备对装置进行氮气充压：班长请示调度人员；低温甲醇洗准备使用中压氮；用VA3136控制速度向T308充压，充压至PIC3078指示100kPa；当压力达到100kPa时，关闭VA3136。

3）预洗及预洗再生回路开车

如系统甲醇中水含量高，则预洗再生系统应及早开车，进行甲醇脱水，使甲醇中的水含量降至合格。

（1）T306投运。

联系调度，送脱盐水。开FIC3A018前后球阀，手动模式打开FIC3018阀，调节开度大小，使FIC3018指示在5.5t/h，投自动；使FIC3018在5.5t/h左右；打开T306液位调节阀LV3026前球阀；打开T306液位调节阀LV3026后球阀；中控手动开LIC3026；当T306具有一定液位（>10%）时，启动P308泵；中控调节LV613026阀，液位稳定50%时投自动控制；将T306的液位LIC3026稳定在50%；T306的液位LIC3026低于20%（扣分），T306的液位LIC3026低于10%（扣分）；T306的液位LIC3026高于80%（扣分），T306的液位LIC3026高于90%（扣分）。

打开阀门VA3105。

（2）投用T307、E317。

中控手动调节HV3001向T307塔Ⅱ段送甲醇；当T307Ⅱ段液位LIC3028上升到10%～15%时，开LV3028前球阀；打开LV3028后球阀；中控手动稍开LIC3028在10%～15%；中控手动调节LIC3028，稳定在50%投自控向T307、F304加热室送甲醇；将T307Ⅱ段的液位LIC3028稳定在50%；T307Ⅱ段的液位LIC3028低于20%（扣分），T307Ⅱ段的液位LIC3028低于10%（扣分）；T307Ⅱ段的液位LIC3028高于80%（扣分），T307Ⅱ段的液位LIC3028高于90%（扣分）。

打通E312到E317的流程。

（3）投用F304。

当F304具有一定液位（>10%）时，启动F309，打通出口流程；打开阀门VD3207；当液位F304的液位LIC3029稳定在50%投自动；将F304液位LIC3029稳定在50%；F304液位LIC3029低于20%（扣分），F304液位LIC3029低于10%（扣分）；F304液位LIC3029高于80%（扣分），F304液位LIC3029高于90%（扣分）。

F304液位LIC3030在10%时，启动P310，打通出口流程；当液位F304的液位LIC3030稳定在50%时投自动；投用F304的气体蒸汽，控制TIC3066在34℃；打开阀门VD3204；打开阀门VD3209。

（4）投用T308、T309。

当T308有液位时，打通流程，投用E320，根据TI3075来调节FV3025大小；投用E319的循环冷却水；打开阀门FV3024及前后阀，投自动，设为1.47；T308液位LIC3033在30%时，启动F313，打通出口流程；将T308液位LIC3033稳定在50%；T308液位LIC3033低于20%（扣分），T308液位LIC3033低于10%（扣分）；T308液位LIC3033高于80%（扣分），T308液位LIC3033高于90%（扣分）。

打通E312到T309的流程；当T309液位时，打通流程，投用E321，根据TI3084工艺指标来调节FV3029大小；T309液位LIC3034在10%时，启动P314，打通出口流程。将T309液位LIC3034稳定在50%；T309液位LIC3034低于20%（扣分），T309液位LIC3034低于10%（扣分）；T309液位LIC3034高于80%（扣分），T309液位LIC3034高于90%（扣分）。

4）粗煤气导入后的系统甲醇循环调整

导气：在总图界面点“粗煤气投用按钮”。

缓慢打开阀门HV3004到50%；导气后应注意各塔压差的变化：PDI3067（T306压差）超过100kPa（扣分）；PDI3106（T309压差）控制在31kPa；控制F304室TIC3066在34℃。

应注意各点温度变化，及时调整氨冷器液位；甲醇循环量根据负荷及时调整；在一般情况下，预洗再生部分甲醇/水之比为1:1。

导气后，应强化F304运行，尽可能加大F304Ⅰ和F304Ⅱ调整，特别F304Ⅱ室可调漏斗；调整F304Ⅰ室甲醇水与轻油分层界面的变化；将F304液位LIC3030稳定在50%；F304液位LIC3030低于20%（扣分），F304液位LIC3030低于10%（扣分）；F304液位LIC3030高于80%（扣分），F304液位LIC3030高于90%（扣分）。

F304Ⅰ室建立油层后，尽可能加大E320蒸汽量，调整T308工艺参数，TI3075为106.6℃；控制T308塔顶温度TI3074为85℃；TI3084控制为113℃；分析T308底部甲醇水中油含量应小于200mg/L，为了防止石脑油进入T309塔，要调整好T308工艺参数。尽可能开大FIC3024的开度；在T309塔釜加入NaOH，防止聚合物的产生。

二、正常停车

1. 煤气净化前段正常停车步骤

1）退粗煤气

联系调度低温甲醇洗准备退气，制冷岗位减负荷、硫回收准备减负荷操作；根据调度命令，逐步关小HV3150，减少负荷使FI3001流量控制在97000m^3/h（标准状态，正常量的60%）；逐渐关闭净煤气出口阀HV3180；缓慢提高PIC3005设定值，使FI3001控制在81000m^3/h（标准状态），并告知调度。

甲醇循环量控制到50%；逐渐关闭PV3005粗煤气从煤气冷却工号排放，现场关闭

HV3150；

停E302的液氨，将液位控制阀打手动，关闭LV3002；

关闭LV3002前手阀VDL3002A；关闭LV3002后手阀VDL3002B；

停E304的液氨，将液位控制阀打手动，关闭LV3004；

关闭LV3004前手阀VDL3004A；关闭LV3004后手阀VDL3004B；

停止氨冷器E305工作，将液位控制阀打手动，关闭LV3008；

关闭LV3008前手阀VDL3008A；关闭LV3008后手阀VDL3008B；

停止氨冷器E306工作，将液位控制阀打手动，关闭LV3011；

关闭LV3011调节阀的前手阀VDL3011A；关闭LV3011调节阀的后手阀VDL3011B；

停止氨冷器E307工作，将液位控制阀打手动，关闭LV3016；

关闭LV3016调节阀的前手阀VDL3016A；关闭LV3016调节阀的后手阀VDL3016B；

停止氨冷器E315工作，将液位控制阀打手动，关闭LV3027；

关闭LV3027调节阀的前手阀VDL3027B；关闭LV3027调节阀的后手阀VDL3027A；

将E303顶部的气体从燃料气管网切除，改放火炬；

手动打开PV3040B排放阀，将气体切出燃料气管网；

打开阀门VA3102向低温甲醇洗系统充氮气维持甲醇循环再生；

将流量控制阀打手动，关闭FV3003；

将F301液位控制阀打手动，关闭LV3001；将F302液位控制阀打手动，关闭LV3003。

2）停循环，退T301～T305甲醇

粗煤气退出后，系统通中压氮气进行3～4h再生甲醇；

关闭氮气阀门VA3102系统保压；

打通P303到V301的流程，退甲醇；

逐渐停E316，将FV3015打手动慢慢关闭，注意T305的液位；

P303出口流量控制阀FV3007打手动，逐渐减少去T302的甲醇量；

根据T302的液位缓慢关闭FV3007；

P301出口流量控制阀FV3004打手动，减少到T301的物料；

P301出口流量控制阀FV3005打手动，减少到T301的物料；

打手动，根据T301的液位，调整LV3006；打手动，根据T301的液位，调整LV3007；

P302出口流量控制阀FV3008打手动，根据T302液位逐渐减少泵的循环量；P302出口流量逐渐减少到0时停泵；

现场停P302；打手动关闭P302的流量控制阀FV3008及前手阀VDF3008A；打手动，根据T302的液位调整阀门LV3009的开度；

T303液位控制阀打手动，控制液位向V301退液；

T303控制阀LIC3012打手动控制液位；

T303控制阀LIC3013打手动控制液位；

T303控制阀LIC3014打手动控制液位；

P304出口控制阀FIC3009打手动，并逐渐减少返塔的流量；

根据T304的液位手动控制FV3012。

根据T304的液位手动控制FV3013；

手动控制P305到T305的流量，注意T305的液位；

手动将E311液位排到0；

手动将E309的液位排放到0；

手动控制LV3022，防止T305空或者满；

手动控制LV3025，防止T305空或者满；

T301的液控LIC3006为0时，关闭阀及前手阀VDL3006A；

T301的液控LIC3007为0时，关闭阀及前手阀VDL3007A；

现场停P301；关闭P301的流量控制阀FV304及前手阀VDF3004A；关闭P301的流量控制阀FV3005及前手阀VDF3005A；T302的液位LIC3009指示为0时，关阀及前手阀VDL3009A；T304的液控LIC3017指示为0时，关阀及前手阀VDL3017A；

现场停P305；T305的液控LIC3022为0时，关阀及前手阀VDL3022A；T305液位LIC3023指示为0时，准备停P306；

现场停P306；关闭T302画面上的流量控制阀FV3006及前手阀VDF3006A；T305液位LIC3025指示为0时，关阀及其前手阀VDL3025A；关闭F303到T305的阀门VA3011；

现场停P307；T303的液控LIC3012指示为0时，关阀及前手阀VDL3012A；T303的液控LIC3013指示为0时，关阀及前手阀VDL3013A；T303的液控LIC3014指示为0时，关阀及前手阀VDL3014A；

现场停P303；关闭P303的流量控制阀FV3007及前手阀VDF3007A；

现场停P304；关闭P304出口流量控制阀FV3009及前手阀VDF3009A；关闭P304出口流量控制阀FV3012及前手阀VDF3012A；关闭P304出口流量控制阀FV3013及前手阀VDF3013A；关闭P303到V316的手阀VA3910；

将T303的气提氮气关闭。

2. 煤气净化后段正常停车步骤

1）退粗煤气

步骤同煤气净化前段正常停车步骤中“退粗煤气”。

2）退T306～T309甲醇

确认排液盲板处于盲通状态，通知调度准备退甲醇；

把PIC3005设定值设定为0.45MPa；

手动控制从PIC3005卸压到0.4MPa，然后PIC3005投自动；

将系统各压力控制点打手动泄到0；

预洗甲醇通过P310排到灌区；

逐渐停E320，将FV3025打手动，慢慢关闭，注意T308的液位；

逐渐停E321，将FV3029打手动，慢慢关闭，注意T309的液位；

T307液控阀LV3028打手动，根据液位调整；

打开VA3110，将物料从E317中切除；

F304液控阀LV3029打手动，根据液位需要进行调整；

根据T309液位，手动调节LV3034；

关E317截止阀VA3809；

关T308液控阀FV3024；

手动关闭T306入口脱盐水调节阀FV3018；

关FV3018后手阀VDF3018A；关FV3018后手阀VDF3018B；

T306的液位为0时，现场停P308；

打通P309出口到灌区流程送液；

F304的液位为0时，现场停P309；F304的液位为0时，现场停P310；

手动关闭LV3030；

打开现场排污阀VD3208，将F304内残液排掉；

打开现场排污阀VD3213，将F304内残液排掉；

打开现场排污阀VD3210，将F304内残液排掉；

T308的液位为0时，现场停P313；T309的液位为0时，现场停P314；

控制LIC3039液位，必要时向灌区退甲醇；

手动将系统压力PIC3005泄到0；手动将系统压力PIC3040泄到0；

将各调节阀及其前后手阀关闭；

将各个换热器的冷凝水停掉；

确保系统压力为0后将各放空阀门关闭。

第五节　仿真界面

煤气净化工段总界面如图5-35所示。

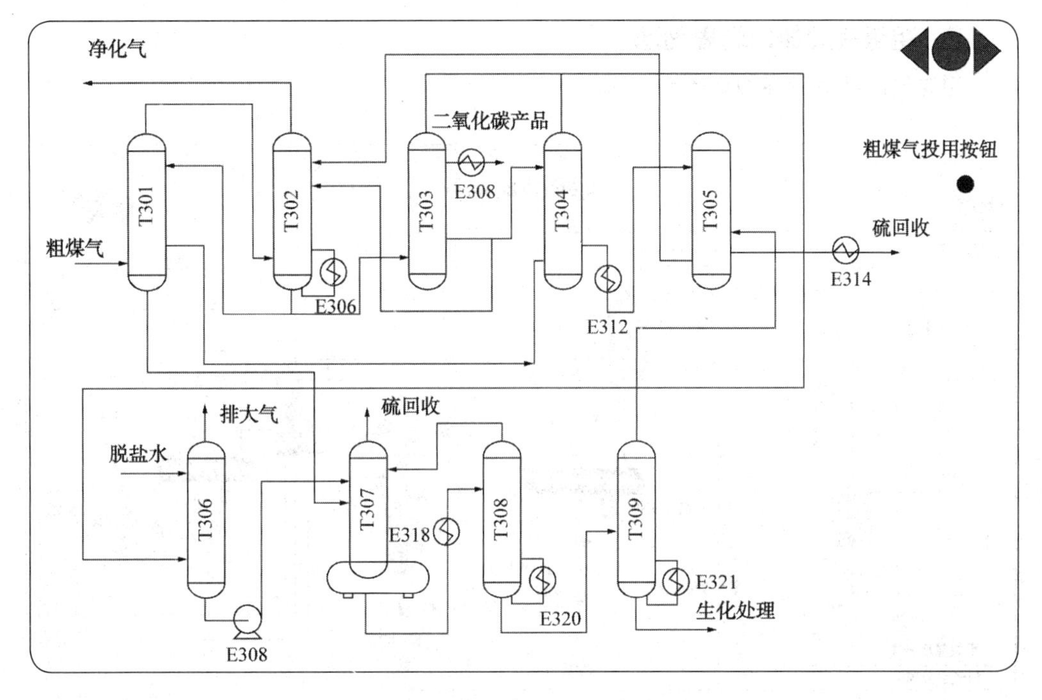

图5-35 煤气净化工段总界面图

一、煤气净化前段界面图

1. 粗煤气冷却DCS界面图

粗煤气冷却DCS界面如图5-36所示。

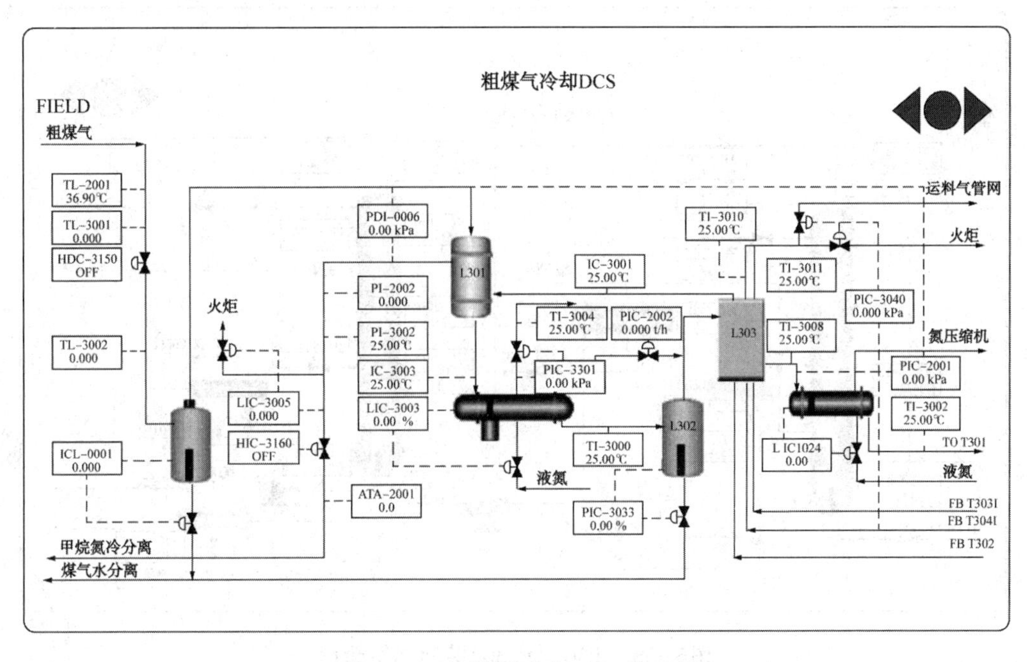

图5-36 粗煤气冷却DCS界面图

2. 粗煤气冷却现场界面图

粗煤气冷却现场界面如图5-37所示。

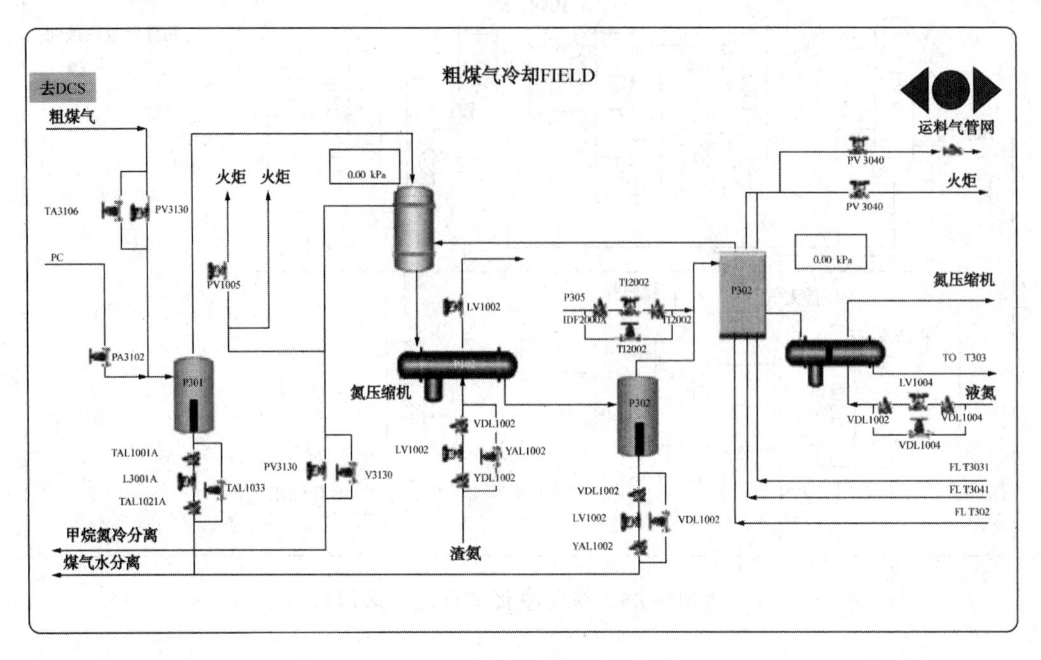

图5-37 粗煤气冷却现场界面图

3. T301和T302塔DCS界面图

T301和T302塔DCS界面如图5-38所示。

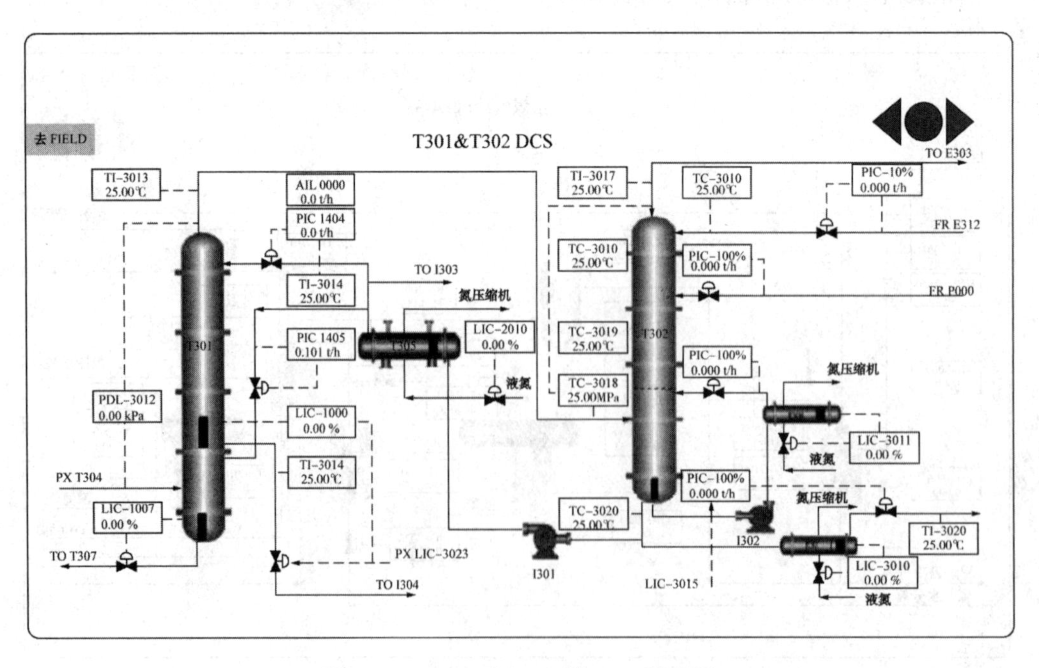

图5-38 T301和T302塔DCS界面图

4. T301硫化氢吸收塔现场界面图

T301硫化氢吸收塔现场界面如图5-39所示。

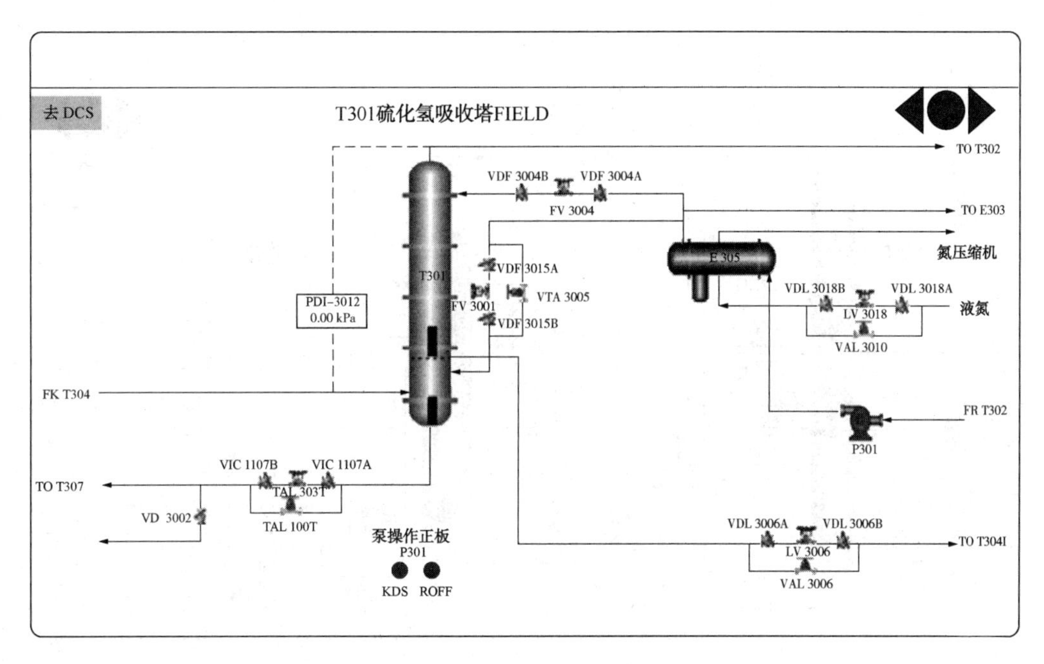

图5-39　T301硫化氢吸收塔现场界面图

5. T302塔二氧化碳吸收塔现场界面图

T302塔二氧化碳吸收塔现场界面如图5-40所示。

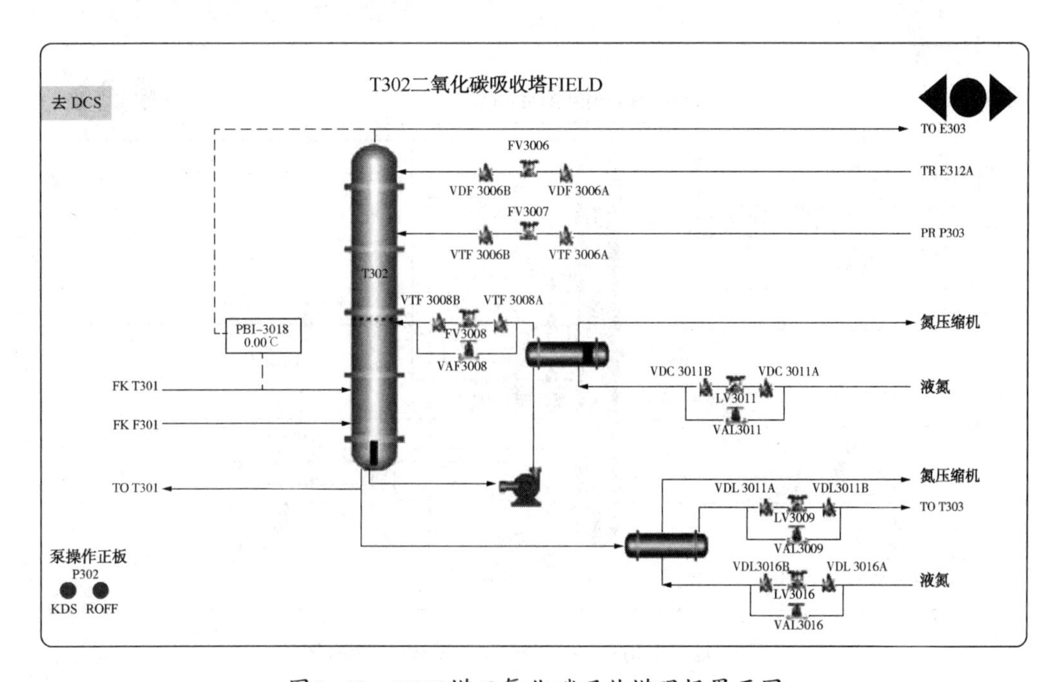

图5-40　T302塔二氧化碳吸收塔现场界面图

6. T303和T304塔DCS界面图

T303和T304塔DCS界面如图5-41所示。

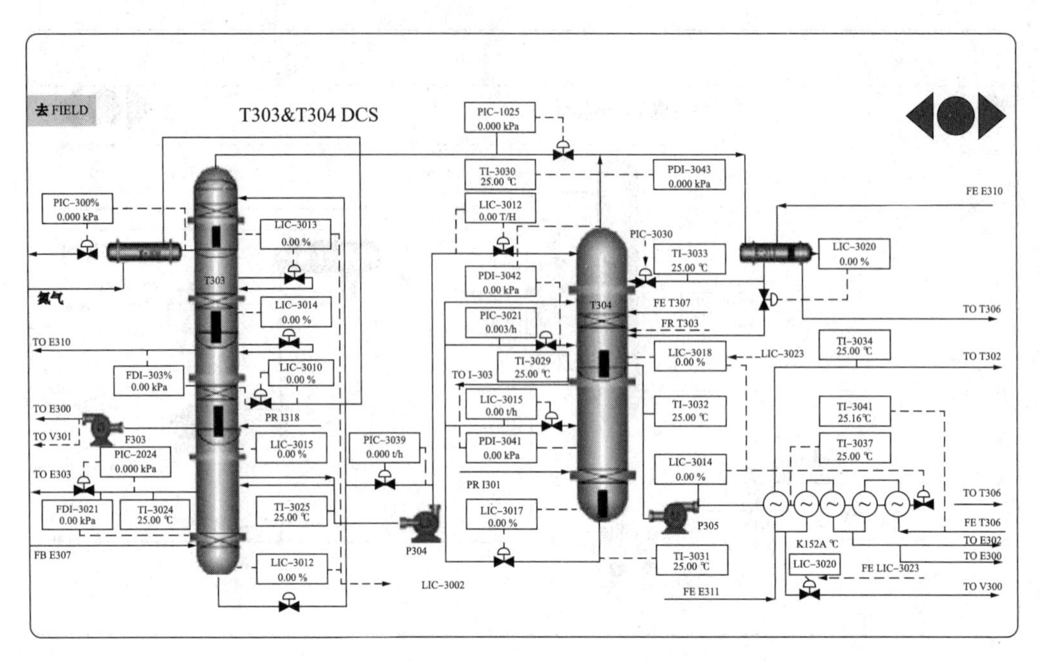

图5-41　T303和T304塔DCS界面图

7. T303二氧化碳闪蒸塔现场界面图

T303二氧化碳闪蒸塔现场界面如图5-42所示。

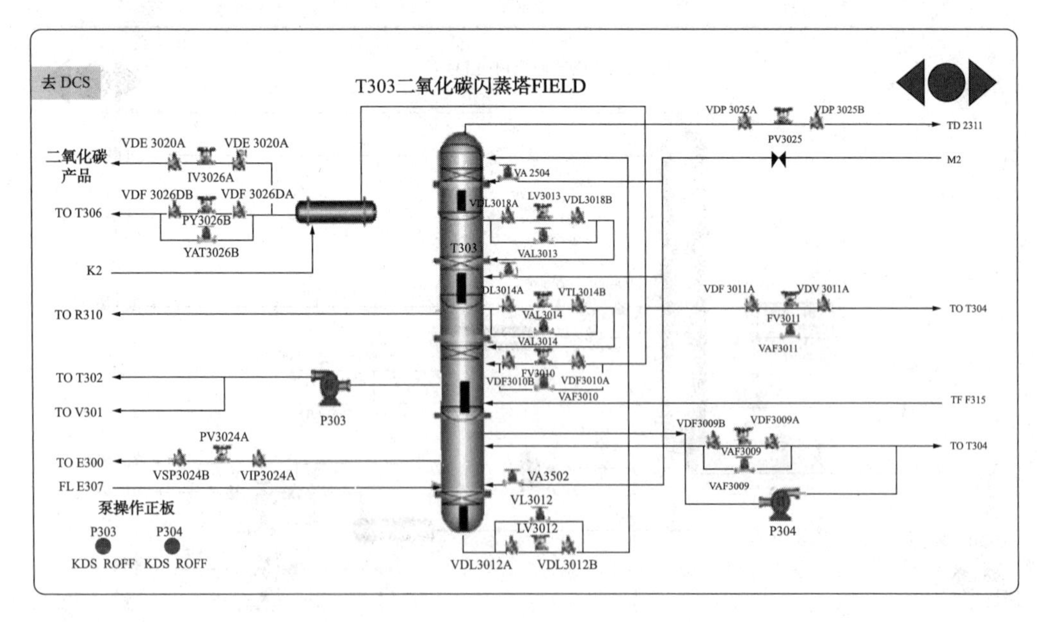

图5-42　T303二氧化碳闪蒸塔现场界面图

8. T304硫化氢浓缩塔现场界面图

T304硫化氢浓缩塔现场界面如图5-43所示。

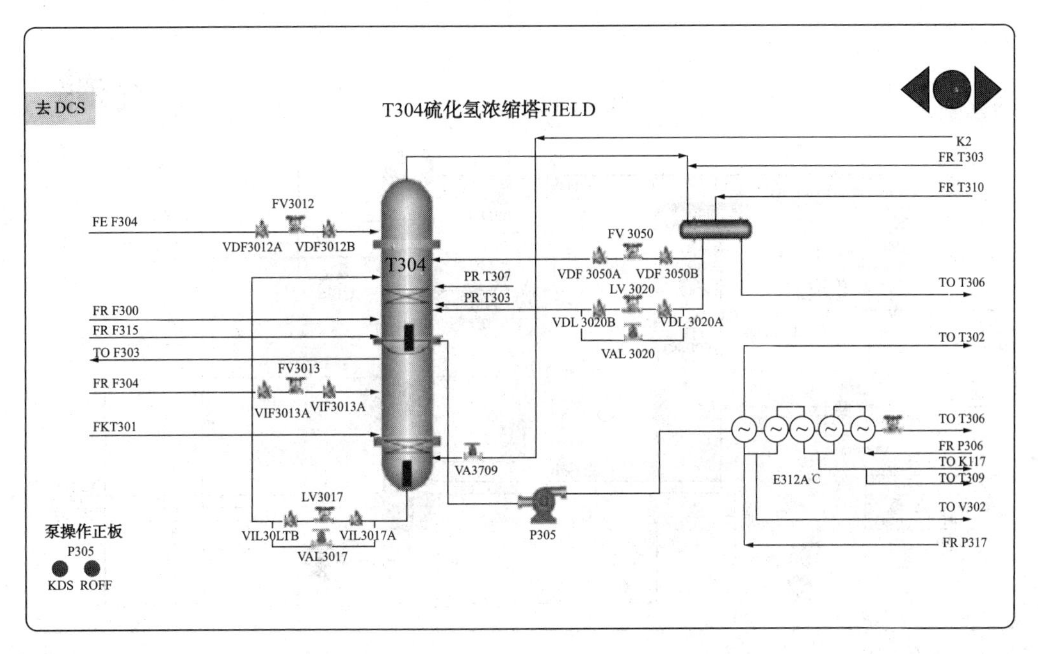

图5-43　T304硫化氢浓缩塔现场界面图

9. T305热再生塔DCS界面图

T305热再生塔DCS界面如图5-44所示。

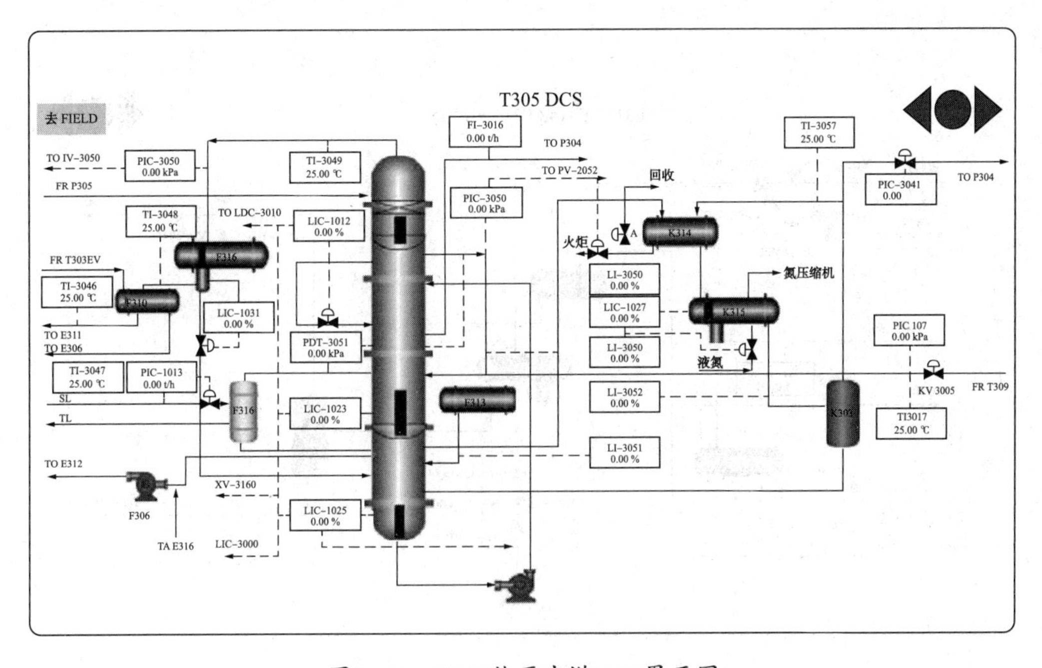

图5-44　T305热再生塔DCS界面图

10. T305热再生塔现场界面图

T305热再生塔现场界面如图5-45所示。

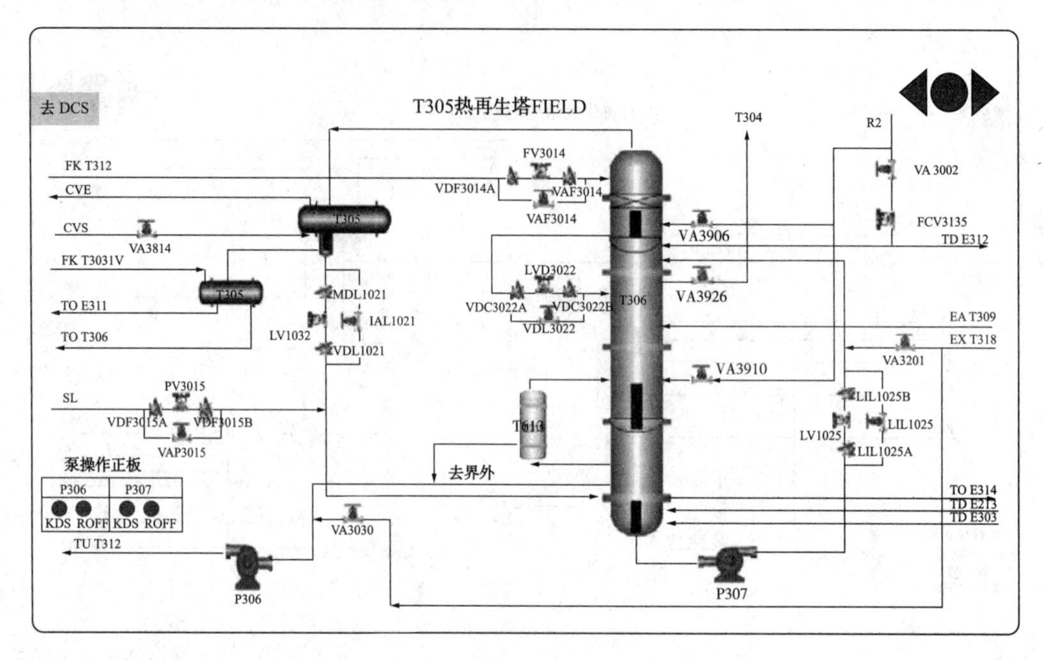

图5-45　T305热再生塔现场界面图

11. E313、E314和E315现场界面图

E313、E314和E315现场界面如图5-46所示。

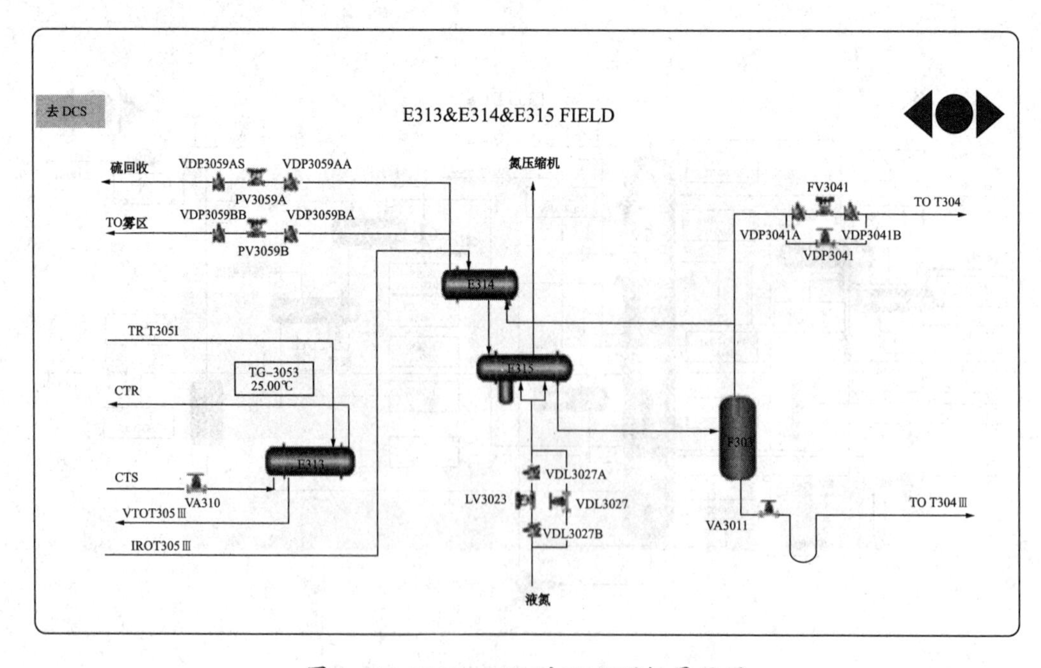

图5-46　E313、E314和E315现场界面图

12. V301和V302 DCS界面图

V301和V302 DCS界面如图5-47所示。

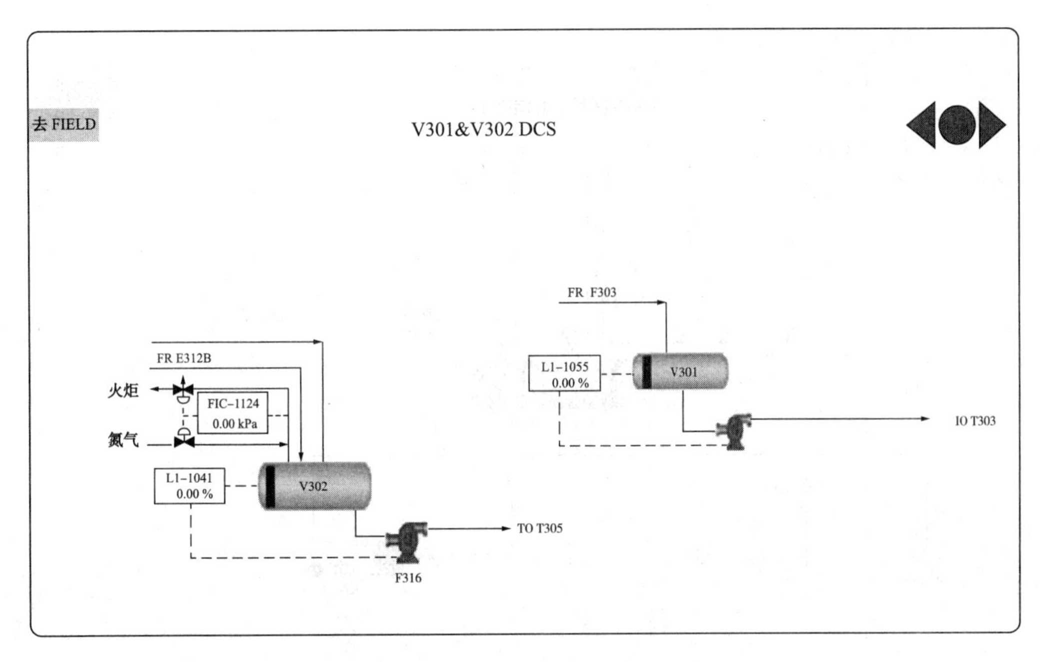

图5-47　V301和V302 DCS界面图

13. V301（主洗甲醇储槽）现场界面图

V301（主洗甲醇储槽）现场界面如图5-48所示。

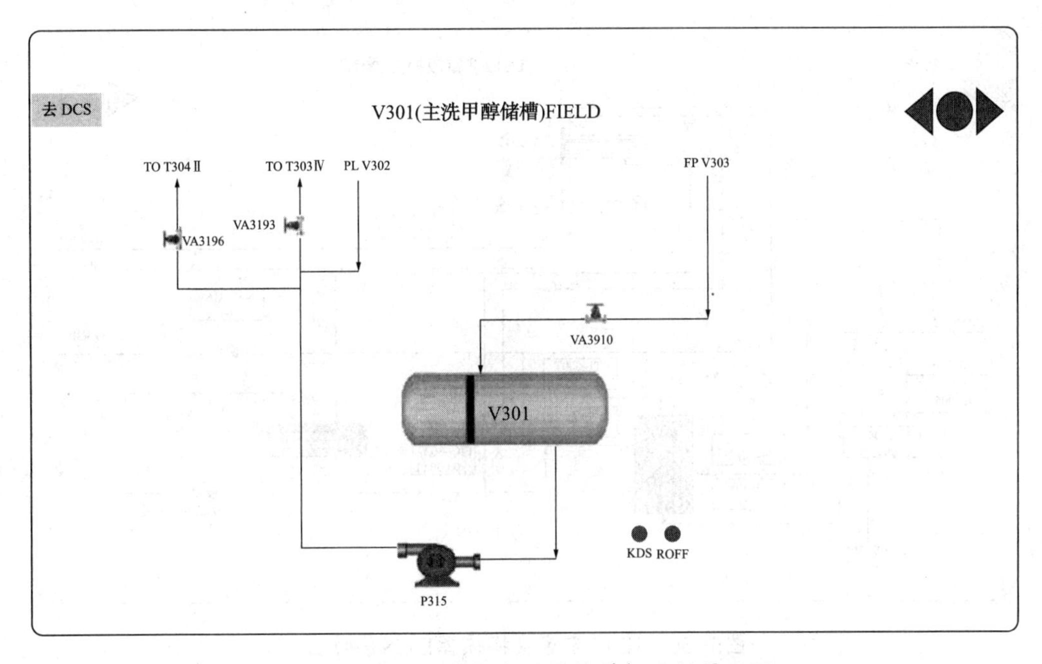

图5-48　V301（主洗甲醇储槽）现场界面图

14. V302（新鲜甲醇储槽）现场界面图

V302（新鲜甲醇储槽）现场界面如图5-49所示。

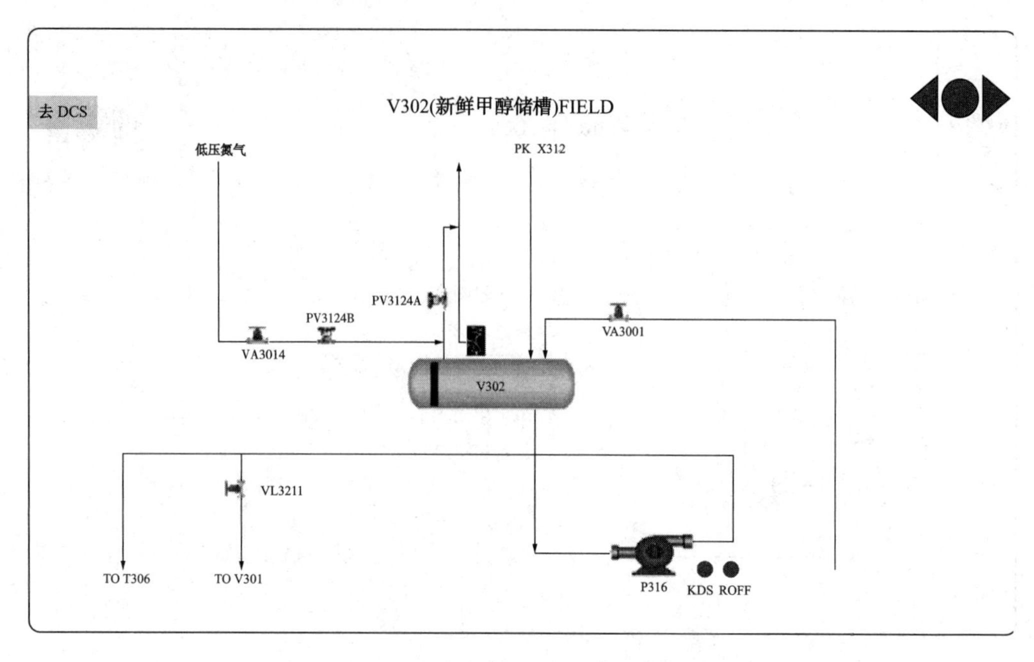

图5-49 V302（新鲜甲醇储槽）现场界面图

15. E312贫富液换热器DCS界面图

E312贫富液换热器DCS界面如图5-50所示。

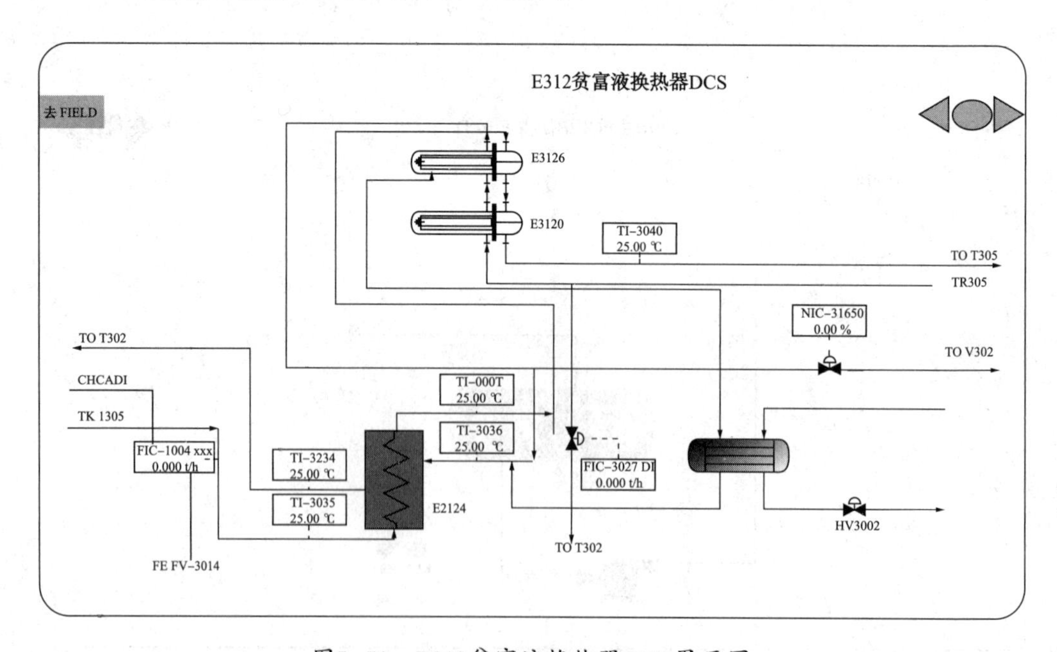

图5-50 E312贫富液换热器DCS界面图

16. E312贫富液换热器现场界面图

E312贫富液换热器现场界面如图5-51所示。

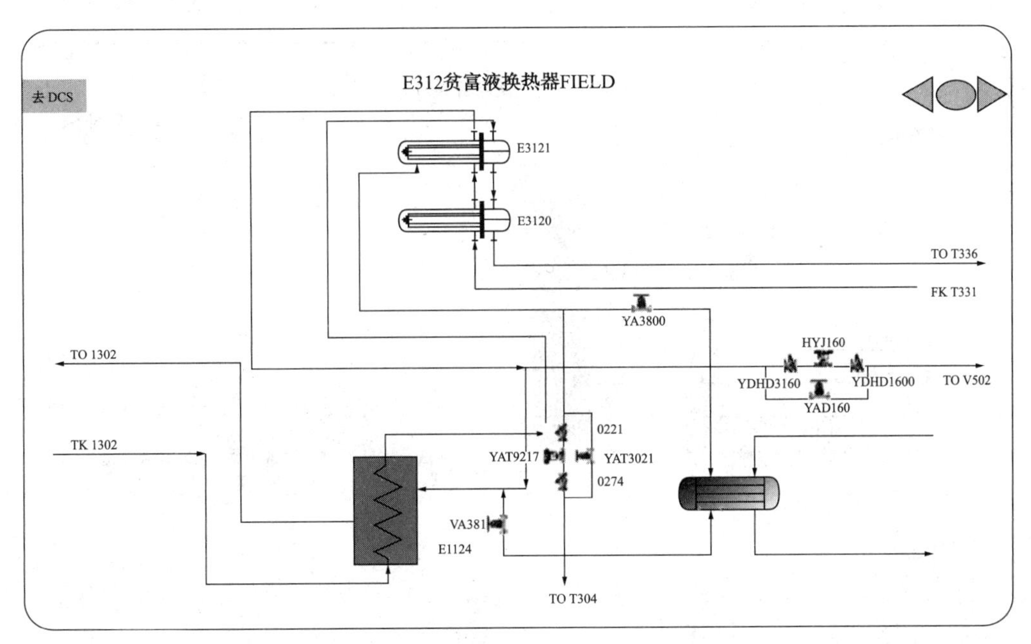

图5-51　E312贫富液换热器现场界面图

二、煤气净化后段界面图

1. T306 CO_2尾气吸收塔DCS界面图

T306 CO_2尾气吸收塔DCS界面如图5-52所示。

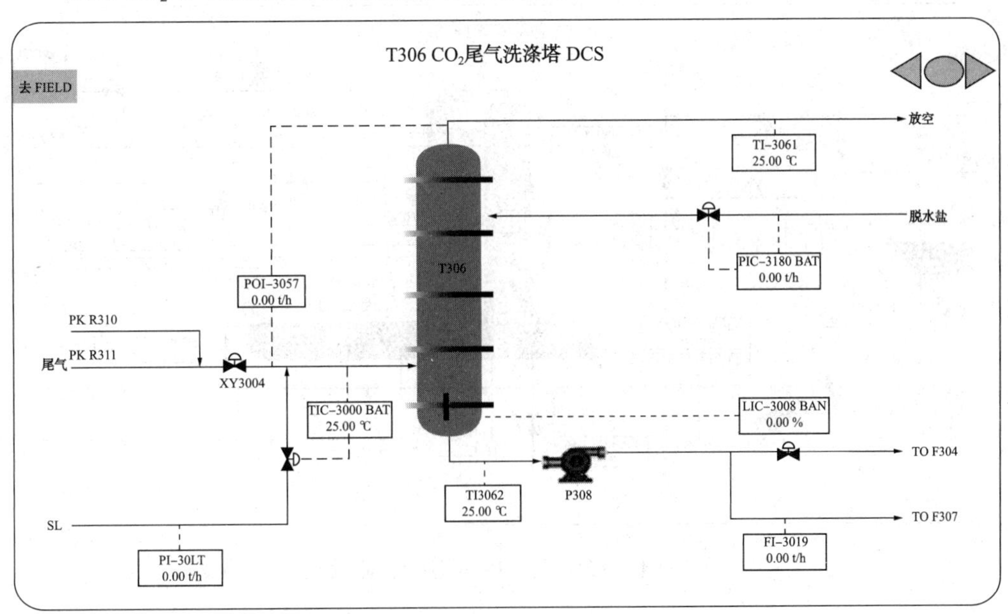

图5-52　T306 CO_2尾气吸收塔DCS界面图

2. T306 CO_2尾气吸收塔现场界面图

T306 CO_2尾气吸收塔现场界面如图5-53所示。

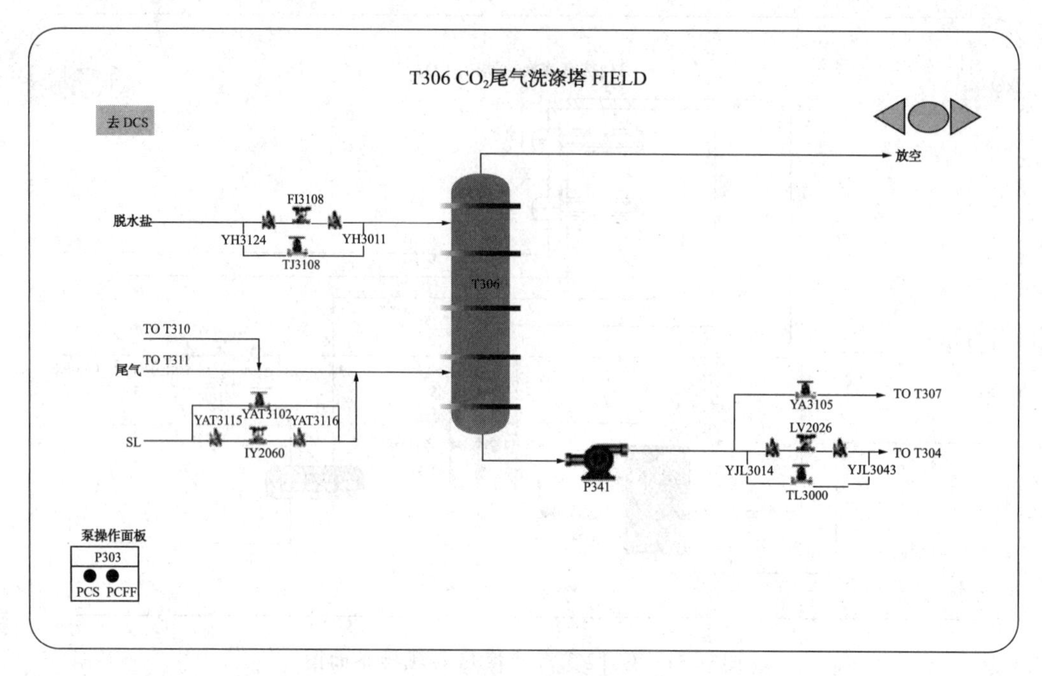

图5-53　T306 CO_2尾气吸收塔现场界面图

3. T307预洗闪蒸塔DCS界面图

T307预洗闪蒸塔DCS界面如图5-54所示。

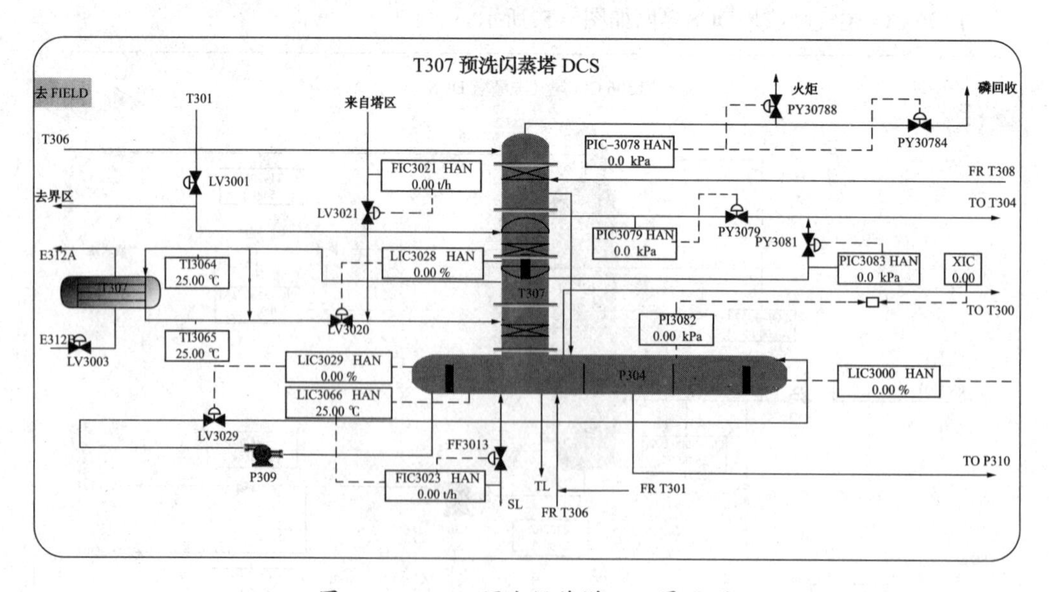

图5-54　T307预洗闪蒸塔DCS界面图

4. T307预洗闪蒸塔现场界面图

T307预洗闪蒸塔现场界面如图5-55所示。

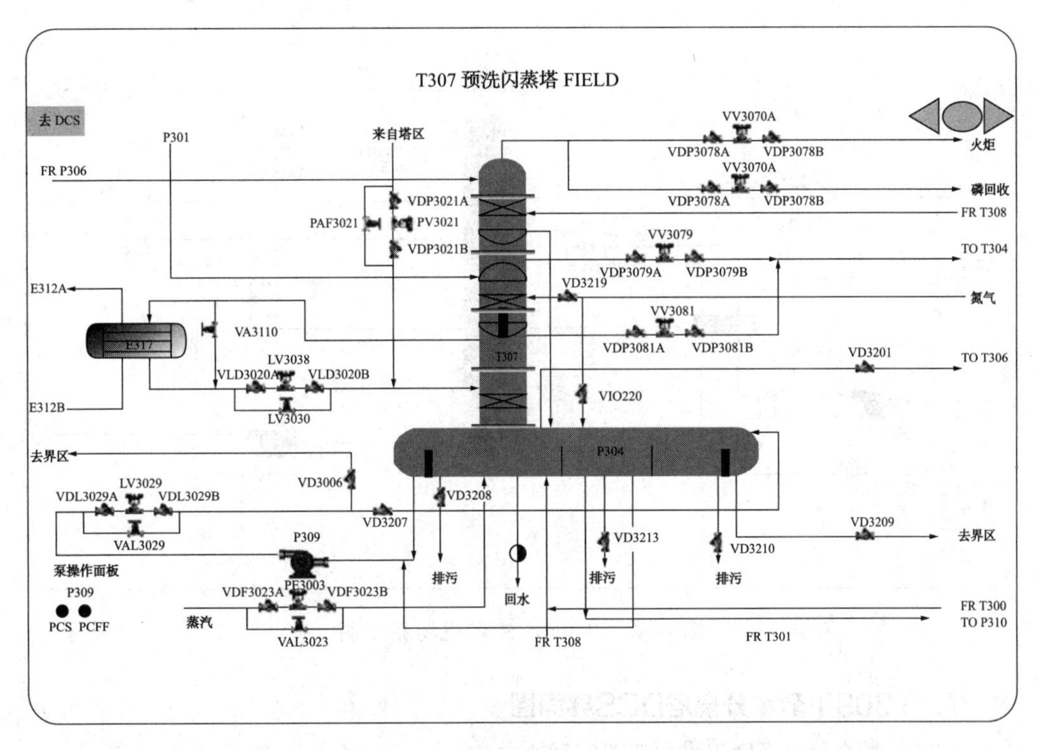

图5-55　T307预洗闪蒸塔现场界面图

5. T308共沸塔DCS界面图

T308共沸塔DCS界面如图5-56所示。

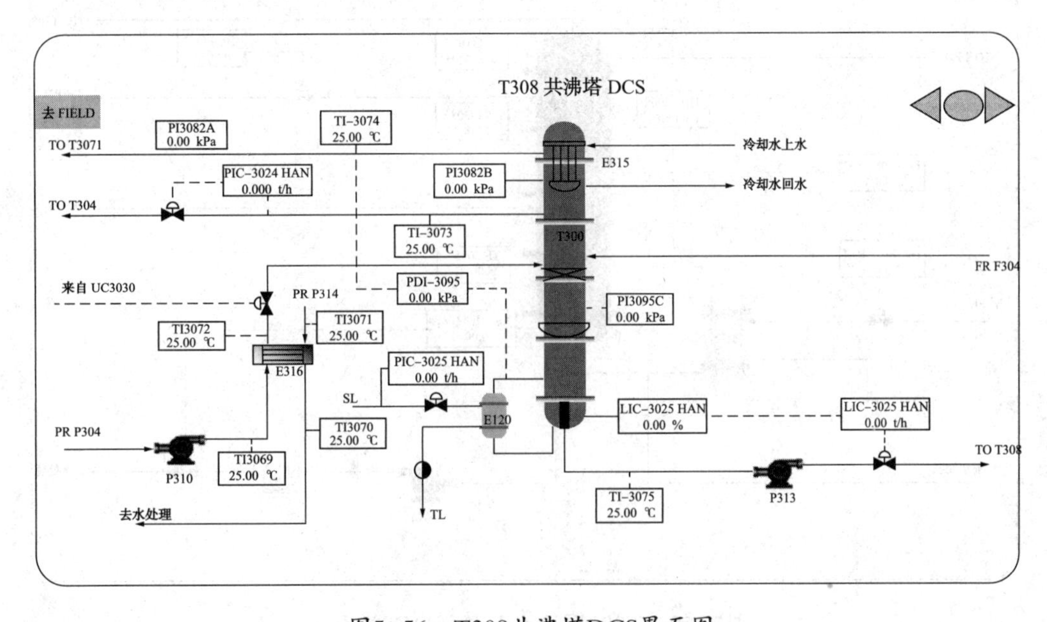

图5-56　T308共沸塔DCS界面图

6. T308共沸塔现场界面图

T308共沸塔现场界面如图5-57所示。

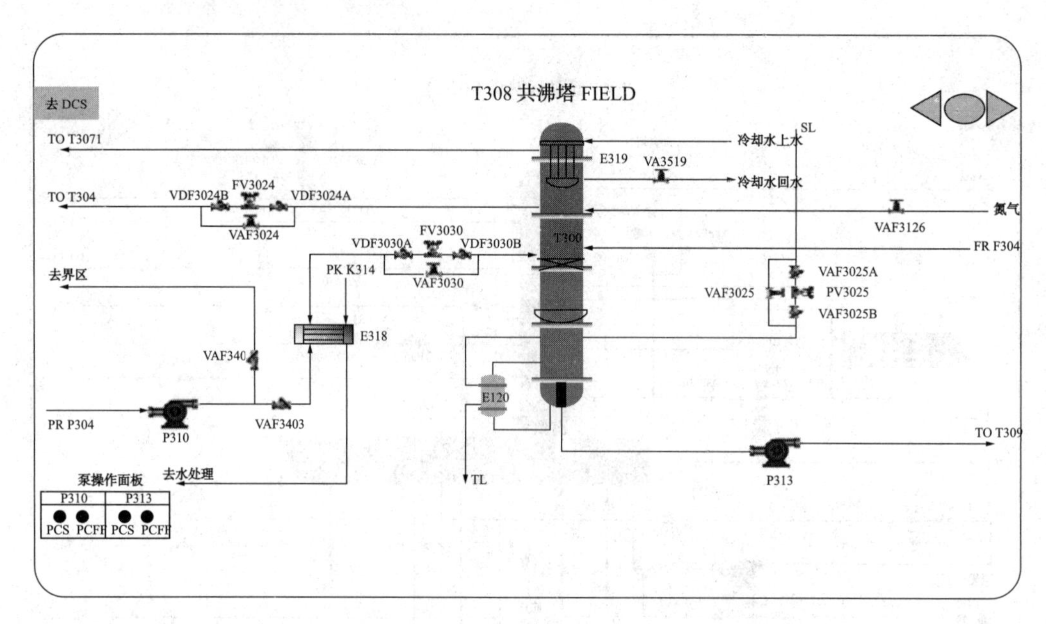

图5-57　T308共沸塔现场界面图

7. T309甲醇水分离塔DCS界面图

T309甲醇水分离塔DCS界面如图5-58所示。

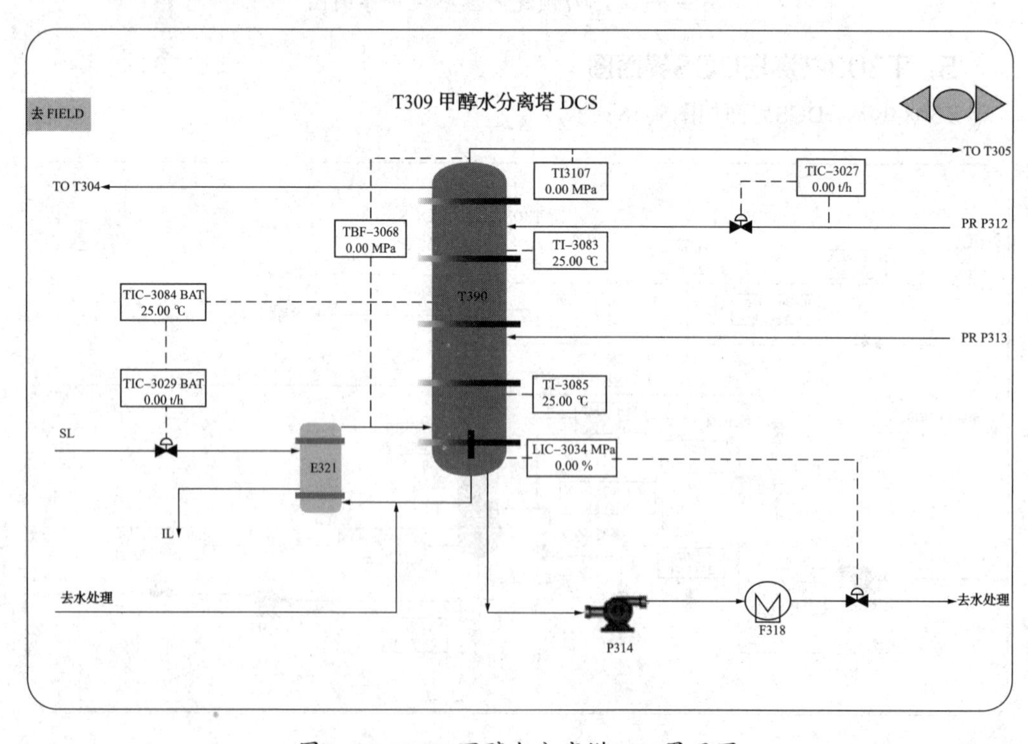

图5-58　T309甲醇水分离塔DCS界面图

8. T309甲醇水分离塔现场界面图

T309甲醇水分离塔现场界面如图5-59所示。

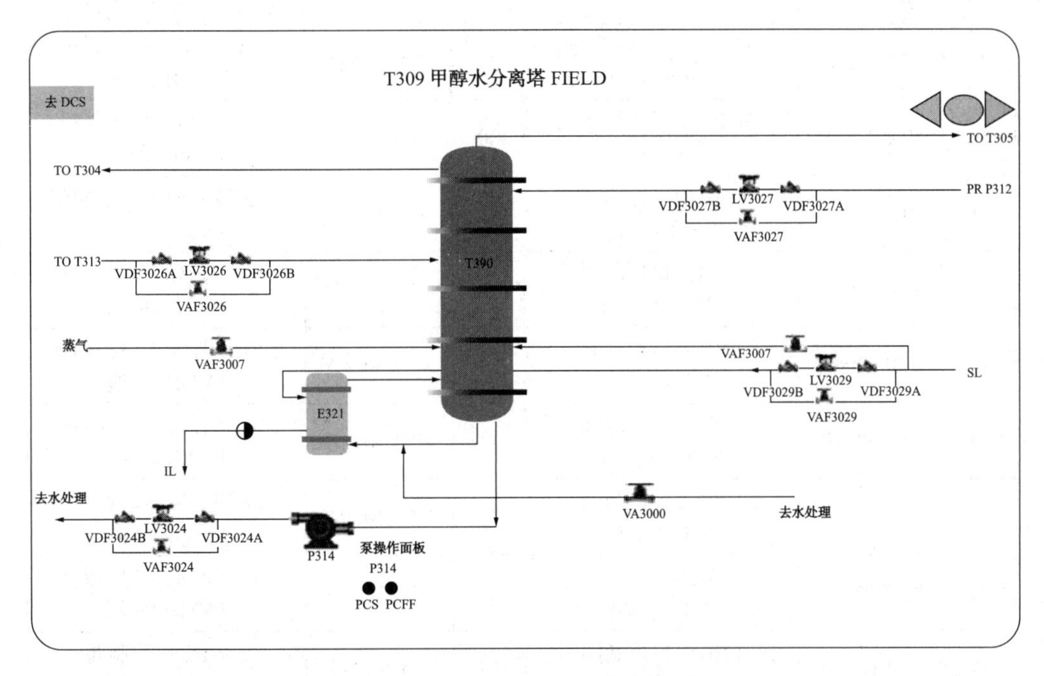

图5-59　T309甲醇水分离塔现场界面图

第六节　主要阀门与仪表

一、主要阀门

煤气净化工段控制阀门见表5-4。

表5-4　控制阀门

序号	位号	说明	序号	位号	说明
1	VDL3001A	F301粗煤气分离器A控制阀LV3001前阀	5	VDL3003A	F302粗煤气分离B器控制阀LV3003前阀
2	VDL3001B	F301粗煤气分离器A控制阀LV3001后阀	6	VDL3003B	F302粗煤气分离B器控制阀LV3003后阀
3	VDL3002A	E302液氨进口控制阀LV3002前阀	7	VDF3003A	粗甲醇液入口控制阀FV3003前阀
4	VDL3002B	E302液氨进口控制阀LV3002后阀	8	VDF3003B	粗甲醇液入口控制阀FV3003后阀

续表

序号	位号	说明	序号	位号	说明
9	VDL3004A	E304液氨进口控制阀LV3004后阀	29	VDL3012A	T303塔顶入口控制阀LV3012后阀
10	VDL3004B	E304液氨进口控制阀LV3004前阀	30	VDL3012B	T303塔顶入口控制阀LV3012前阀
11	VDL3006A	T301出口控制阀LV3006前阀	31	VDL3013A	T303塔Ⅲ段入口控制阀LV3013后阀
12	VDL3006B	T301出口控制阀LV3006后阀	32	VDL3013B	T303塔Ⅲ段入口控制阀LV3013前阀
13	VDF3004A	T301入口控制阀FV3004后阀	33	VDL3014A	T303塔Ⅳ段入口控制阀LV3014后阀
14	VDF3004B	T301入口控制阀FV3004前阀	34	VDL3014B	T303塔Ⅳ段入口控制阀LV3014前阀
15	VDF3005A	T301入口控制阀FV3005后阀	35	VDL3009A	E307甲醇液出口控制阀LV3009后阀
16	VDF3005B	T301入口控制阀FV3004前阀	36	VDL3009B	E307甲醇液出口控制阀LV3009前阀
17	VDL3007A	T301出口控制阀LV3007前阀	37	VDP3024A	T301出口控制阀PV3024前阀
18	VDL3007B	T301出口控制阀LV3007后阀	38	VDP3024B	T301出口控制阀PV3024后阀
19	VDL3008A	E305液氨入口控制阀LV3008后阀	39	VDF3010A	E308氮气出口控制阀FV3010前阀
20	VDL3008B	E305液氨入口控制阀LV3008前阀	40	VDF3010B	E308氮气出口控制阀FV3010后阀
21	VDF3006A	T302塔顶入口控制阀FV3006后阀	41	VDF3011A	E308氮气出口控制阀FV3011前阀
22	VDF3006B	T302塔顶入口控制阀FV3006前阀	42	VDF3011B	E308氮气出口控制阀FV3011后阀
23	VDF3007A	T302塔上段口控制阀FV3007后阀	43	VDP3026AA	E308出口控制阀PV3026A前阀
24	VDF3007B	T302塔上段口控制阀FV3007前阀	44	VDP3026AB	E308出口控制阀PV3026A后阀
25	VDF3008A	T302塔顶中部控制阀FV3008后阀	45	VDP3026BA	E308出口控制阀PV3026B前阀
26	VDF3008B	T302塔顶中部控制阀FV3008前阀	46	VDP3026BB	E308出口控制阀PV3026B后阀
27	VDL3011A	E306液氨入口控制阀LV3011后阀	47	VDF3009A	P304出口控制阀FV3009前阀
28	VDL3011B	E306液氨入口控制阀LV3011前阀	48	VDF3009B	P304出口控制阀FV3009后阀

续表

序号	位号	说明	序号	位号	说明
49	VDL3016A	E307液氨入口控制阀LV3016后阀	69	VDL3022A	T305Ⅱ段进料控制阀LV3022后阀
50	VDL3016A	E307液氨入口控制阀LV3016前阀	70	VDL3022B	T305Ⅱ段进料控制阀LV3022前阀
51	VDF3012A	T304塔顶入口控制阀FV3012后阀	71	VDL3021A	T305Ⅲ段进料控制阀LV3021后阀
52	VDF3012B	T304塔顶入口控制阀FV3012前阀	72	VDL3021B	T305Ⅲ段进料控制阀LV3021前阀
53	VDF3013A	T304塔中部入口控制阀FV3013后阀	73	VDF3015A	T305再沸器蒸气控制阀FV3015前阀
54	VDF3013B	T304塔中部入口控制阀FV3013前阀	74	VDF3015B	T305再沸器蒸气控制阀FV3015后阀
55	VDL3017A	T304塔上段入口控制阀LV3017后阀	75	VDP3059AA	E314管程出口控制阀PV3059A前阀
56	VDL3017A	T304塔上段入口控制阀LV3017前阀	76	VDP3059AB	E314管程出口控制阀PV3059A后阀
57	VDF3041A	F303出口控制阀FV3041前阀	77	VDP3059BA	E314管程出口控制阀PV3059B后阀
58	VDF3041B	F303出口控制阀FV3041后阀	78	VDP3059BB	E314管程出口控制阀PV3059B前阀
59	VDP3025A	E311入口控制阀PV3025后阀	79	VDL3027A	E315液氨入口控制阀LV3027前阀
60	VDP3025B	E311入口控制阀PV3025前阀	80	VDL3027B	E315液氨入口控制阀LV3027后阀
61	VDL3020A	E311壳程出口控制阀LV3020前阀	81	VDL3025A	P307出口控制阀LV3025前阀
62	VDL3020B	E311壳程出口控制阀LV3020后阀	82	VDL3025B	P307出口控制阀LV3025后阀
63	VDP3050A	E311壳程出口控制阀PV3050后阀	83	VDF3018A	T306脱盐水入口控制阀FV3018后阀
64	VDP3050B	E311壳程出口控制阀PV3050前阀	84	VDF3018B	T306脱盐水入口控制阀FV3018前阀
65	VDH3160A	V302入口控制阀HV3010后阀	85	VDT3115	T306蒸汽入口控制阀TV3060后阀
66	VDH3160B	V302入口控制阀HV3010前阀	86	VDT3116	T306蒸汽入口控制阀TV3060前阀
67	VDF3014A	T305塔顶进料控制阀FV3014后阀	87	VDF3023A	F304蒸汽入口控制阀FV3023后阀
68	VDF3014B	T305塔顶进料控制阀FV3014前阀	88	VDF3023B	F304蒸汽入口控制阀FV3023前阀

续表

序号	位号	说明	序号	位号	说明
89	VDL3026A	P308脱盐水出口控制阀LV3026后阀	109	VD3206	P309出口阀
90	VDL3026B	P308脱盐水出口控制阀LV3026前后阀	110	VD3208	F304排污阀
91	VD3202	P309去罐区	111	VD3210	F304排污阀
92	VD3401	P310去罐区	112	VD3213	F304排污阀
93	VD3402	P310去F304	113	VD3207	P309出口阀
94	VDP3078AA	T307塔顶去火炬控制阀PV3078A前阀	114	VDL3029A	P309出口控制阀LV3029前阀
95	VDP3078AB	T307塔顶去火炬控制阀PV3078A后阀	115	VDL3029B	P309出口控制阀LV3029后阀
96	VDP3078BA	T307塔顶去硫回收控制阀PV3078B前阀	116	VD3209	P311入口阀
97	VDP3078BB	T307塔顶去火炬控制阀PV3078B后阀	117	VD3403	P310出口阀
98	VDF3021A	P317去T3007控制阀FV3021前阀	118	VDL3034A	E318壳程出口控制阀LV3034前阀
99	VDF3021B	P317去T3007控制阀FV3021后阀	119	VDL3034B	E318壳程出口控制阀LV3034后阀
100	VDP3079A	T307入口控制阀PV3079前阀	120	VDF3024A	T308出口控制阀FV3024前阀
101	VDP3079B	T307入口控制阀PV3079后阀	121	VDF3024B	T308出口控制阀FV3024后阀
102	VDP3081A	T307入口控制阀PV3081前阀	122	VDL3030A	T308入口控制阀LV3030后阀
103	VDP3081B	T307入口控制阀PV3081后阀	123	VDL3030B	T308入口控制阀LV3030前阀
104	VD3219	T307氮气入口阀	124	VDF3025A	T308再沸器蒸汽入口控制阀FV3025前阀
105	VD3220	F304氮气入口阀	125	VDF3025B	T308再沸器蒸汽入口控制阀FV3025后阀
106	VD3204	F304出口阀	126	VDF3026A	T309入口控制阀FV3026前阀
107	VDL3028A	E317罐程出口控制阀LV3028前阀	127	VDF3026B	T309入口控制阀FV3026后阀
108	VDL3028B	E317罐程出口控制阀LV3028后阀	128	VDF3027A	T309塔顶入口控制阀FV3027后阀

续表

序号	位号	说明	序号	位号	说明
129	VDF3027B	T309塔顶入口控制阀FV3027前阀	131	VDF3029B	T309再沸器蒸汽入口控制阀FV3029后阀
130	VDF3029A	T309再沸器蒸汽入口控制阀FV3029前阀	132	VDP3040AB	C303出口阀

煤气净化工段现场手动开关阀门见表5-5。

表5-5　现场手动开关阀门

序号	位号	说明	序号	位号	说明
1	VA3102	氮气入口阀	16	VAL3013	T303Ⅲ段入口控制阀LV3013旁路阀
2	VA3106	HV3150旁路阀	17	VAL3014	T303Ⅳ段入口控制阀LV3014旁路阀
3	VA3103	HV3180旁路阀	18	VAP3026B	E308管程出口控制阀PV3026B旁路阀
4	VAL3001	F301出口控制阀LV3001旁路阀	19	VAL3009	E307管程出口控制阀LV3009旁路阀
5	VAL3002	E302液氨入口控制阀LV3002旁路阀	20	VAF3009	P304出口控制阀FV3009旁路阀
6	VAL3003	F302出口控制阀LV3003旁路阀	21	VAF3010	E308壳程出口控制阀FV3010旁路阀
7	VAF3003	甲醇入口控制阀FV3003旁路阀	22	VAF3011	E308壳程出口控制阀FV3011旁路阀
8	VAL3004	E304液氨入口控制阀LV3004旁路阀	23	VA3504	T303Ⅱ段氮气入口阀
9	VAL3006	T301出口控制阀LV3006旁路阀	24	VA3503	T303Ⅲ段氮气入口阀
10	VAF3005	T301入口孔控制阀FV3005旁路阀	25	VA3502	T303Ⅰ段氮气入口阀
11	VAL3007	T301塔底出口控制阀LV3007旁路阀	26	VAL3016	E307液氨入口控制阀LV3016旁路阀
12	VAL3008	E305液氨入口控制阀LV3008旁路阀	27	VA3910	P303去F3016
13	VAF3008	E306管程出口控制阀FV3008旁路阀	28	VA3709	T304氮气入口阀
14	VAL3011	E306液氨入口控制阀LV3011旁路阀	29	VAL3017	T304入口控制阀LV3017旁路阀
15	VAL3012	T303塔顶入口控制阀LV3012旁路阀	30	VAL3020	T304入口控制阀LV3020旁路阀

续表

序号	位号	说明	序号	位号	说明
31	VAF3041	F303出口控制阀FV3041旁路阀	52	VAL3027	E315液氨入口控制阀LV3027旁路阀
32	VAH3160	V302入口阀HV3010旁路阀	53	VA3196	P315出口阀
33	VA3001	V302入口阀	54	VA3193	P315出口阀
34	VA3816	E312A壳程入口阀	55	VAF3018	T306脱盐水入口控制阀FV3018旁路阀
35	VA3809	E312C壳程出口阀	56	VAT3102	T306蒸汽入口控制阀TV3060旁路阀
36	VA3014	V302氮气进口阀	57	VA3105	P308出口阀
37	VA3914	E309冷却水入口阀	58	VAL3026	P308出口控制阀LV3026旁路阀
38	VAF3014	T305塔顶入口控制阀FV3014旁路阀	59	VA3201	P309进口阀
39	VAL3021	E309壳程出口控制阀LV3021旁路阀	60	VAL3029	T309出口控制阀LV3029旁路阀
40	VAL3022	T305Ⅱ段入口控制阀LV3022旁路阀	61	VAL3028	E317管程出口控制阀LV3028旁路阀
41	VAF3015	T305再沸器蒸汽入口控制阀FV3015旁路阀	62	VA3110	E317管程出入口截止阀
42	VA3909	E313氮气入口阀	63	VAF3021	P317出口控制阀FV3021旁路阀
43	VA3101	E313冷却水入口阀	64	VAL3034	P314出口控制阀LV3034旁路阀
44	VA3926	T305出口阀	65	VAF3023	F304蒸汽入口控制阀FV3023旁路阀
45	VAL3025	T305入口控制阀LV3025旁路阀	66	VAF3024	T308出口控制阀FV3024旁路阀
46	VA3906	T305Ⅰ段氮气入口阀	67	VAL3030	T308入口控制阀LV3030旁路阀
47	VA3940	T305Ⅱ段氮气入口阀	68	VA3519	T308冷却水入口阀
48	VA3930	P316出口阀	69	VA3136	T308氮气入口阀
49	VA3901	P316出口阀	70	VAF3026	T309入口控制阀旁路阀
50	VA3011	F303出口阀	71	VA3609	T309氮气入口阀
51	VA3211	P316出口阀	72	VA3608	T309NaOH入口阀

续表

序号	位号	说明	序号	位号	说明
73	VAF3029	T309再沸器蒸汽控制阀FV3029旁路阀	75	VAF3027	T309塔顶入口控制阀FV3027旁路阀
74	VA3607	T309蒸汽入口阀	76	VAF3025	T308再沸器蒸汽入口控制阀FV3025旁路阀

二、主要仪表

煤气净化工段液位显示仪表见表5-6。

表5-6　液位显示仪表

序号	位号	说明	序号	位号	说明
1	LIC3001	F-301煤气水	16	LIC3018	T304 Ⅱ 富H_2S甲醇
2	LIC3002	E302液氨	17	LIC3021	E309冷凝液
3	LIC3003	F302冷凝液	18	LIC3022	T305 Ⅰ 富H_2S甲醇
4	LIC3004	E304液氨	19	LIC3023	T305 Ⅱ 甲醇贫液
5	LIC3006	T301主洗段富H_2S甲醇	20	LIC3025	T305 Ⅲ 富甲醇
6	LIC3007	T301预洗段预洗甲醇	21	LIC3026	T306脱盐水
7	LIC3008	E305液氨	22	LIC3027	E315液氨
8	LIC3009	T302富CO_2甲醇	23	LIC3028	T307 Ⅱ 预洗甲醇
9	LIC3011	E306液氨	24	LIC3029	F304 Ⅲ 室预洗甲醇
10	LIC3012	T303 Ⅰ 富CO_2甲醇	25	LIC3030	F304 Ⅱ 室甲醇水
11	LIC3013	T303 Ⅱ 富CO_2甲醇	26	LIC3031	F304 Ⅳ 室石脑油
12	LIC3014	T303 Ⅲ 富CO_2甲醇	27	LIC13033	T308甲醇水
13	LIC3015	T303 Ⅳ 甲醇贫液	28	LIC3034	T309废水
14	LIC3016	E307液氨	29	LI3039	V301液位显示
15	LIC3017	T304 Ⅰ 富H_2S甲醇	30	LI3041	V302液位显示

注：LIC3018有控制器无调节器，FIC014与其串联；LIC3015有控制器无调节器，LIC3009、LIC3012、LIC3013、LIC3014与其串联；LIC3023有控制器无调节器，LIC3006、LIC3018、LIC3022、LIC3025与其串联；LIC3033有控制器无调节器，FIC026与其串联。

煤气净化工段压力显示仪表见表5-7。

表5-7 压力显示仪表

序号	位号	说明	单位	操作压力	序号	位号	说明	单位	操作压力
1	PIC3005	净化气管网压力	MPa	2.4	11	PIC3081	T307Ⅲ压力	kPa	150
2	PIC3007	0℃级氨冷器的蒸发压力	kPa	330	12	PIC3134	F317压力	kPa	50
3	PIC3024	T303Ⅰ压力	kPa	690	13	PI3002	粗煤气进气压力	MPa	2.685
4	PIC3025	T303Ⅱ压力	kPa	140	14	PI3043	T304塔顶压力	kPa	40
5	PIC3026	T303Ⅲ压力	kPa	60	15	PI3095A	T308顶部压力	kPa	150
6	PIC3040	T304Ⅰ压力	kPa	680	16	PI3095B	T308中部压力	kPa	150
7	PIC3050	T305Ⅰ压力	kPa	250	17	PI3095C	T308底部压力	kPa	160
8	PIC3059	T305Ⅱ压力	kPa	160	18	PI3107	T309塔顶压力	kPa	200
9	PIC3078	T307Ⅰ压力	kPa	130	19	PI3082	F304压力	kPa	150
10	PIC3079	T307Ⅱ压力	kPa	400					

煤气净化工段压差表见表5-8。

表5-8 压差表

序号	位号	操作压力/kPa	说明
1	PDI3006	240	净煤气通过各设备的压差和总压差
2	PDI3008	76.25	粗煤气管线通过各设备的压差和冷却总压差
3	PDI3012	70	E301的预洗段/主洗段/整塔压差
4	PDI3018	140	E302的预洗段/主洗段/整塔压差
5	PDI3027	4.22	E303Ⅰ压差
6	PDI3028	25.05	E303Ⅳ压差
7	PDI3041	4.35	E304Ⅰ压差
8	PDI3051	25	E305Ⅱ压差
9	PDI3067	15	E306
10	PDI3095	30	E308
11	PDI3106	31	E309

思考题

1．气化煤气在进入甲醇合成之前为什么要进行净化？

2．气化煤气的脱硫主要包括哪些方法，其优缺点分别是什么？

3．气化煤气的脱碳主要包括哪些方法，其优缺点分别是什么？

4．低温甲醇洗法的吸收和解吸操作条件主要有哪些影响因素？

5．煤气净化工段的主要工艺流程和设备包括什么？

6．煤气净化工段冷态开车的主要操作步骤有哪些？

7．煤气净化工段正常停车的主要操作步骤有哪些？

8．如何调节才能将下述液位稳定在50%：V302液位LIC3041，T303液位LIC3015，T304液位LIC3018，T308液位LIC3033，T309液位LIC3034？

9．如何调节才能将下述温度稳定在工艺要求值：控制TIC3066在34℃，控制TI3074在85℃，控制TI3075在106.6℃？

10．如何调节才能将PDI3106显示压差控制在31kPa？

11．找到H_2S浓缩塔、热闪蒸汽换热器、贫富液换热器、预洗闪蒸塔、共沸塔再沸器在煤气化净化工段3D虚拟工厂中的位置。

第六章 甲醇合成工段

第一节　概述

甲醇（分子式：CH_3OH）又名木醇或木酒精，是一种透明、无色、易燃、有毒的液体，略带酒精味。熔点-97.8℃，沸点64.8℃，闪点12.22℃，自燃点47℃，相对密度0.7915，爆炸极限下限6%、上限36.5%，能与水、乙醇、乙醚、苯、丙酮和大多数有机溶剂相混溶。它是重要有机化工原料和优质燃料。主要用于制造甲醛、醋酸、氯甲烷、甲氨、硫酸二甲酯等多种有机产品，也是农药、医药的重要原料之一。甲醇亦可代替汽油作燃料使用。

生产甲醇的方法有多种，早期用木材或木质素干馏法制甲醇。目前工业上一般采用一氧化碳、二氧化碳加压催化氢化法合成甲醇。典型的流程包括原料气制备、原料气净化、甲醇合成、粗甲醇精馏等工序。

生产甲醇合成气的原料主要有天然气、石脑油、重油、煤及其加工产品（焦炭、焦炉煤气）、乙炔尾气等。

天然气是制造甲醇的主要原料，主要组分是甲烷，还含有少量的其他烷烃、烯烃与氮气。以天然气生产甲醇原料气有蒸汽转化、催化部分氧化、非催化部分氧化等方法，其中蒸汽转化法应用得最广泛，它是在管式炉中常压或加压下进行的。由于反应吸热必须从外部供热以保持所要求的转化温度，一般是在管间燃烧某种燃料气来实现，转化用的蒸汽直接在装置上靠烟道气和转化气的热量制取。由于天然气蒸汽转化法制的合成气中，氢过量而一氧化碳与二氧化碳量不足，工业上解决这个问题的方法一是采用添加二氧化碳的蒸汽转化法，以达到合适的配比。二氧化碳可以外部供应，也可以由转化炉烟道气中回收。另一种方法是以天然气为原料的二段转化法，即在第一段转化中进行天然气的蒸汽转化，只有约1/4的甲烷进行反应；第二段进行天然气部分氧化，不仅所得合成气配比合适而且由于第二段反应温度提高到800℃以上，残留的甲烷量可以减少，增加了合成甲醇的有效气体组分。天然气进入蒸汽转化炉前需进行净化处理清除有害杂质，要求净化后气体含硫量小于$0.1mL/m^3$。转化后的气体经压缩去合成工段合成甲醇。

工业上用油来制取甲醇的油品主要有两类：一类是石脑油，另一类是重油。原油精馏所得的220℃以下的馏分称为轻油，又称石脑油。目前用石脑油生产甲醇原料气的主要方法是加压蒸汽转化法。石脑油的加压蒸汽转化需在结构复杂的转化炉中进行。转化炉设置有辐射室与对流室，在高温、催化剂存在下进行烃类蒸汽转化反应。重油是石油炼制过程中的一种产品。以重油为原料制取甲醇原料气有部分氧化法与高温裂解法两种途径。裂解法需在1400℃以上的高温下，在蓄热炉中将重油裂解，虽然可以不用氧气，但设备复杂，操作麻烦，生成炭黑量多。重油部分氧化是指重质烃类和氧气进行燃烧反应，反应放热，使部分碳氢化合物发生热裂解，裂解产物进一步发生氧化、重整反应，最终得到以H_2、CO为主，及少量CO_2、CH_4的合成气供甲醇合成使用。

煤与焦炭是制造甲醇粗原料气的主要固体燃料。用煤和焦炭制甲醇的工艺路线包括燃料的气化、气体的脱硫、变换、脱碳及甲醇合成与精制。用蒸汽与氧气（或空气、富氧空气）对煤、焦炭进行热加工称为固体燃料气化，气化所得可燃性气体通称煤气（制造甲醇的初始原料气），气化的主要设备是煤气发生炉，按煤在炉中的运动方式，气化方法可分为固定床气化法、流化床气化法和气流床气化法。国内用煤与焦炭制甲醇的煤气化一般都沿用固定床间歇气化法，煤气炉沿用UCJ炉。在国外对于煤的气化，目前已工业化的煤气化炉有柯柏斯–托切克（Koppers-Totzek）、鲁奇（Lurgi）及温克勒（Winkler）三种。还有第二代、第三代煤气化炉的炉型主要有德士古及谢尔–柯柏斯（Shell-Koppers）等。用煤和焦炭制得的粗原料气组分中氢碳比太低，故需经过变换工序，使过量的一氧化碳变换为氢气和二氧化碳，再经脱碳工序将过量的二氧化碳除去。原料气经过压缩、甲醇合成与精馏精制后制得甲醇。

与合成氨联合生产甲醇简称联醇，这是一种合成气的净化工艺，以替代我国不少合成氨生产用铜氨液脱除微量碳氧化物而开发的一种新工艺。联醇生产的工艺条件是在压缩机五段出口与铜洗工序进口之间增加一套甲醇合成的装置，包括甲醇合成塔、循环机、水冷器、分离器和粗甲醇储槽等有关设备。工艺流程是：压缩机五段出口气体先进入甲醇合成塔，大部分原先要在铜洗工序除去的一氧化碳和二氧化碳在甲醇合成塔内与氢气反应生成甲醇，联产甲醇后进入铜洗工序的气体一氧化碳含量明显降低，减轻了铜洗负荷；同时变换工序的一氧化碳指标可适量放宽，降低了变换的蒸汽消耗，而且压缩机前几段气缸输送的一氧化碳成为有效气体，压缩机电耗降低。联产甲醇后能耗降低较明显，可使每吨氨节电50 kW·h，节省蒸汽0.4 t，折合能耗为2×10^6 kJ。联醇工艺流程必须重视原料气的精脱硫和精馏等工序，以保证甲醇催化剂使用寿命和甲醇产品质量。

甲醇的合成部分一般是在高温、高压、催化剂存在下进行的，是典型的复合气–固相催化反应过程。随着甲醇合成催化剂技术的不断发展，目前总的趋势是由高压向低、中压发展。

甲醇合成反应为体积减少的反应，因此增加压强有利于反应向甲醇生成方向移动，使反应速度提高，对甲醇合成反应有利。因此，高压法生产甲醇是起步最早、应用最广的一种技术，该法一般采用以氧化锌为主的锌铬催化剂（ZnO/Cr_2O_3），在300 ~ 400℃、30MPa高温高压下合成甲醇。自从1923年第一次用这种方法合成甲醇成功后，近半个世纪世界上合成甲醇生产都沿用这种方法。高压法甲醇合成塔内移热的方法有冷管型连续换热式和冷激型多段换热式两大类；反应气体流动的方式有轴向和径向或者二者兼有的混合型式；有副产蒸汽和不副产蒸汽的流程等。但该法设备复杂且强度大、能耗偏高、产品质量不稳定，目前工业上已基本淘汰。

ICI低压法为英国ICI公司在1966年研究成功开发以氧化铜为主的铜基催化剂之后，第一个工业化的低压生产甲醇工艺，从而打破了甲醇合成的高压法的垄断，这在甲醇生产工业的发展中具有里程碑的意义。它采用铜基催化剂（$CuO/ZnO/Al_2O_3$）或（CuO/

ZnO/Cr_2O_3），合成压强低至5MPa。ICI法所用的合成塔为热壁多段冷激式，结构简单，每段催化剂层上部装有菱形冷激气分配器，使冷激气均匀地进入催化剂层，用以调节塔内温度。该法能耗较低，所合成出的粗甲醇中杂质含量较低。20世纪70年代，四川维尼纶厂从法国Speichim公司引进了一套以乙炔尾气为原料日产300吨低压甲醇装置（英国ICI专利技术）。低压法合成塔的型式还有德国Lurgi公司的管束型副产蒸汽合成塔，20世纪80年代，齐鲁石化公司第二化肥厂引进了德国Lurgi公司的低压甲醇合成装置。低压法具有设备简单投资少、节省原料、动力消耗低、产品质量稳定等明显的优越性，是目前国内外合成甲醇的主要生产方法。

中压法是在低压法研究基础上进一步发展起来的，由于低压法操作压强低，导致设备体积相当庞大，不利于甲醇生产的大型化。因此发展了压强为10MPa左右的甲醇合成中压法。它能更有效地降低建厂费用和甲醇生产成本。例如，ICI公司在保留低压合成催化剂化学组成和活性基本稳定的基础上，通过改变催化剂的晶体结构，成功研制出了新的铜基催化剂。该催化剂可在较高压强下维持较长的寿命，它的应用使ICI公司将原有的5MPa的合成压强提高到10MPa，所用合成塔与低压法的四段冷激式基本相同，其流程和设备也与低压法类似。

当前，我国的煤化工正逐渐步入一个快速发展的新时期，产业化呼声空前高涨，并成为当今能源化工发展的热点。河南是煤炭大省，煤化工发展较快，煤制甲醇项目较多，其生产工艺涉及单元操作的种类较多，为此选定煤制甲醇路线建设仿真实训系统，也为能与相关企业合作进行职工培训奠定基础。

本仿真系统采用低压管束型甲醇合成装置合成甲醇，同时副产蒸汽。通过建立动态数学模型实时模拟甲醇合成工段真实生产过程的冷态开车、正常操作和正常停车、常见事故处理的现象和过程，再现了一个能够亲自动手操作的仿真操作界面和半实物仿真生产流程，使学生能够对工艺流程的主要指标进行控制和调节，结合对真实现场的感性认识和理解，可大大提高培训的效果，同时也解决了化工专业学生进行工厂实习时无法动手操作的难题。

第二节　工艺原理与主要设备

一、合成原理

在铜基催化剂的作用下，采用一氧化碳、二氧化碳加压氢化法合成甲醇，在合成塔内发生的主反应是：

$$CO+2H_2 \rightleftharpoons CH_3OH \quad (6\text{–}1)$$

$$CO_2+3H_2 \rightleftharpoons CH_3OH+H_2O \quad (6\text{–}2)$$

显然，甲醇合成是一个放热、可逆、体积减小的反应。

典型副反应有：

$$CO+3H_2 \rightleftharpoons CH_4+H_2O \qquad (6-3)$$

$$2CO+4H_2 \rightleftharpoons CH_3OCH_3+H_2O \qquad (6-4)$$

$$4CO+8H_2 \rightleftharpoons C_4H_9OH+3H_2O \qquad (6-5)$$

$$2CO+2H_2 \rightleftharpoons CH_4+CO_2 \qquad (6-6)$$

$$nCO+2nH_2 \rightleftharpoons (CH_2)_n+nH_2O \qquad (6-7)$$

$$2CH_3OH \rightleftharpoons CH_3OCH_3+H_2O \qquad (6-8)$$

$$CH_3OH+nCO+2nH_2 \rightleftharpoons C_nH_{2n+1}CH_2OH+nH_2O \qquad (6-9)$$

$$CH_3OH+nCO+2(n-1)H_2 \rightleftharpoons C_nH_{2n+1}COOH+(n-1)H_2O \qquad (6-10)$$

二、工艺流程

甲醇合成工艺流程见图6–1。

甲醇合成的主要设备包括蒸汽透平机（T–401）、循环气压缩机（C–401）、甲醇分离器（F–402）、入塔气预热器（E–401）、精制水换热器（E–402）、最终冷却器（E–403）、甲醇合成塔（R–401）、蒸汽包（F–401）以及开工喷射器（X–401）等。甲醇合成是强放热反应，进入催化剂层的合成原料气需先加热到反应温度（>210℃）才能反应，而低压甲醇合成催化剂（铜基催化剂）又易过热失活（>280℃），因此必须将甲醇合成反应热及时移走。本反应系统将原料气加热和反应过程中移热结合，反应器和换热器结合连续移热，同时达到缩小设备体积和减少催化剂层温差的作用。低压合成甲醇的理想合成压强为4.8～5.5MPa，在本仿真中，假定压强低于3.5MPa或温度低于210℃时反应即停止。

蒸汽驱动透平带动压缩机运转，提供循环气连续运转的动力，并同时往循环系统中补充H_2和混合气（$CO+H_2$），使合成反应能够连续进行。由压缩工序来的循环气经入塔气预热器（E–401）预热至225℃，由顶部进入管壳式等温甲醇合成塔（R–401），在铜基催化剂的作用下，CO、CO_2与H_2反应生成甲醇和水，同时还有少量的其他有机杂质生成。合成塔出塔气经原料气预热器（E–401）、精制水换热器（E–402）和最终冷却器（E–403）冷却至40℃，此时气体中的甲醇绝大部分被冷凝下来，然后进入甲醇分离器（F–402）将粗甲醇分离下来。出F–402的气体一部分作为弛放气排放，以维持合成回路中惰性气体的含量；另一部分气体作为循环气送至压缩工序。排出的弛放气经压强调压阀PRCA4004减压后送往转化工序作为蒸汽转化炉的燃料。

甲醇合成塔的反应温度是通过壳侧副产蒸汽的压强来控制的，根据合成触媒使用时间的不同，其活性温度在230～260℃范围内，副产蒸汽的压强在2.5～5.0MPa范围波动。甲醇合成塔所产的蒸汽通过压强调节阀PRCA4005来控制。蒸汽包（F–401）的锅炉给水由转化工序送来，防止锅炉水结垢的磷酸盐溶液亦由转化工序送来。为保证炉水质量，从蒸汽包连续排放部分水并定期从蒸汽包底部和合成壳侧底部排污，排污水送往转化工序的连续排污扩容器。

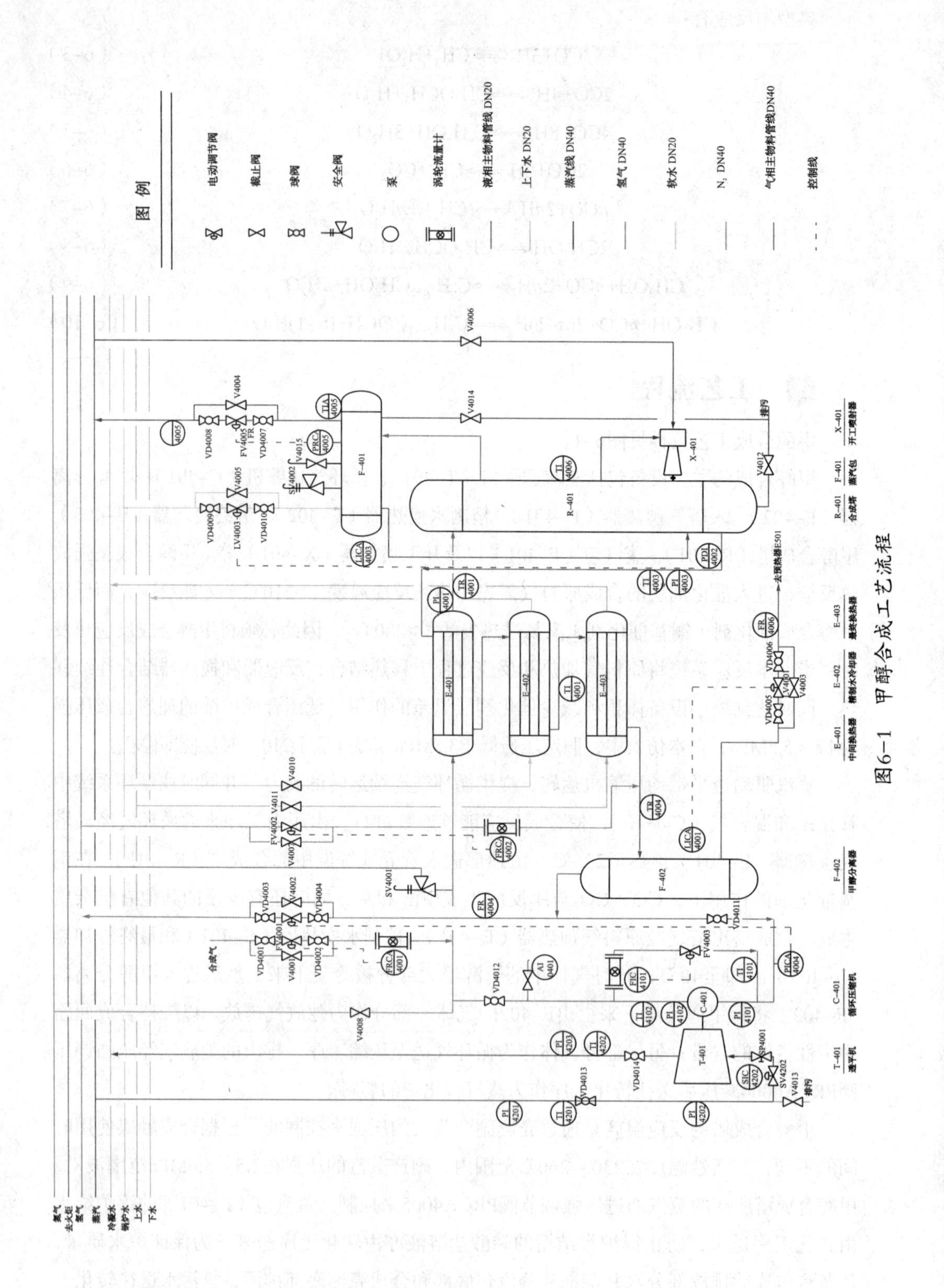

图6-1 甲醇合成工艺流程

蒸汽包与甲醇合成塔之间的炉水通过自然循环的方式来产生蒸汽。为了满足开车期间合成塔的升温要求，另设有开工喷射器（X–401）。开车时，中压蒸汽经喷射器（X–401）带动合成塔管外空间的炉水循环并使合成塔升温。

合成甲醇流程控制的重点是反应器的温度、系统压强以及合成原料气在反应器入口处各组分的含量。

反应器的温度主要是通过蒸汽包来调节的，如果反应器的温度较高并且升温速度较快，这时应将蒸汽包蒸汽出口开大，增加蒸汽采出量，同时降低蒸汽包压强，使反应器温度降低或温升速度变小；如果反应器的温度较低并且升温速度较慢，这时应将蒸汽包蒸汽出口关小，减少蒸汽采出量，慢慢升高蒸汽包压强，使反应器温度升高或温降速度变小；如果反应器温度仍然偏低或温降速度较大，可通过开启开工喷射器（X–401）来调节。

系统压强主要靠混合气入口流量FRCA4001、H_2入口流量FRCA4002、放空量FR4004以及甲醇在分离罐中的冷凝量来控制；在原料气进入反应塔前有一安全阀，当系统压强高于5.7MPa时，安全阀会自动打开，当系统压强降回5.7MPa以下时，安全阀自动关闭，从而保证系统压强不至过高。

合成原料气在反应器入口处各组分的含量是通过混合气入口流量FRCA4001、H_2入口流量FRCA4002以及循环量来控制的，冷态开车时，由于循环气的组成没有达到稳态时的循环气组成，需要慢慢调节才能达到稳态时的循环气的组成。调节组成的方法是：

（1）如果需增加循环气中H_2的含量，应开大FRCA4002，增大循环量并减小FRCA4001，经过一段时间后，循环气中H_2含量会明显增大；

（2）如果需减小循环气中H_2的含量，应关小FRCA4002，减小循环量并增大FRCA4001，经过一段时间后，循环气中H_2含量会明显减小；

（3）如果需增加反应塔入口气中H_2的含量，应关小FRCA4001并增加循环量，经过一段时间后，入口气中H_2含量会明显增大；

（4）如果需降低反应塔入口气中H_2的含量，应开大FRCA4001并减小循环量，经过一段时间后，入口气中H_2含量会明显增大。循环量主要是通过透平来调节的。

由于循环气组分多，所以调节起来难度较大，不可能一蹴而就，需要一个缓慢的调节过程。调平衡的方法是：通过调节循环气量和混合气入口量使反应入口气中H_2/CO（体积比）维持在7～8，同时通过调节FRCA4002，使循环气中H_2的含量尽量保持在79%左右，同时逐渐增加入口气的流量直至正常（FRCA4001的正常量为14877Nm^3/h，FRCA4002的正常量为13804Nm^3/h），达到正常后，新鲜气中H_2与CO之比（FFR4002）为2.05～2.15。

三、主要设备

本工段主要设备清单见表6–1。

表6-1 主要设备

序号	设备位号	设备名称	备 注
1	T-401	透平机	功率655kW，最大蒸汽量10.8t/h，最大压强3.9MPa，正常工作转速13700r/m，最大转速14385r/m。
2	C-401	循环压缩机	压差约0.5MPa，最大压强5.8MPa。
3	F-401	蒸汽包	最大允许压强5.0MPa，正常工作压强4.3MPa，正常温度250℃，最高温度270℃。
4	R-401	合成塔	最大允许压强5.8MPa，正常工作压强5.2MPa，正常温度255℃，最高温度280℃
5	F-402	分离罐	最大允许压强5.8MPa，正常温度40℃，最高温度100℃。
6	E-401	入塔气预热器	原料气与合成塔出口甲醇气换热
7	E-402	精制水换热器	出合成塔甲醇气的冷凝
8	E-403	最终冷却器	出合成塔甲醇气的冷却（凝）

在此简要介绍列管式换热器和合成塔以及疏水阀。

1. 列管式换热器

换热器的种类有很多，化工生产中广泛采用的是间壁式换热器，而间壁式换热器的种类也很多，其中又以列管式（管壳式）换热器应用最为广泛。这里只简单地介绍一下列管式换热器的结构与类型。

1）结构

列管式换热器单位体积设备所能提供的传热面积大，传热效果好，设备结构紧凑、坚固，且能选用多种材料来制造，故其适用性较强。因此在高温、高压和大型装置上多采用列管式换热器。

如图6-2所示，列管式换热器主要由壳体、封头、管束、管板、接管、折流挡板等构成。

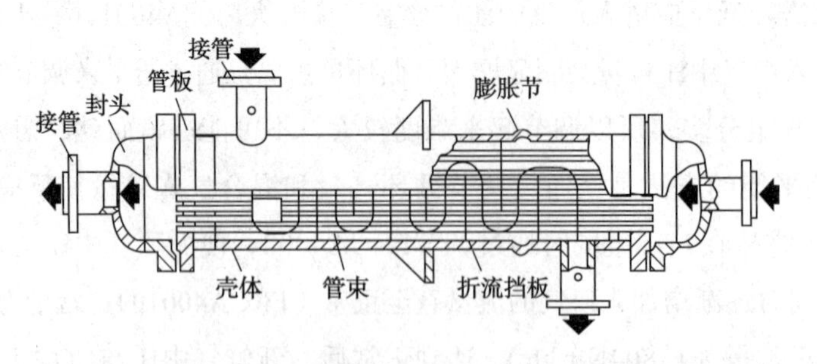

图6-2 列管式换热器（固定管板式）

2）分类

在列管式换热器中，由于两流体的温度不同，使管束和壳体的温度也不相同，因此它们的膨胀程度也有差别。若两流体的温度相差较大（50℃以上）时，就可能由于热应力而引起设备的变形，甚至弯曲或破裂，因此设计时都必须考虑这种热膨胀的影响。根据热补偿的方法不同，列管式换热器又可分为以下三种，即固定管板式、浮头式和U形管式。

（1）固定管板式换热器：

如图6–2所示，两管板和壳体连接成一体的列管式换热器，称为固定管板式换热器。

当两流体的温差较大（>50℃）时，应考虑热补偿，设置的补偿圈又叫膨胀节，即在外壳的适当部位焊上一个补偿圈，当外壳和管束热膨胀不同时，补偿圈发生弹性形变（拉伸或压缩），以适应外壳和管束的不同热膨胀程度。这种补偿方法简单，但不宜用于两流体的温度差太大（应≤70℃）和壳程流体压强过高（应不高于600kPa）的场合。

优点：结构简单，制造成本低。

缺点：壳程清洗困难，要求管外流体洁净，且两流体温差不能太大；适用于壳体和管束温差小（≤70℃）、管外物料较清洁不易结垢的场合。

（2）浮头式换热器：

浮头式换热器结构如图6–3所示，两端管板之一不与外壳固定连接（图中右端），该端称为浮头。当管子受热（或受冷）时，管束连同浮头可以自由伸缩，而与外壳的膨胀无关。浮头式换热器不但可以补偿热膨胀，而且由于固定端的管板是以法兰与壳体相连接的，因此管束可以从壳体中抽出，便于清洗和检修，故浮头式应用较为普遍。

优点：消除了热应力，管内外清洗方便。

缺点：结构复杂，金属耗量较多。

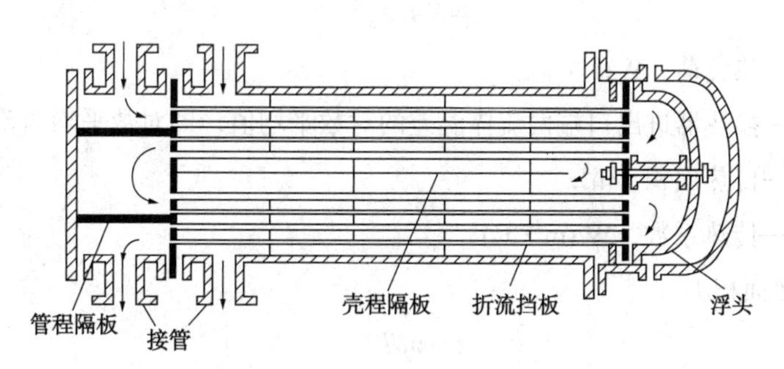

图6–3　浮头式换热器

（3）U形管式换热器：

U形管式换热器结构如图6–4所示，U形管式换热器的每根管子都弯成U形，管子两端分别安装在同一固定管板的两侧，并用隔板将封头隔成两室。由于每根管子都可以自由伸缩，且与其他管子和外壳无关，故可用于壳体与管子温差较大的场合。

优点：结构简单，重量轻，适用于高温和高压的场合。

缺点：管内清洗困难（应尽量使用洁净流体），且因管子需一定的弯曲半径，故管板利用率低。

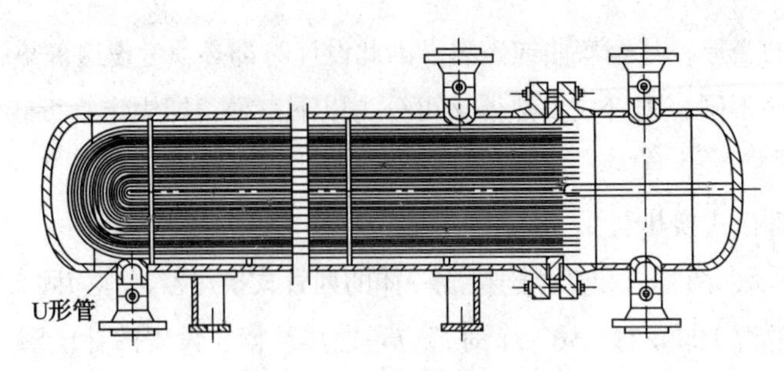

图6-4　U形管式换热器

3）传热计算

（1）换热器热负荷Q：

若为不计换热损失的定态传热过程，换热器热负荷Q计算式如下：

$$Q=q_{m1}r_1+q_{m1}c_{p1}(T_s-T_2)=q_{m2}c_{p2}(t_2-t_1) \tag{6-11}$$

式中　Q——传热过程的热流量，即热负荷，W；

q_{m1}、q_{m2}——热、冷流体的质量流量，kg/s；

c_{p1}、c_{p2}——热、冷流体的平均比定压热容，J/（kg·℃）；

$T_1(T_s=T_1)$、T_2——热流体的进、出口温度，℃；

t_1、t_2——冷流体的进、出口温度，℃；

r_1——饱和蒸汽的比汽化焓，J/kg。

（2）传热过程基本方程

$$Q=KA\Delta t_m \tag{6-12}$$

式中　Q——热负荷，W；

Δt_m——换热器进出口端两流体温差的对数平均值，即对数平均温差，℃；

A——传热面积，m^2；

K——传热系数，$W/(m^2 \cdot ℃)$。

（3）传热面积A

$$A=n\pi dL \tag{6-13}$$

式中　A——传热面积，m^2；

n——管数；

d——管径，m；

L——管长，m。

（4）对数平均推动力Δt_m

$$\Delta t_m=\frac{\Delta t_1-\Delta t_2}{\ln\frac{\Delta t_1}{\Delta t_2}} \tag{6-14}$$

式中　Δt_m——对数平均温差，℃；

Δt_1——热流体进口端两流体的温度差，即$\Delta t_1=T_1-t_2$，℃；

Δt_2——热流体出口端两流体的温度差，即$\Delta t_2=T_2-t_1$，℃。

（5）传热系数K

$$\frac{1}{K}=\frac{1}{\alpha_o}+R_o+\frac{\delta}{\lambda}\cdot\frac{d_o}{d_m}+R_i\cdot\frac{d_o}{d_i}+\frac{1}{\alpha_i}\cdot\frac{d_o}{d_i} \tag{6-15}$$

式中　K——传热系数，$W/(m^2\cdot℃)$。

α_o——管外蒸气冷凝的对流传热系数，$W/(m^2\cdot K)$；

α_i——管内冷却水的对流传热系数，$W/(m^2\cdot K)$；

R_o——管外污垢热阻，$m^2\cdot K/W$；

R_i——管内污垢热阻，$m^2\cdot K/W$；

d_o、d_i、d_m——分别为管外径、内径和平均直径，m。

（6）管内对流传热系数α_i

$$\alpha_i=0.023\frac{\lambda}{d}\left(\frac{du\rho}{\mu}\right)^{0.8}\left(\frac{c_p\mu}{\lambda}\right)^b \tag{6-16}$$

式中　α_i——管内对流传热系数，$W/(m^2\cdot℃)$；

u——管内冷却水流速，m/s；

d——管内径，m；

ρ——流体密度，kg/m^3；

μ——流体黏度，Pa·s；

c_p——比热容，kJ/(kg·℃)；

λ——流体的导热系数，W/(m·℃)；

b——Pr准数的指数，当流体被加热时取0.4，当流体被冷却时取0.3。

适用范围：$Re>10000$；$0.7<Pr<160$；管长与管径之比$\frac{l}{d}>30\sim40$；低黏度流体（$\mu<2mPa\cdot s$，即常温下水的2倍）；光滑管。

定性温度：取流体进、出（主体）温度的算术平均值。

（7）壳体内装有割去25%的圆缺形折流挡板时对流给热系数

当Re=10～2000时，$$\alpha_o=0.5\frac{\lambda}{d_e}\left(\frac{d_e u_o\rho}{\mu}\right)^{0.507}\left(\frac{c_p\mu}{\lambda}\right)^{1/3}\left(\frac{\mu}{\mu_w}\right)^{0.14} \tag{6-17}$$

当Re＞2000时，$$\alpha_o=0.36\frac{\lambda}{d_e}\left(\frac{d_e u_o\rho}{\mu}\right)^{0.55}\left(\frac{c_p\mu}{\lambda}\right)^{1/3}\left(\frac{\mu}{\mu_w}\right)^{0.14} \tag{6-18}$$

式中　u_o——流体流速，按流体流过的最大面积计算；

ρ——流体密度，kg/m^3；

μ——流体黏度，Pa·s；

c_p——比热容，kJ/(kg·℃)；

λ——流体的导热系数，W/(m·℃)；

定性温度：除μ_w取壁温下流体的黏度外，其余物性均取流体进、出口温度的算术平均值。

当量直径：$d_e=\frac{4\times流通截面积}{润湿周边长}$。

2. 合成塔

合成甲醇的反应器又称为甲醇合成塔，它是甲醇合成的关键设备。目前河南能化集团义马气化厂采用的就是Lurgi 管壳型甲醇合成塔，该型合成塔也是目前国内规模较大的中低压生产甲醇的常用合成塔之一。下面简要介绍Lurgi型甲醇合成塔。

Lurgi型甲醇合成塔是德国Lurgi公司研制的一种管束型副产蒸汽合成塔，其示意结构如图6-5所示。Lurgi合成塔既是反应器又是废热锅炉，其结构类似于一般的列管式换热器：CuO/ZnO基催化剂装填在列管式固定床中，管外为沸腾水，原料气经预热后进入合成塔的列管内进行甲醇合成反应，放出的反应热传给壳程中的循环水以产生中压蒸汽并同时带走甲醇合成的反应热。蒸汽包中的锅炉给水和合成塔管束外沸腾水形成自然循环，通过控制蒸汽包中水蒸气的压强来保持反应温度的恒定。

该合成塔的主要优点是：合成塔内温度几乎是恒定的，可有效抑制副反应，并且由于温度波动很小，催化剂寿命延长；通过调节蒸汽包中水蒸气的压强可方便灵活地控制反应温度，以适应原料气温度、流量等生产波动；热能利用率高，利用反应热产生的中压蒸汽，经过热后可带动透平压缩机，压缩机用过的低压蒸汽又送至甲醇精馏部分使用；出口甲醇含量高；设备紧凑，开工方便。

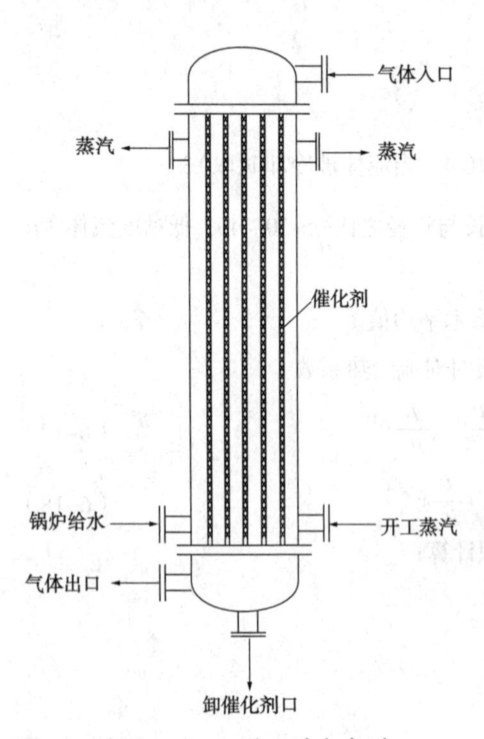

图6-5　Lurgi型甲醇合成塔

Lurgi合成塔主要缺点：由于列管长度有限，一般增大生产能力只有增加管数，从而使合成塔的直径成比例增大，这给设计和制造带来困难；催化剂装卸不太方便，装填均匀不容易；设备选材时应充分考虑到热应力，由于压强、温度较高且不便设置膨胀节，必须注意合理选材，使管、壳程用材的膨胀系数尽量接近以缩小热应力。

3. 疏水阀

疏水阀主要用于蒸汽冷凝水的自动排放。当蒸汽系统中产生冷凝水并进入疏水阀时，内置倒吊桶因自身重量处于疏水阀的下部，这时位于疏水阀顶部的阀座开孔是打开的，冷凝水进入阀体并通过顶部的孔排出阀体。当蒸汽进入疏水阀，倒吊桶向上浮起，关闭出口阀，防止蒸汽外泄。

第三节　甲醇合成3D认知实训

一、甲醇合成3D认知实训任务及考核

这部分的实训任务主要包含14项知识点：（1）甲醇合成与精制基本概念认知实训，包含甲醇工艺概貌、甲醇工艺简述等相关知识；（2）甲醇合成与精制安全认知实训，包含安全教育、化工生产标准穿戴等相关知识；（3）甲醇合成与精制设备认知实训，包含化工设备基础认识、反应器、精馏塔、U形换热器、离心泵、往复泵、调节阀等设备的相关知识；（4）甲醇合成与精制工艺认知实训，包含甲醇生产工艺参数、甲醇生产操作控制等相关知识。

该部分具体学习和操作细节与第三章第三节对应内容相同，请参照相关步骤展开学习和考核。

需注意，有所不同的是甲醇合成工段和甲醇精制工段合并在同一个软件内。如图6–6所示，选择“甲醇合成与精制生产操作认知实训（3D）”，依次点击相应按钮，进入软件系统。软件启动过程中会出现如图6–7所示的界面，点击任务栏中圆圈所示的图标，出现图6–8所示的视频讲解自动播放界面。

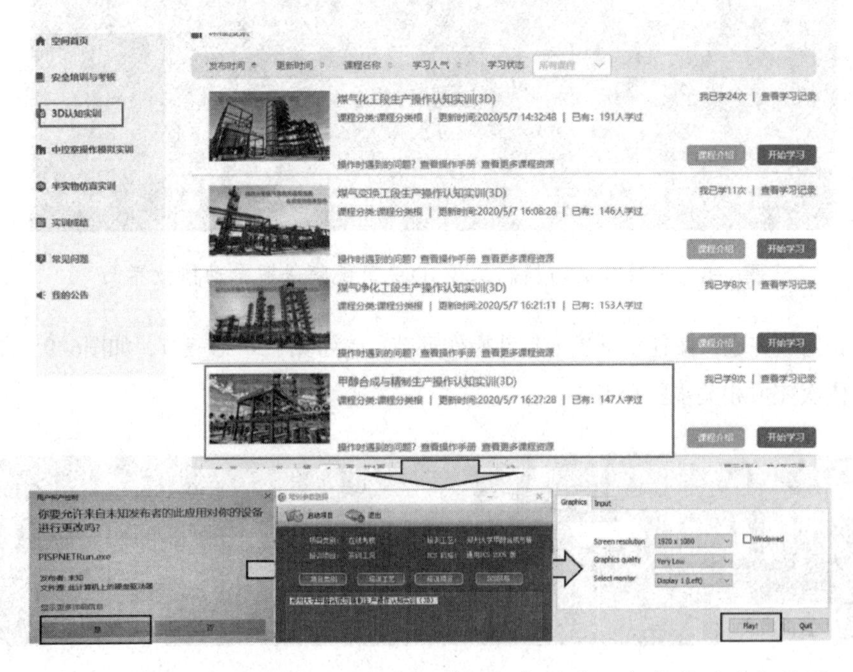

图6–6　甲醇合成与精制工段生产操作认知实训（3D）软件开启指引图

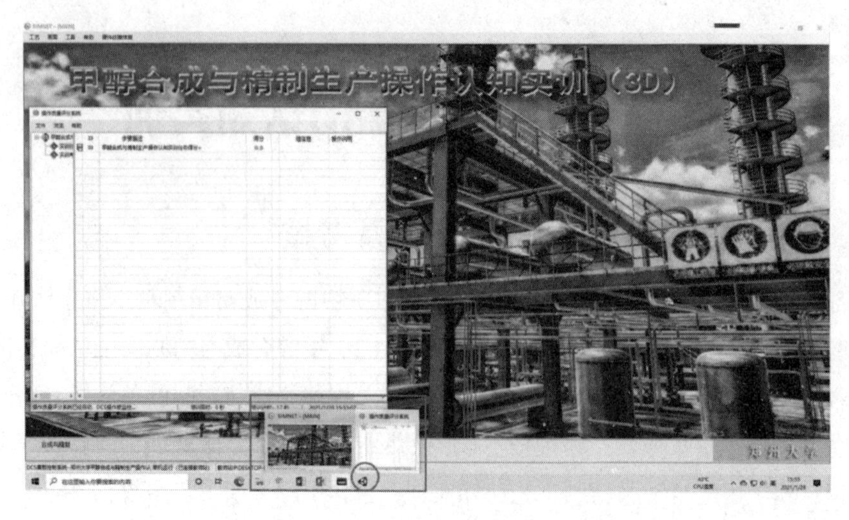

图6-7　甲醇合成与精制工段生产操作认知实训（3D）软件启动界面

图6-8　甲醇合成与精制工段3D视角视频讲解自动播放界面

视频播放完成，按任意键进入软件操作环节，参考第三章第三节，如图6-9～图6-12所示，依次完成相关步骤和考核。

图6-9　甲醇合成与精制工段的3D实训任务与考核模式开启示意图

图6-10　甲醇合成与精制工段实训任务引导界面

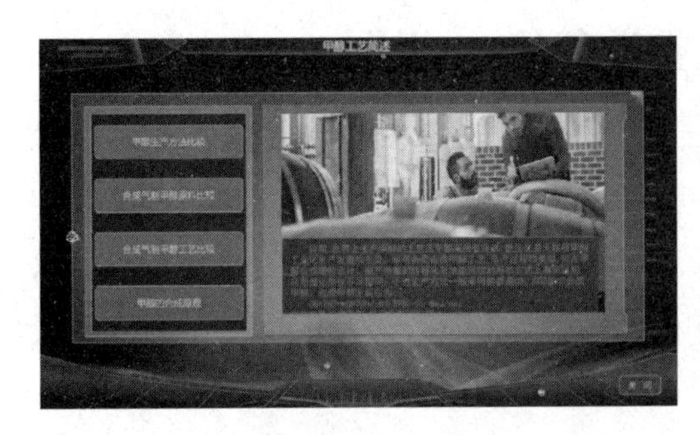

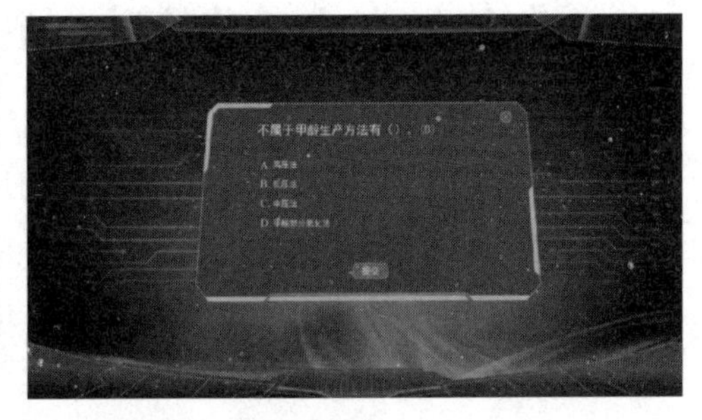

图6-11　甲醇合成与精制工段知识点概述与考核界面

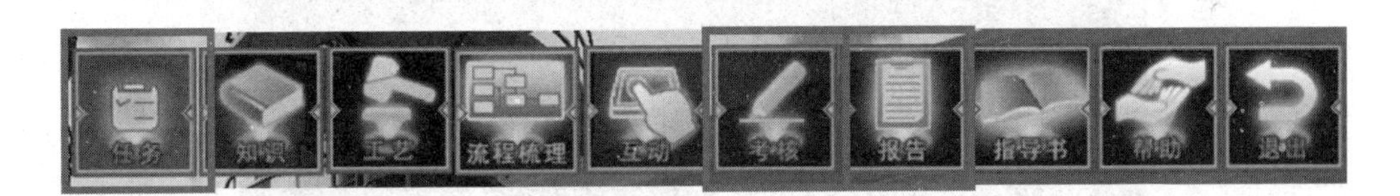

图6-12　甲醇合成与精制工段操作认知实训（3D）窗口界面的功能按钮图标

二、甲醇合成相关知识学习

该部分具体学习和操作细节与第三章第三节对应内容相同，请参照相关步骤展开学习和考核。如图6-13所示，点击屏幕上方的“知识”按钮，进入知识学习界面，包含甲醇合成的基本概念、安全环保、设备及工艺相关知识。

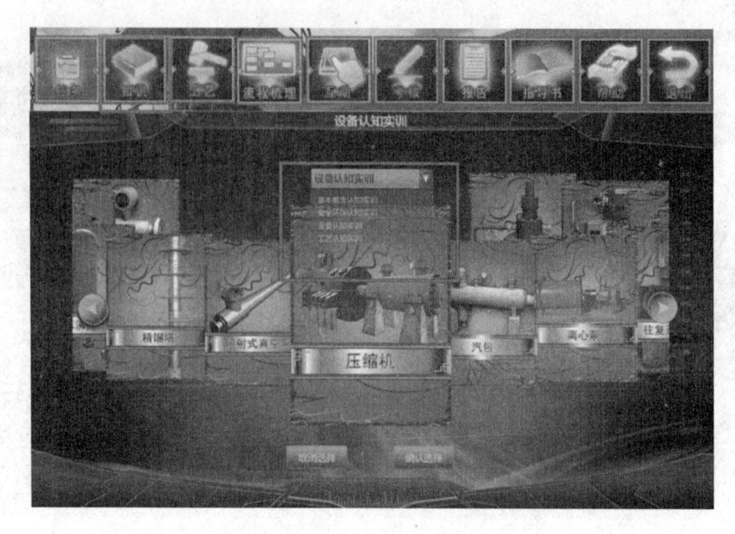

图6-13　甲醇合成与精制工段知识点学习界面

二、甲醇合成工艺简况与主要设备的3D视图

在软件界面的功能按钮中点击“工艺”，选择“合成工段”，点击“确认选择”，进入甲醇合成工艺简图视图界面，如图6-14所示。甲醇合成的主要设备包括蒸汽透平（T-401）、循环气压缩机（C-401）、甲醇分离器（F-402）、入塔气预热器（E-401）、精制水换热器（E-402）、最终冷却器（E-403）、甲醇合成塔（R-401）、蒸汽包（F-401）以及开工喷射器（X-401）等。

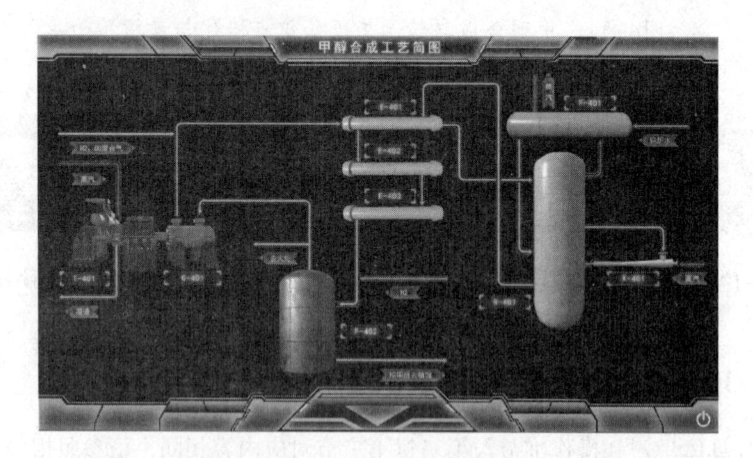

图6-14　甲醇合成工艺简图及3D设备位置连接图

以下是甲醇合成工段涉及的相关设备名编号、结构和工作原理，设备在整个工艺流程中的作用，以及设备在3D工厂中所处的位置。

（1）压缩机（C-401）：提供循环气连续运转的动力，并同时往循环系统中补充H_2和混合气。压缩机位于压缩机房的二层。点击设备，查看相关知识（见图6-15）。

图6-15　压缩机在3D虚拟工厂中的位置及压缩机房位置

（2）进出口换热器（E-401）：中间换热器，给进料提供热量，同时给反应产物降温。在甲醇合成工段的装置系统中，根据工艺需要，进出口换热器（E-401）、精制水预热器（E-402）、最终冷却器（E-403）是在靠近合成塔的位置从上至下连续分布在三个楼层的同一个位置，减少管路管程，一方面降低管线成本，另一方面减少热损失（见图6-16）。

图6-16　进出口换热器在3D虚拟工厂中的位置

（3）精制水预热器（E-402）：对合成反应出料的合成气进一步冷却（见图6-17）。

（4）最终冷却器（E-403）：对未冷却的合成气进一步冷却，使大部分甲醇被冷凝（见图6-18）。

图6-17　精制水预热器在3D虚拟工厂中的位置

图6-18　最终冷却器在3D虚拟工厂中的位置

（5）甲醇合成塔（R–401）：塔内布满装有催化剂的钢管，原料气在钢管内的催化剂表面反应，合成甲醇（见图6–19）。合成甲醇的反应器又称为甲醇合成塔，它是甲醇合成的关键设备。

图6–19　甲醇合成塔在3D虚拟工厂中的位置

（6）开工喷射器（X–401）：喷射真空泵，在合成系统升温时，给合成塔提供热源，在触媒使用后期，可能会被用来维持热量平衡（见图6–20）。

（7）汽包（F–401）：给合成塔储存冷却水源，同时对生产蒸汽进行气液分离（见图6–21）。

图6–20　开工喷射器在3D虚拟工厂中的位置

图6–21　汽包在3D虚拟工厂中的位置

（8）调节阀：又称控制阀，位号通常FV开头。点击设备，查看相关知识（见图6–22）。

图6–22　调节阀在3D虚拟工厂中的位置及设备结构

（9）分离罐（F–402）：在较高的压力下分离合成气中未完全反应的气体，粗甲醇送往精馏系统，气相大部分送往压缩机（见图6–23）。

图6–23　分离罐在3D虚拟工厂中的位置

四、甲醇合成工段的流程梳理

与前三个工段不同，在甲醇合成工段增加了流程梳理和管线查找。点击软件界面中的“流程梳理”按钮（如图6–24所示），勾选相应的选项，在3D工厂中，对应的管路会凸显亮度（红色），在屏幕下方居中位置出现对应的简介，认知工艺管线及装置设备的布置、物料走向和过程，梳理工艺生产过程。合成工段包含以下流程梳理。

（1）合成气（换热）：H_2与CO混合气，自外界至中间换热器E–401与合成塔出口气进行换热。

（2）合成气（反应）：H_2与CO混合气，自E–401至合成塔R–401，换热后进入合成塔进行合成反应，在催化剂作用下生成甲醇。

（3）合成塔出口气（一级换热）：合成塔出口气自合成塔R–401至中间换热器E–401进行换热。

（4）合成塔出口气（二级换热）：出口气自中间换热器E–401至精制水预热器E–402进行换热。

（5）合成塔出口气（三级换热）：出口气自精制水预热器E–402至最终冷却器E–403进行换热。

（6）合成塔出口气（补氢）：合成塔出口气和补加的氢气自最终冷却器E–403至甲醇分离器F–402，混合后进入甲醇分离器。

（7）循环气（循环）：循环气自甲醇分离器F–402至压缩机C–401，甲醇分离器分离出的气相大部分作为循环气送至压缩机。

（8）粗甲醇（预热）：粗甲醇自甲醇分离器F–402至精馏工段预热器E–501，甲醇分离器分离出的粗甲醇进入精馏工段预热器预热。

图6-24　甲醇合成工艺管线及装置设备的布置走向

五、互动任务

与前三个工段不同，在甲醇和精制工段还增加了“互动”功能。点击软件界面上方的“互动”按钮，进入如图6-25的界面，包含航拍模式、知识PK、危险源辨识、流程搭建-分离、流程搭建-合成五个模块。航拍模式和前三个工段功能相同，用于对整个厂区进行浏览，熟悉工厂整体布局。

点击“知识PK”，选择角色后，进入如图6-26所示的界面，开始有关煤制甲醇的知识竞答。

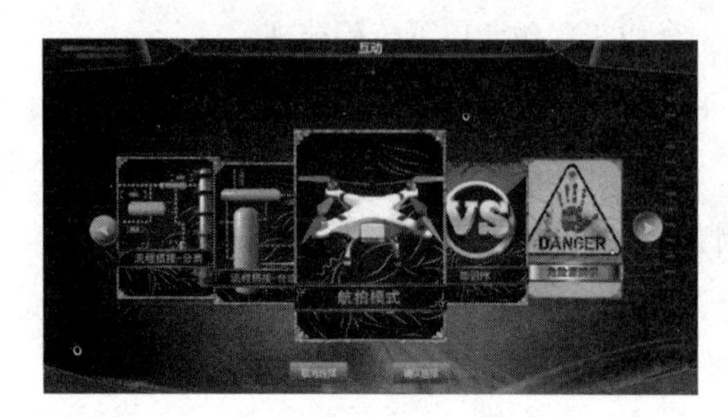

图6-25　甲醇合成与精制工段的互动任务界面

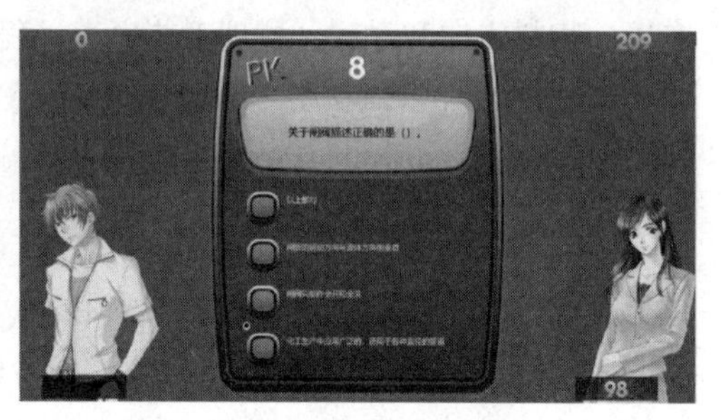

图6-26　知识PK竞答界面

危险源辨识是在3D工厂中设置一些特定的管路、设备及厂区布局等，让学生判断其设计的合理性，如中控室的门的朝向、高压蒸汽管道的布置、硫酸管道的布置等（见图6-27）。

图6-27　通过危险源辨识查找到的危险源提示界面

第四节　岗位操作

一、冷态开车

1. 开工应具备的条件

（1）与开工有关的修建项目全部完成并验收合格。

（2）设备、仪表及流程符合要求。

（3）水、电、汽、风及化验能满足装置要求。

（4）安全设施完善，排污管道具备投用条件，操作环境及设备要清洁整齐卫生。

2. 开工前的准备

（1）仪表空气、中压蒸汽、锅炉给水、冷却水及脱盐水均已引入界区内备用。

（2）盛装开工废甲醇的废液桶已准备到位。

（3）仪表校正完毕。

（4）触媒还原彻底。

（5）粗甲醇储槽皆处于备用状态，全系统在触媒升温还原过程中出现的问题都已解决。

（6）净化运行正常，新鲜气质量符合要求，总负荷≥30%。

（7）压缩机运行正常，新鲜气随时可导入系统。

（8）本工段所有仪表再次校验，调试运行正常。

（9）精馏工段已具备接收粗甲醇的条件。

（10）总控，现场照明良好，操作工具、安全工具、交接班记录、生产报表、操作规程、工艺指标齐备，防毒面具、消防器材按规定配好。

（11）微机运行良好，各参数已调试完毕。

3. 冷态开车步骤

1）系统置换

① 现场关F-402液位调节阀LICA4001的前阀VD4005和后阀VD4006及旁路阀V4003。

② 现场缓慢开启低压N_2入口阀V4008，向系统充N_2。

③ 依次开启PRCA4004前阀VD4003、后阀VD4004、控制阀PRCA4004，如果压强升高过快或降压过程降压速度过慢，可开旁路阀V4002。

④ 将系统中含氧量稀释至0.25%以下，在吹扫时，系统压强PI4001维持在0.5MPa附近，但不得高于0.55MPa。

⑤ 当系统压强PI4001接近0.5MPa时，关闭V4008 和PRCA4004，进行保压。保压一段时间，如果系统压强PI4001不降低，说明系统气密性较好，可以继续进行生产操作；如果系统压强PI4001明显下降，则要检查各设备及其管道，确保无问题后再进行生产操作。（仿真操作中为了节省操作时间，保压30s以上即可。）

2）建立氮气循环

① 开启V4010，投用换热器E-402。

② 开启V4011，投用换热器E-403，使TR4004（E-403物料出口）不超过60℃。

③ 开启压缩机油系统和密封系统，本仿真省略其操作（以开启“油系统操作”按钮代替）。

④ 开启FIC4101，防止压缩机喘振，在压缩机出口压强PI4102大于系统压强PI4001且压缩机运转正常后关闭。

⑤ 开启压缩机C-401入口前阀VD4011。

⑥ 按Reset4001按钮（在总图上），使SP4001复位。

⑦ 开透平机T-401前阀VD4013、后阀VD4014、控制阀SIC4202，为循环压缩机C-401提供运转动力。调节控制阀SIC4202使转速不致过大。

⑧ 待压缩机出口压强PI4102大于系统压强PI4001后，开启压缩机C-401后阀VD4012，打通循环回路。

3）建立蒸汽包液位

① 开启蒸汽包F-401的放空阀V4015。

② 依次开启蒸汽包F-401锅炉水入口前阀VD4009、后阀VD4010、控制阀LICA4003，将锅炉水引进蒸汽包。

③ 当蒸汽包液位超过20%时，关闭蒸汽包放空阀V4015。

④ 当蒸汽包液位LICA4003接近50%时，投自动，如果液位难以控制，可手动调节（注意蒸汽包液位不得超过75%，也不得低于20%，若超过90%，现场报警装置会响起）。

⑤ 蒸汽包设有安全阀SV4002，当蒸汽包压强PRCA4005超过5.0MPa时，安全阀会自动打开，从而保证蒸汽包的压强不会过高，进而保证反应器的温度不至于过高。

4）H_2置换充压

① 通H_2前，先检查含O_2量，若体积含量高于0.25%，应先用N_2稀释至0.25%以下再通H_2。

② 现场开启H_2旁路阀V4007，进行H_2置换，使N_2的体积含量在1%左右。

③ 开启控制阀PRCA4004，充压至PI4001为2.0MPa，但不要高于2.5MPa。

④ 注意调节进气和出气的速度，使N_2的体积含量降至1%以下，而系统压强至PI4001升至2.0MPa左右。此时关闭H_2旁路阀V4007和压强控制阀PRCA4004。

5）投原料气

① 依次开启混合气入口前阀VD4001和后阀VD4002，并缓开控制阀FRCA4001；同时，注意调节蒸汽入口阀SIC4202，保证循环压缩机的正常运行。

② 开启H_2入口阀FRCA4002。

③ 按照体积比约为1:1的比例，将系统压强缓慢升至5.0MPa左右（但不要高于5.5MPa），将PRCA4004投自动，设为4.90MPa。此时关闭H_2入口阀FRCA4002和混合气控制阀FRCA4001，进行反应器升温。

6）反应器升温

开启开工喷射器X-401的蒸汽入口阀V4006，注意调节V4006的开度，控制升温速率≤25℃/h（模拟操作软件设置了30～90℃、90～150℃和150～210℃三段温度考察指标，每段升温时间均大于5min时视为满足此条件，否则将被扣分），使反应器温度TR4006缓慢升至210℃。反应温度应控制在255℃左右，最高不得超过280℃。同时，注意使TR4004不超过60℃。

7）调至正常

① 调至正常过程较长，并且不易控制，需要慢慢调节。

② 反应开始后，关闭开工喷射器X-401的蒸汽入口阀V4006。

③ 缓慢开启FRCA4001和FRCA4002，向系统补加原料气。注意调节SIC4202（T-401蒸汽入口）和FRCA4001，使入口原料气中H_2与CO的体积比为7～8:1。随着反应的进行，逐步投料至正常（FRCA4001约为14877Nm^3/h），FRCA4001为FRCA4002的1～1.1倍。将PRCA4004投自动，设为4.90MPa。

④ 有甲醇产出后，依次开启粗甲醇采出现场前阀VD4005、后阀VD4006；当F-402液位超过30%时，开启控制阀LICA4001，液位控制在20%～65%，开车调节阶段尽量维持在较低液位，若液位变化较快，可手动控制，如果液位超过70%，现场报警装置会响起；当LICA4001液位接近50%且变化较慢时，将LICA4001投自动，设为50%。

⑤ 开启蒸汽包蒸汽出口前阀VD4007、后阀VD4008。

⑥ 当蒸汽包压强达到2.5MPa后，开控制阀PRCA4005并入中压蒸汽管网；当蒸汽出口控制器PRCA4005接近4.3MPa时，投自动，将PRCA4005设定为4.3MPa，如果压强变化较快，可手动调节，其压强不得超过4.9MPa，温度TIA4005控制在250℃左右，最高不得超过270℃。

⑦ 调至正常后，在总图上分别将I4001和I4002打向Auto。

⑧ 系统压强PI4001控制在5.2MPa左右，若超过5.8MPa，系统安全阀SV4001会自动打开，但软件设定当PI4001超过5.7MPa时操作将被扣分，若压强变化较快，可通过减小原料气进气量并开大放空阀PRCA4004来调节。

⑨ 投料至正常后，将新鲜气中H_2和CO比FFR4002控制在2.05～2.15，循环气中H_2的含量能保持在79.3%左右，CO含量达到6.29%左右，CO_2含量达到3.5%左右，说明体系已基本达到稳态。该步为质量操作步骤，需从物料平衡和化学反应进行全流程分析，耐心调节。操作中各参数离规定值越近，得分越高。

⑩ 体系达到稳态后，投用联锁。

循环气的正常组成见表6-2。

表6-2 循环气正常组成

组成	CO_2	CO	H_2	CH_4	N_2	Ar	CH_3OH	H_2O	O_2	高沸点物
体积含量/%	3.5	6.29	79.31	4.79	3.19	2.3	0.61	0.01	0	0

特别提醒：当投自动或串级后，若控制参数难以维持稳定，应及时投手动进行调节，待稳定（参数随时间变化较小）后再投自动或串级，此过程可视情况反复进行。

二、正常工况

正常工况下的工艺参数如下：

① 原料H_2、CO混合流量气FRCA4001投自动，设定值为14877 Nm^3/h。

② 进料H_2流量FRCA4002投自动，设定值为13804 Nm^3/h。

③ 将循环气压强PRCA4004投自动，设定值为4.90MPa。

④ 蒸汽包F-401压强PRCA4005投自动，设定值为4.3MPa。

⑤ 分离罐F-402液位LICA4001投自动，设定值为50%。

⑥ 蒸汽包F-401液位LICA4003投自动，设定值为50%。

三、正常停车

1. 停原料气

① 将FRCA4001改为手动，关闭，现场关闭FRCA4001前阀VD4001、后阀VD4002。

② 将FRCA4002改为手动，关闭。

③ 将PRCA4004改为手动，以一定的速度降压，关闭。

④ 将PRCA4005改为手动，尽量维持4.3MPa。

2. 开蒸汽

① 开蒸汽阀V4006，投用X-401，使TR4006维持在210℃以上，使残余气体继续反应。

② 开大PRCA4004，使系统压强逐渐降至0.5MPa以下，同时降低压缩机转速。

③ 将LICA4003改为手动。

3. 降温降压

① 残余气体反应一段时间后，关蒸汽阀V4006。

② 全开E-402冷却水阀V4010；全开E-403冷却水阀V4011。

③ 全开PRCA4004，并逐渐减小压缩机转速。

④ 将PRCA4005改为手动调节，全开，逐渐降压至2.5MPa，关闭。

⑤ 现场关闭PRCA4005前阀VD4007、后阀VD4008。

⑥ 打开V4015降压至常压。

⑦ 依次关闭LICA4003及其前后阀VD4010、VD4009，停锅炉水；蒸汽包压强降压至常压，关闭V4015。

4. 停C/T-401

① 逐渐关闭SIC4202。

② 关闭现场阀VD4013。

③ 关闭现场阀VD4014。

④ 关闭现场阀VD4011。

⑤ 关闭现场阀VD4012。

⑥ 关“油系统操作”（使按钮处于弹起状态），停用压缩机油系统和密封系统；将I4001打向Bypass；将I4002打向Bypass。

5. N_2置换

① 开启现场阀V4008，进行N_2置换，使$H_2+CO_2+CO<1\%$（体积含量）。

② 保持PI4001在0.5MPa时，关闭V4008。

③ 关闭PRCA4004。

④ 关闭PRCA4004的前阀VD4003、后阀VD4004。

⑤ 将N_2的体积含量升至99.9%；维持系统压强PI4001在0.5MPa，N_2保压。

6. 停冷却水

① 关闭现场阀V4010，停冷却水。

② 关闭现场阀V4011，停冷却水。

第五节　仿真界面

一、操作画面说明

（1）DCS画面的颜色、显示及操作方法均与真实DCS系统保持一致。

（2）一般调节阀的流通能力按正常开度为50%设计。

（3）现场操作画面是在DCS画面的基础上改进而完成的，大多数现场操作画面都有与之对应的DCS流程图画面。

（4）现场画面上光标变为手形处为可操作点。

（5）现场画面上的模拟量（如手操阀）、开关量（如开关阀和泵）的操作方法与DCS画面上的操作方法相同。

（6）一般现场画面上红色的阀门和泵表示这些设备处于“关闭”状态，绿色表示设备处于“开启”状态。

（7）单工段运行时，对换热器另一侧物流的控制通过在现场画面上操作该换热器来实现；全流程运行时，换热器另一侧的物流由在其他工段进行的操作来控制。冷却水及蒸汽量的控制在各种情况下均在现场画面上完成。

此外，在不影响操作的前提下，对一些不很重要的现场操作进行简化，主要简化内容有：不重要的间歇操作，部分现场手阀，现场盲板拆装，现场分析及现场临时管线拆装等。对DCS的模拟，以化工厂提供的DCS画面和操作规程为依据，并对重要回路和关键设备在现场图上进行补充。

二、仿真界面图

1. 甲醇合成工段总图

甲醇合成工段总图见图6-28。

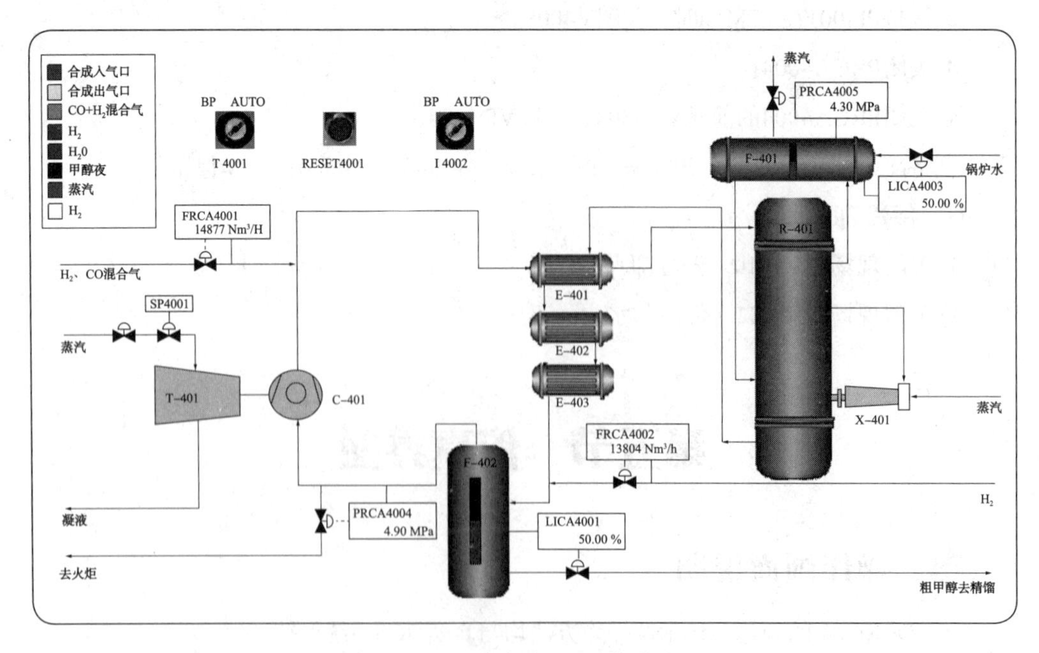

图6-28 甲醇合成工段总界面图

2. 压缩系统DCS图

压缩系统DCS图见图6-29。

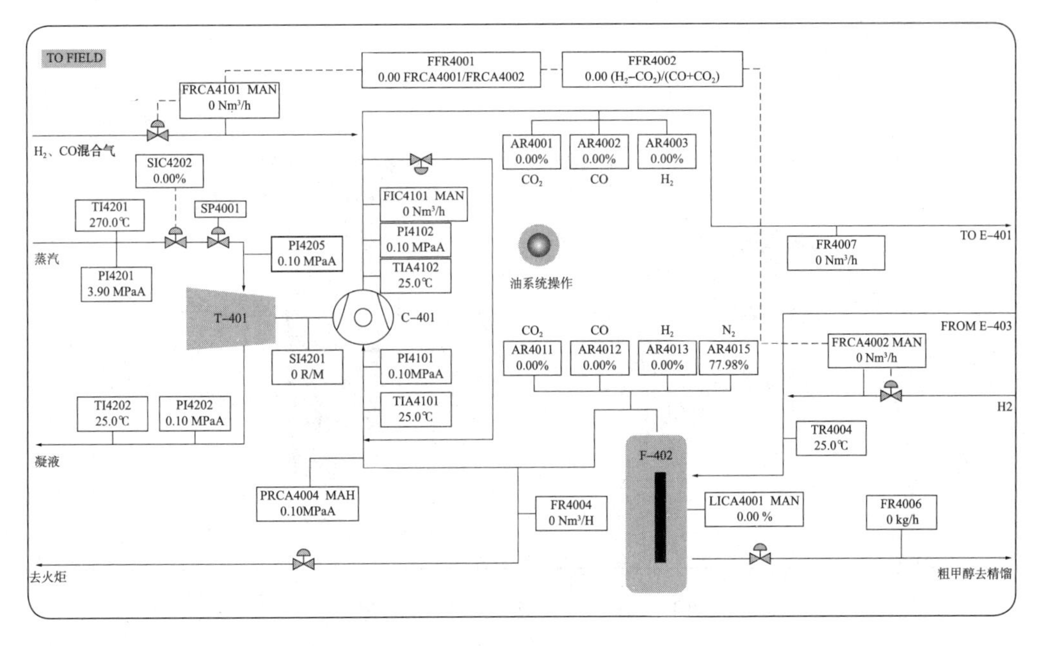

图6-29　压缩系统DCS界面图

3. 压缩系统现场图

压缩系统现场图见图6-30。

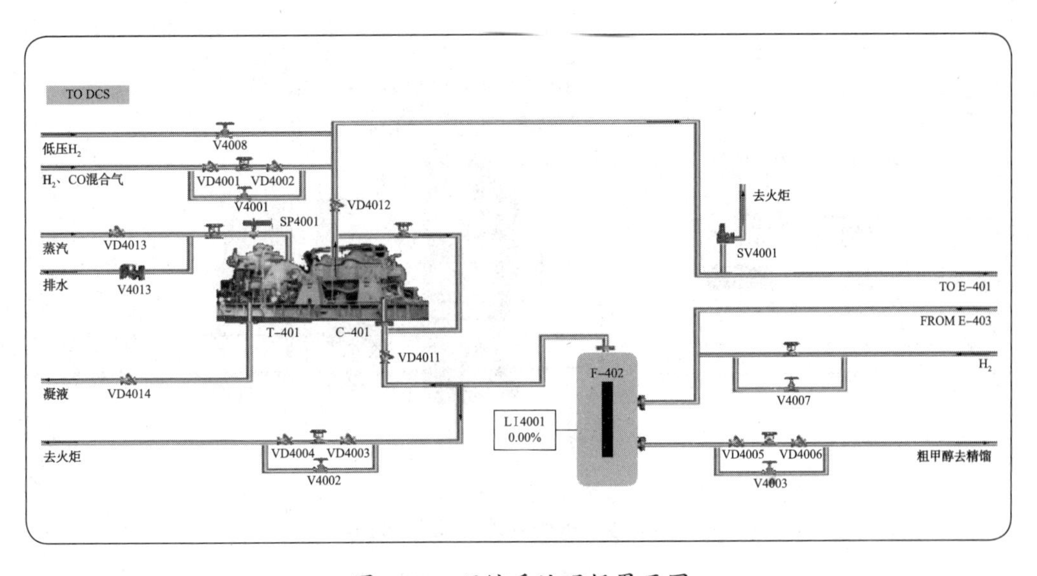

图6-30　压缩系统现场界面图

4. 合成系统DCS图

合成系统DCS图见图6-31。

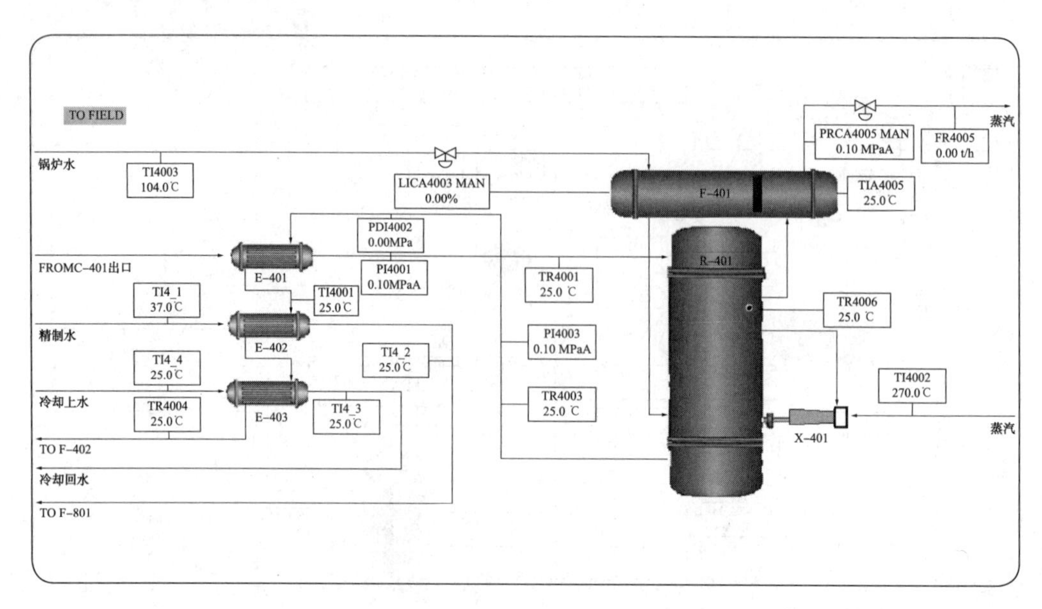

图6-31　合成系统DCS界面图

5. 合成系统现场图

合成系统现场图见图6-32。

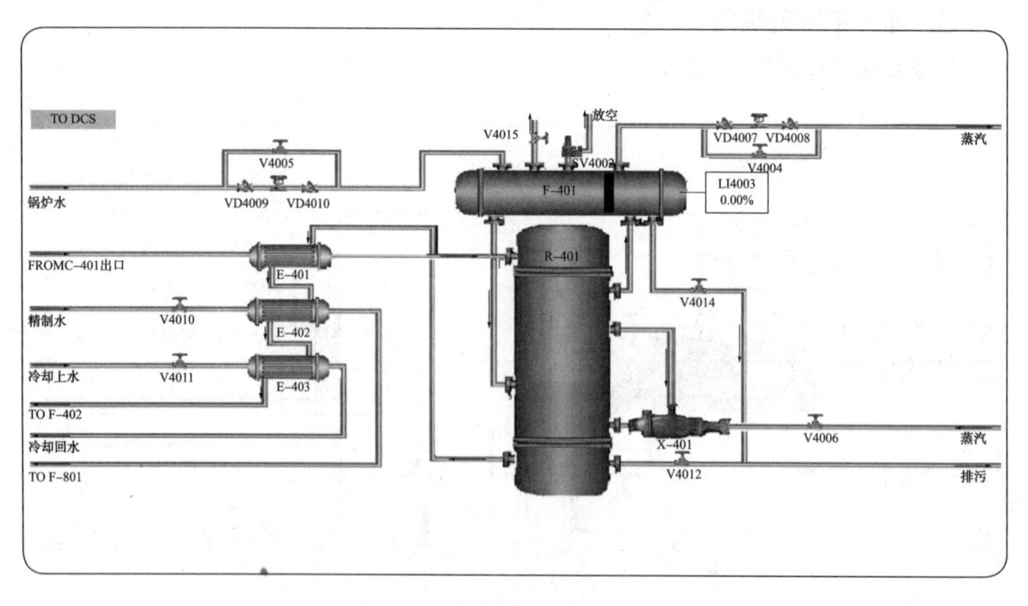

图6-32　合成系统现场界面图

6. 主要物料成分含量

主要物料成分含量见表6-3，其含量是动态的。

表6-3　主要物料成分含量

物料成分	H_2组成/%（体积含量）	混合气组成/%（体积含量）	循环气组成/%（体积含量）	合成塔入口气组成/%（体积含量）	粗甲醇组成/%（质量含量）
CO_2	6.69	0.00	3.50	3.17	0.60
CO	4.69	50.1	6.29	10.48	0.08
H_2	88.13	49.31	79.31	76.44	0.00
CH_4	0.23	0.30	4.79	4.36	0.08
N_2	0.15	0.16	3.19	2.90	0.04
Ar	0.11	0.13	2.30	2.09	0.57
CH_3OH	0.00	0.00	0.61	0.55	93.70
H_2O	0.00	0.00	0.01	0.01	4.90
O_2	0.00	0.00	0.00	0.00	0.00
高沸点物	0.00	0.00	0.00	0.00	0.05

第六节　主要阀门与仪表

一、主要阀门

甲醇合成工段主要控制阀门、现场开关阀及现场调节阀分别示于表6-4～表6-6中。

表6-4　控制阀门

序号	位号	说明	序号	位号	说明
1	FIC4101	压缩机C-401防喘振流量控制	5	PRCA4005	蒸汽包F-401压强控制
2	FRCA4001	H_2、CO混合气进料控制	6	LICA4001	分离罐F-402液位控制
3	FRCA4002	H_2进料控制	7	LICA4003	蒸汽包F-401液位控制
4	PRCA4004	循环气压强控制	8	SIC4202	透平T-401蒸汽进量控制

表6-5　现场开关阀

序号	位号	说明	序号	位号	说明
1	VD4001	FRCA4001前阀	4	VD4004	PRCA4004后阀
2	VD4002	FRCA4001后阀	5	VD4005	LICA4001前阀
3	VD4003	PRCA4004前阀	6	VD4006	LICA4001后阀

续表

序号	位号	说明	序号	位号	说明
7	VD4007	PRCA4005前阀	13	VD4013	透平蒸汽入口前阀
8	VD4008	PRCA4005后阀	14	VD4014	透平蒸汽入口后阀
9	VD4009	LICA4003前阀	15	SP4001	T-401入口蒸汽电磁阀（联锁用阀门）
10	VD4010	LICA4003后阀	16	SV4001	R-401入口气安全阀
11	VD4011	压缩机前阀	17	SV4002	F-401安全阀
12	VD4012	压缩机后阀			

注：包括电磁阀和安全阀。

表6-6　现场调节阀

序号	位号	说明	序号	位号	说明
1	V4001	FRCA4001旁路阀	8	V4008	低压N_2入口阀
2	V4002	PRCA4004旁路阀	9	V4010	E-402精制水入口阀
3	V4003	LICA4001旁路阀	10	V4011	E-403冷却水入口阀
4	V4004	PRCA4005旁路阀	11	V4012	R-401排污阀
5	V4005	LICA4003旁路阀	12	V4014	F-401排污阀
6	V4006	开工喷射器蒸汽入口阀	13	V4015	F-401放空阀
7	V4007	FRCA4002旁路阀			

二、主要仪表

甲醇合成工段主要控制仪表、显示仪表及现场仪表分别示于表6-7～表6-9中。

表6-7　控制仪表

序号	位号	量程	正常值	单位	说明
1	FIC4101	0～200000	139678	Nm^3/h	压缩机C-401防喘振流量控制
2	FRCA4001	0～20000	14877	Nm^3/h	H_2、CO混合气进料控制
3	FRCA4002	0～20000	13804	Nm^3/h	H_2进料控制
4	PRCA4004	0～6	4.9	MPa	循环气压强控制
5	PRCA4005	0～5.5	4.3	MPa	蒸汽包F-401压强控制
6	LICA4001	0～100	50	%	分离罐F-402液位控制
7	LICA4003	0～100	50	%	蒸汽包F-401液位控制
8	SIC4202	0～100	80	%	透平机T-401蒸汽进量控制

表6–8　显示仪表

序号	位号	量 程	正常值	单位	说 明
1	PI4201	0 ~ 5.0	3.9	MPa	蒸汽透平机T–401蒸汽压强
2	PI4202	0 ~ 1.2	0.5	MPa	蒸汽透平机T–401进口压强
3	PI4205	0 ~ 5.0	3.8	MPa	蒸汽透平机T–401出口压强
4	TI4201	0 ~ 300	270	℃	蒸汽透平机T–401进口温度
5	TI4202	0 ~ 250	170	℃	蒸汽透平机T–401出口温度
6	SI4201	0 ~ 15000	13700	r/min	蒸汽透平机T–401转速
7	PI4101	0 ~ 6.0	4.9	MPa	循环压缩机C–401入口压强
8	PI4102	0 ~ 6.5	5.5	MPa	循环压缩机C–401出口压强
9	TIA4101	0 ~ 60	40.0	℃	循环压缩机C–401进口温度
10	TIA4102	0 ~ 70	42.0	℃	循环压缩机C–401出口温度
11	PI4001	0 ~ 6.5	5.2	MPa	合成塔R–401入口压强
12	PI4003	0 ~ 6.0	5.05	MPa	合成塔R–401出口压强
13	TR4001	0 ~ 250	225	℃	合成塔R–401进口温度
14	TR4003	0 ~ 300	255	℃	合成塔R–401出口温度
15	TR4006	0 ~ 300	255	℃	合成塔R–401温度
16	TI4001	0 ~ 150	90.0	℃	中间换热器E–401热物流出口温度
17	TR4004	0 ~ 65.0	40.0	℃	分离罐F–402进口温度
18	FR4006	0 ~ 20000	13500	kg/h	粗甲醇采出量
19	FR4005	0 ~ 7.0	5.5	t/h	蒸汽包F–401蒸汽采出量
20	FR4004	0 ~ 3000	1300	Nm^3/h	弛放气量
21	TIA4005	0 ~ 300	250	℃	蒸汽包F–401温度
22	PDI4002	0 ~ 2	0.15	MPa	合成塔R–401进出口压差
23	AR4011	0 ~ 100	3.5	%	循环气中CO_2的含量
24	AR4012	0 ~ 100	6.29	%	循环气中CO的含量
25	AR4013	0 ~ 100	79.31	%	循环气中H_2的含量
26	FFR4001	0 ~ 300	1.07		混合气与H_2体积流量之比
27	TI4002	0 ~ 350	270	℃	喷射器X–401入口温度
28	TI4003	0 ~ 200	104	℃	蒸汽包F–401入口锅炉水温度
29	FFR4002	0 ~ 2.5	2.06		新鲜气中H_2与CO比

表6-9 现场仪表

序号	位 号	正常值	单位	说 明
1	LI4001	50	%	分离罐F-402现场液位显示
2	LI4003	50	%	蒸汽包F-401现场液位显示

思考题

1．甲醇的工业生产方法主要有哪些？

2．简述甲醇的合成原理及其主要影响因素。

3．试分析压强对甲醇合成反应的影响。根据压强的不同，其合成方法有几种，各有何特点？

4．温度对甲醇生产有何影响？温度选择的原则是什么？

5．简述甲醇合成工段的主要任务及其工艺流程。

6．如何实现入塔气中H_2含量的调整？

7．简述列管式换热器的类型、结构及其特点。

8．简述合成塔的结构及其特点。

9．甲醇合成塔的温度是如何进行调控的？

10．疏水阀的作用是什么？

11．甲醇分离器的作用是什么？为何需要对其液位进行严格控制？控制时应注意哪些方面？

12．原料气体为什么需要循环利用？

13．蒸汽包液位如何控制？

14．什么是空速？它对甲醇合成有何影响？如何进行调节？

15．新鲜气中H_2和CO比是如何确定的？有何目的？操作时应控制在何范围？

16．在3D工厂中找到压缩机和汽包。

17．通过流程梳理，找到循环气输送管路。

第七章
甲醇精制工段

第一节 概述

甲醇合成反应受其反应的条件如温度、压力、空间速度、催化剂、反应气的组分和催化剂的微量杂质等的影响，以及反应平衡的制约，合成塔出来的粗甲醇中往往溶解有少量合成气以及二甲醚、乙醛、二乙醚、正戊烷、丙醛、丙烯醛、乙酸甲酯、丙酮、正己烷、乙醇、甲乙酮、正戊醇、正庚烷、丁醇、水、异戊醇等几十种副产物，然而作为在化工、医药、轻工、纺织及交通运输等领域都有广泛应用的大吨位化工产品的甲醇必须符合国家质量标准GB 338—2011规定的质量要求（其详细指标见表7-1）。因此，粗甲醇必须进行精制。

表7-1 GB 338—2011工业用甲醇质量标准

项 目		指标		
		优等品	一等品	合格品
色度/Hazen单位（铂-钴色号）	≤	5		10
密度ρ_{20}/（g/cm^3）		0.791 ~ 0.792	0.791 ~ 0.793	
沸程（101.3kPa，包括64.6℃±0.1℃）/℃	≤	0.8	1.0	1.5
高锰酸钾试验/min	≥	50	30	20
水混溶性试验		通过试验(1+3)	通过试验（1+9）	—
水（质量分数）/%	≤	0.1	0.15	0.20
酸（以HCOOH计）/%（质）	≤	0.0015	0.0030	0.0050
或碱（以NH_3计）/%（质）	≤	0.0002	0.0008	0.0015
羰基化合物（以HCHO计）/%（质）	≤	0.002	0.005	0.010
蒸发残渣/%（质）	≤	0.001	0.003	0.005
硫酸洗涤试验/Hazen单位（铂-钴色号）	≤	50		—
乙醇/%（质）	≤	供需双方协商	—	

本工段的目的就是脱除从合成塔出来的粗甲醇中的杂质，制得符合国家质量标准的甲醇产品。

粗甲醇精制的主要方法是精馏，目前主要有双塔精馏工艺和双效三塔精馏工艺。双塔精馏流程所获得的精甲醇产品中乙醇和有机杂质含量偏高，特别是与甲醇挥发性较接近的乙醇分离较为困难。双效三塔（预塔、加压塔、常压塔）精馏工艺可以提高甲醇质量和收率，且其工艺具有以下特点：

（1）将加压塔塔顶气相的冷凝潜热用作常压塔塔釜再沸器热源；

（2）加压塔再沸器、预塔再沸器冷凝水用来预热进料粗甲醇；

（3）加压塔塔釜出料与加压塔进料充分换热。

三塔精馏最大优点就是充分利用热能，降低能耗（较双塔精馏工艺可节能约35%），因此本仿真工艺采用双效三塔精馏。预塔的主要目的是除去粗甲醇中溶解的气体（如CO_2、CO、H_2等）及低沸点组分（如二甲醚、甲酸甲酯），加压塔及常压塔的目的是除去水及高沸点杂质（如异丁基油），同时获得高纯度的优质甲醇产品。

第二节　工艺原理与主要设备

一、精馏概述

平衡蒸馏仅通过一次部分汽化和冷凝，只能部分分离混合液中的组分，若进行多次的部分汽化和冷凝，便可使混合液中各组分几乎完全分离。

1. 多次部分汽化多次部分冷凝

1）多次部分汽化多次部分冷凝流程

多次部分汽化多次部分冷凝流程示意图见图7–1，相应的t–y–x示意图见图7–2。

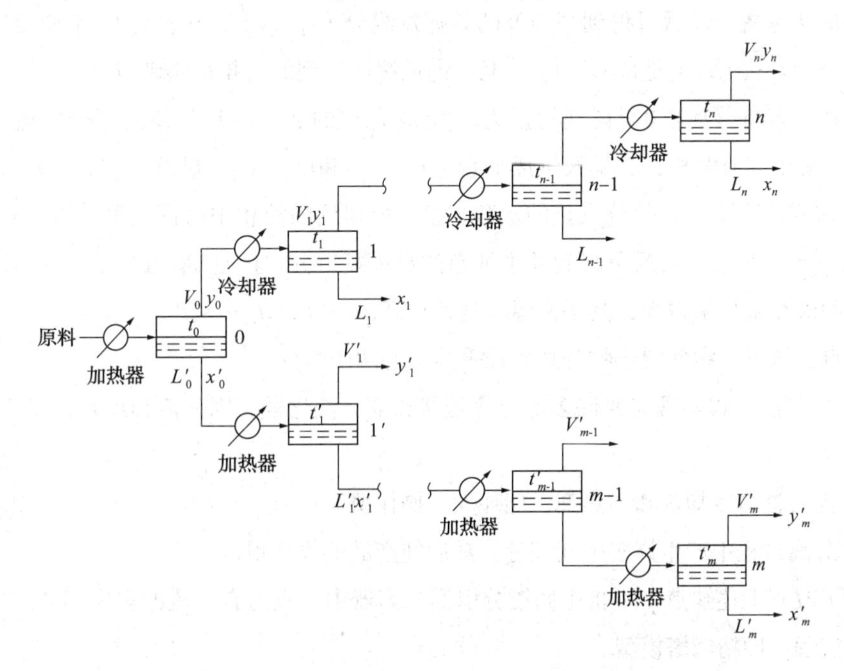

图7–1　多次部分汽化多次部分冷凝流程

如图7–1所示，组成为x_F的混合液经加热器加热至t_0进入分离器0中，使其部分汽化，并将气相与液相分开，则所得气相量为V_0，组成为y_0，液相量为L'_0，组成为x'_0。由$t-y-x$图7-2易知：$y_0>x_F>x'_0$。

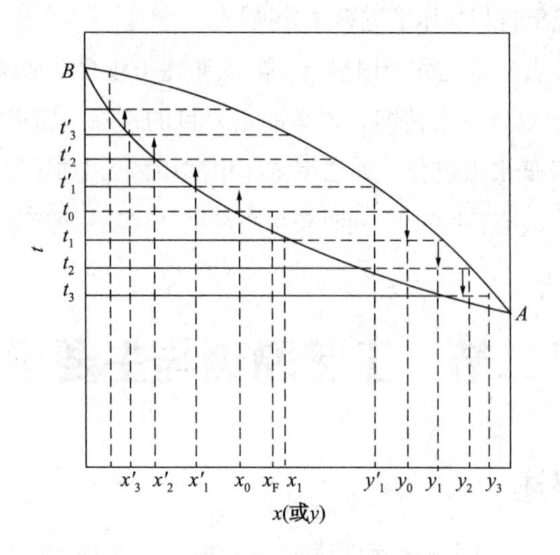

图7-2　$t-y-x$图

若将组成为y_0、量为V_0的蒸汽经冷却后（部分冷凝器）送入分离器1中部分冷凝，同时将气相与液相分开，则所得气相量为V_1组成为y_1，液相量为L_1，组成为x_1，且有$y_1>y_0$，$t_1<t_0$，但$V_1<V_0$。这样依次下去，部分冷凝的次数（级数）越多，所得气相中易挥发组分的含量就越高，最后可得到高纯度的易挥发组分（$y_0<y_1<y_2\cdots<y_n$），平衡温度逐渐下降，$t_0>t_1>t_2\cdots>t_n$，但是$V_0>V_1>V_2\cdots>V_n$，即最终所得到的气相量越来越少。

同理，若将分离器0所得到的量为L'_0组成为x'_0的液体加热，使之部分汽化，在分离器1′中得到气液两相，其量及组成分别为V'_1、y'_1和L'_1、x'_1，显然$x'_1<x'_0$，$t'_1>t_0$，$L'_1<L'_0$。这样依次下去，部分汽化的次数越多，所得到的液相中易挥发组分的含量越低，即$x'_0>x'_1>x'_2\cdots>x'_m$，最后可得到几乎纯态的难挥发组分，但是$L'_0>L'_1>L'_2>\cdots>L'_m$，即所得到的液相量越来越少，其平衡温度越来越高，$t_0<t'_1<t'_2\cdots<t'_m$。

优点：该方法能使混合物分离为几乎纯净的两个组分。

缺点：① 过程实现需要许多部分冷凝器和部分汽化器，因而流程庞杂，设备繁多，设备费高；

② 需要许多冷却剂和加热剂，能耗大，操作费高；

③ 分离过程中产生许多中间馏分，最后纯产品的收率很低。

为了改善上述缺点，可将中间馏分引回分离器中，成为有回流的多次部分汽化和部分冷凝流程，即精馏塔模型。

2）有回流的多次部分汽化和多次部分冷凝流程

有回流的多次部分汽化和多次部分冷凝流程示意图见图7-3。

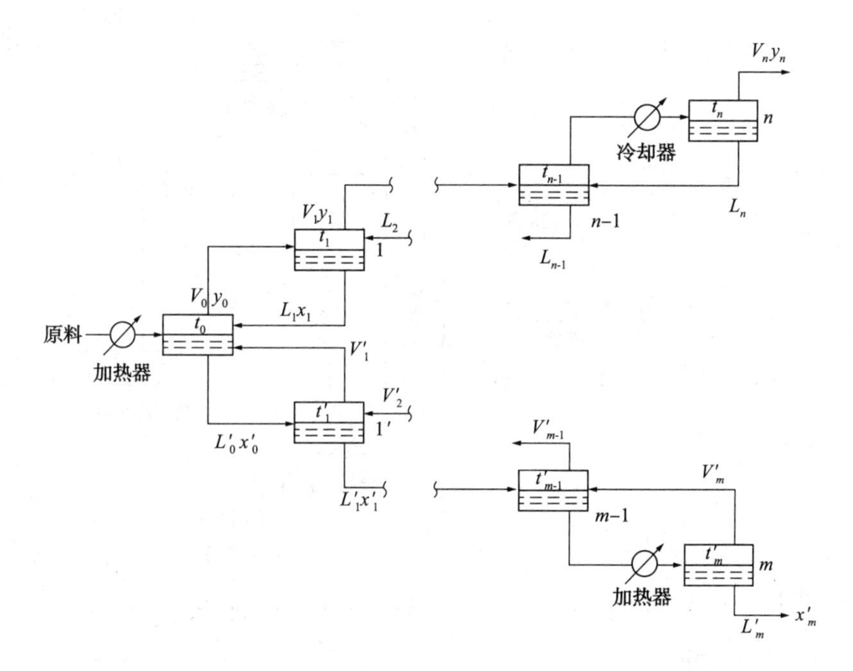

图7-3　有回流的多次部分汽化和多次部分冷凝流程

实际上是将后一分离器中产生的中间馏分返回前一分离器中，即将部分冷凝的液体L_1、L_2、…L_n及部分汽化的蒸汽V'_1、V'_2…V'_m分别送回到它们前一分离器中。在最上部，为了得到回流的液体L_n，最上一级（n级）需设置部分冷凝器；在最下部，为了得到上升蒸汽V'_m，最下一级需设置部分汽化器。该流程具有以下特点：

① 对任一分离器有来自下一级温度较高的蒸汽和来自上一级温度较低的液体，在本级气液两相接触，蒸汽部分冷凝同时液体部分汽化，产生新的气液两相。显然原来的单纯的分离器变成了混合分离器。

② 省去了中间冷凝器和中间加热器。下一级的高温蒸汽加热上一级来的低温液体，使液体部分汽化，蒸汽自身则被部分冷凝。蒸汽部分冷凝放出的热量用于加热液体使之部分汽化。因此，除最上和最下一级之外的其他中间冷凝器或加热器均可省去。

③ 消除了中间馏分，提高了最后产品的收率（由物料衡算易知）。

④ 在气液两相的混合接触中，相间同时发生热量传递和质量传递。

以上是精馏操作的原理，实际上为了便于操作，节省场地和提高效率，是将各分离器叠成塔状，每个分离器就简化成一层塔板。工业上是通过板式塔或填料塔来实现精馏过程的。

2. 连续精馏装置及流程

1）流程

连续精馏流程如图7-4所示。

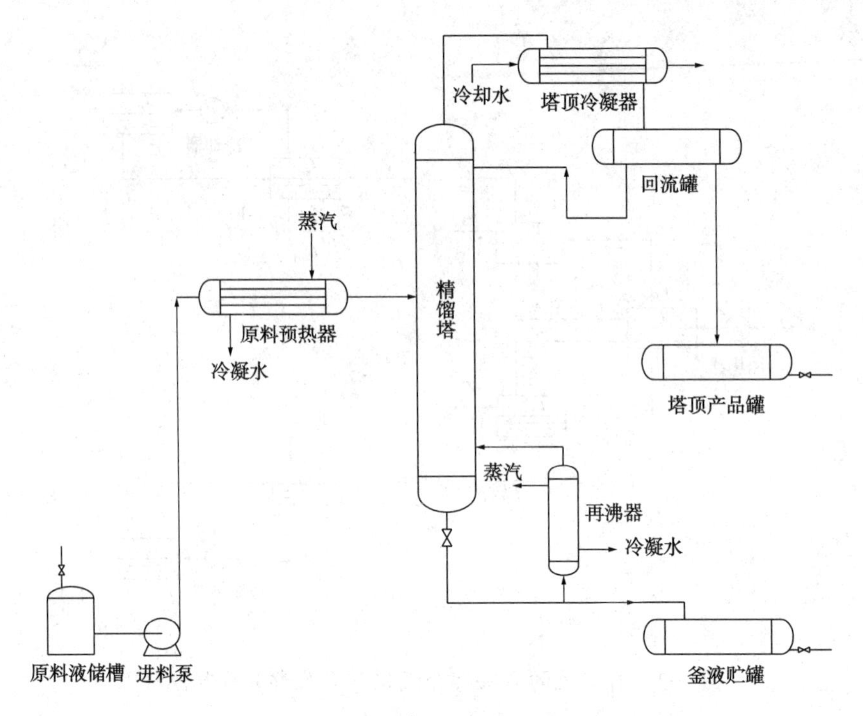

图7-4 连续精馏流程

用泵将原料液从储槽送到原料预热器中，加热至一定温度后进入精馏塔（此处以板式塔为例来说明，填料精馏塔的流程完全类似）的中部。料液在进料板上与自塔上部下流的回流液体汇合，逐板溢流，最后流入塔底再沸器中。在再沸器内液体被加热至一定温度，使之部分汽化，只排出液体作为塔底产品，而将汽化后产生的蒸汽引回塔内作为塔底气相回流，气相回流依次上升通过塔内各层塔板，在塔板上与液体接触进行热质交换。从塔顶上升的蒸汽进入冷凝器中被全部冷凝，并将部分冷凝液作为塔顶回流液体，其余部分作为塔顶采出送至储槽作为塔顶产品。

2）精馏装置构成

① 板式塔或填料塔：提供气液接触的场所。

② 再沸器：提供一定量的上升蒸汽，即气相回流。

③ 冷凝器：获得液相产品，保证有适宜的液相回流。

④ 其他：如原料泵、回流泵、预热器、储槽等。

3）几个名词

① 加（进）料板：原料液进入的那层塔板。一般原料浓度应与该板上的浓度接近或相等，以免发生返混。

② 精馏段：进料板以上的塔段。主要完成上升蒸汽的精制，除去其中的重组分。

③ 提馏段：进料板以下的塔段，包括进料板。该段内主要完成下降液体中重组分的提浓，即提出其中轻组分。

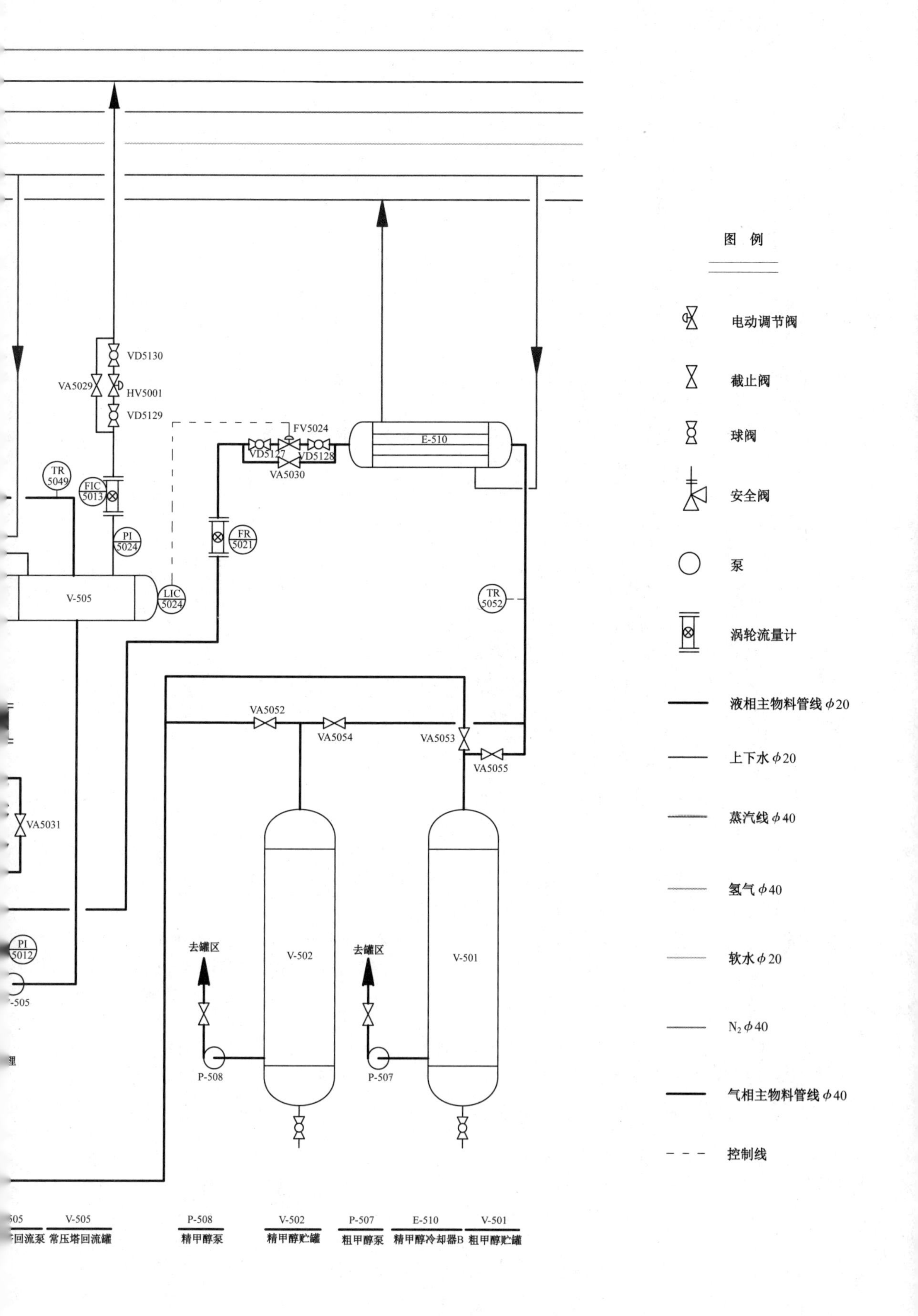

VD5130
VA5029
HV5001
VD5129
FV5024
E-510
VD5127
VD5128
VA5030
TR 5049
FIC 5013
PI 5024
FR 5021
V-505
LIC 5024
TR 5052
VA5052
VA5054
VA5053
VA5055
VA5031
去罐区
V-502
去罐区
V-501
PI 5012
P-508
P-507
505
V-505
P-508
V-502
P-507
E-510
V-501
回流泵
常压塔回流罐
精甲醇泵
精甲醇贮罐
粗甲醇泵
精甲醇冷却器B
粗甲醇贮罐
图 例
电动调节阀
截止阀
球阀
安全阀
泵
涡轮流量计
液相主物料管线 φ20
上下水 φ20
蒸汽线 φ40
氢气 φ40
软水 φ20
N₂ φ40
气相主物料管线 φ40
控制线

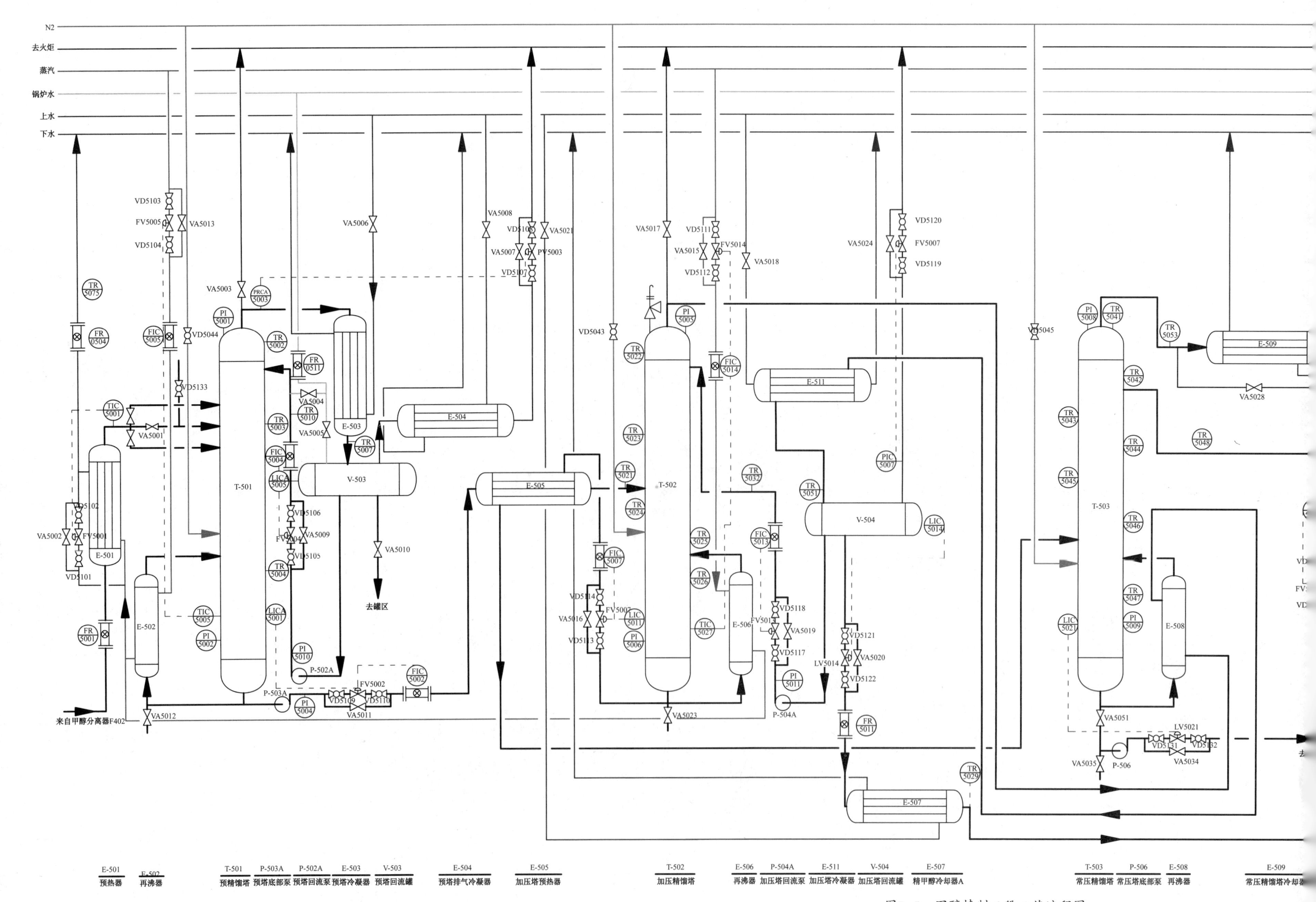

图7-5　甲醇精制工段工艺流程图

一个完整的精馏塔应包括精馏段和提留段，在这样的塔内可将一个双组分混合物连续地高纯度地分离为轻、重两组分。

3. 精馏过程的回流

精馏过程的回流是区别于简单蒸馏及平衡蒸馏之根本所在。它包括塔顶的液相回流与塔釜部分汽化所造成的气相回流。回流是构成气、液两相接触传质的必要条件，同时也是维持精馏操作连续稳定的必要条件。没有回流就没有气液两相的接触，就没有物质交换，精馏过程也就无法进行。

总之，精馏是利用混合液中各组分挥发度的差异，在塔设备中采用回流的工程手段，实现高纯度分离的操作。

二、工艺流程

甲醇精制工段工艺流程如图7-5所示。

从甲醇合成工段来的粗甲醇进入粗甲醇预热器（E-501）与预塔再沸器（E-502）、加压塔再沸器（E-506）来的冷凝水进行换热，预热至70℃左右的粗甲醇补加碱液（目的是中和粗甲醇中的有机酸，使其呈弱碱性，防止管道及设备腐蚀，并可促进胺类及羰基化合物的分解）后进入预塔（T-501），经T-501精馏分离后，塔顶气相为二甲醚、甲酸甲酯、二氧化碳、甲醇等蒸气。经二级冷凝后，不凝气通过火炬排放，冷凝液中补充脱盐水（防止设备结垢）返回T-501作为回流液，塔釜为甲醇水溶液，经P-503A增压后用加压塔（T-502）塔釜出料液在E-505中进行预热，然后进入T-502进行精馏。

经T-502分离后，塔顶气相为甲醇蒸气，与常压塔（T-503）塔釜液换热后部分返回T-502打回流，部分采出作为精甲醇产品，经E-507冷却后送中间罐区产品罐（V-502），塔釜出料液在E-505中与进料换热后作为T-503塔的进料。

在T-503中甲醇与水以及其他重组分得以彻底分离，塔顶气相为含微量不凝气的甲醇蒸气。经冷凝后，不凝气通过火炬排放，冷凝液部分返回T-503打回流，部分采出作为精甲醇产品，经E-510冷却后送中间罐区产品罐（V-502）。塔釜出料液为含微量甲醇的水，经P-506A增压后送污水处理厂。

本工段的控制回路使用了串级回路，即液位与流量串级回路和温度与流量串级回路。串级回路是在简单调节系统基础上发展起来的。在结构上，串级回路调节系统有两个闭合回路。主、副调节器串联，主调节器的输出为副调节器的给定值，系统通过副调节器的输出操纵调节阀动作，实现对主参数的定值调节。所以在串级回路调节系统中，主回路是定值调节系统，副回路是随动系统。例如，预塔T-501的塔釜温度控制TIC5005和再沸器热物流进料FIC5005构成一串级回路。温度调节器的输出值同时是流量调节器的给定值，即流量调节器FIC5005的SP值由温度调节器TIC5005的输出OP值控制，TIC5005.OP的变化使FIC5005.SP产生相应的变化。

三、主要设备

本工段主要设备清单见表7-2。

表7-2 主要设备

序号	设备位号	设备名称	序号	设备位号	设备名称
1	E-501	粗甲醇预热器	13	P-503A	T-501底部泵
2	E-502	预塔再沸器	14	P-504A	T-502回流泵
3	E-503	预塔冷凝器	15	P-505A	T-503回流泵
4	E-504	预塔排气冷凝器	16	P-506A	T-503底部泵
5	E-505	加压塔预热器	17	T-501	预塔
6	E-506	加压塔再沸器	18	T-502	加压塔
7	E-507	精甲醇冷却器	19	T-503	常压塔
8	E-508	常压塔再沸器	20	V-501	粗甲醇贮罐
9	E-509	常压塔冷凝器	21	V-502	精甲醇贮罐
10	E-510	精甲醇冷却器	22	V-503	预塔回流罐
11	E-511	加压塔冷凝器	23	V-504	加压塔回流罐
12	P-502A	T-501回流泵	24	V-505	常压塔回流罐

T-501、T-502和T-503均为板式精馏塔，下面简要介绍板式塔。

1. 结构简述

如图7-6所示，板式塔是一种应用极为广泛的气液传质设备，它是由一个通常呈圆柱形壳体及其中按一定间距水平设置的若干块塔板所组成。板式塔正常工作时，液体在重力作用下自上而下横向通过各层塔板后由塔底排出；气体在压差推动力下，经均布在塔板上的开孔由下而上穿过各层塔板后由塔顶排出，在每块塔板上皆贮有一定的液体，气体穿过板上液层时，两相进行接触传质。板式塔属于逐级接触式传质设备。气、液两相在塔内进行逐级接触，两相的组成沿塔高呈阶梯式变化。

2. 塔板的类型

塔板是板式塔的关键部件，根据塔板上气液接触元件不同可分为筛板、泡罩板、浮阀板等。

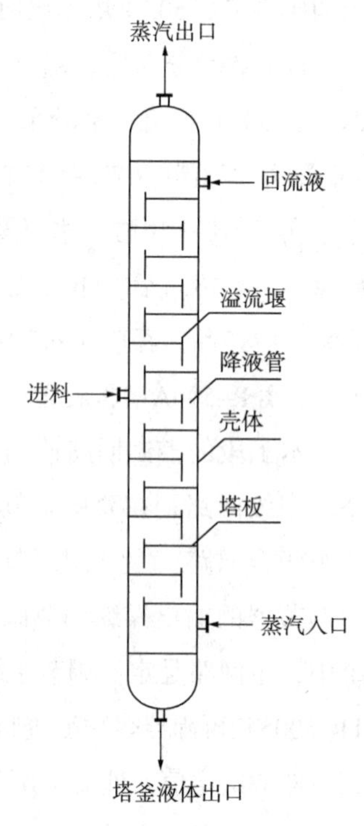

图7-6 板式塔结构示意图

1）筛板塔

筛板塔在19世纪初已应用于工业装置上，目前已成为应用最为广泛的板型之一。其主要结构包括筛孔、溢流堰和降液管。

① 筛孔。它是板上的气体通道。它就是在塔板上均匀地冲出或钻出许多圆形小孔供气体上升之用。这些圆形小孔就称为筛孔。上升的气体经筛孔分散后穿过板上液层，造成两相间的密切接触与传质。筛孔的直径通常是3～8mm。

② 溢流堰。在塔板的出口端设有溢流堰，其目的是保证气液两相在塔板上有足够的接触表面，塔板上必须贮有一定量的液体。塔板上的液层高度或滞液量在很大程度上由堰高决定。最常见的溢流堰，其上缘是平直的（称为平直堰），如果液流量较小可采用齿形堰。

③ 降液管。作为液体自上层塔板流至下层塔板的通道，每块塔板通常附有一个降液管。板式塔在正常工作时，液体从上层塔板的降液管流出，横向流过开有筛孔的塔板，翻越溢流堰，进入该层塔板的降液管，流向下层塔板。

优点：结构简单，制造和维修方便，生产能力大，塔板压降小，塔板效率高。

缺点：操作弹性范围较窄，小孔径筛孔易堵塞，故不宜处理不清洁、黏性大和带有固体颗粒的料液。

2）泡罩塔

1813年随着工业蒸馏的建立而发展起来的，是一种古老的结构，但至今沿用不绝。

与筛板总体相似，其区别在于以泡罩（见图7-7）代替了筛孔，板上开有圆形小孔，孔上焊有一段短管（称为升气管）。由于升气管高于塔板，即使在气体负荷很低时，板上的液体也不会从中漏下。每个升气层上盖有泡罩，泡罩外形似钟，其下沿有许多长条形或长圆形小孔或齿缝。

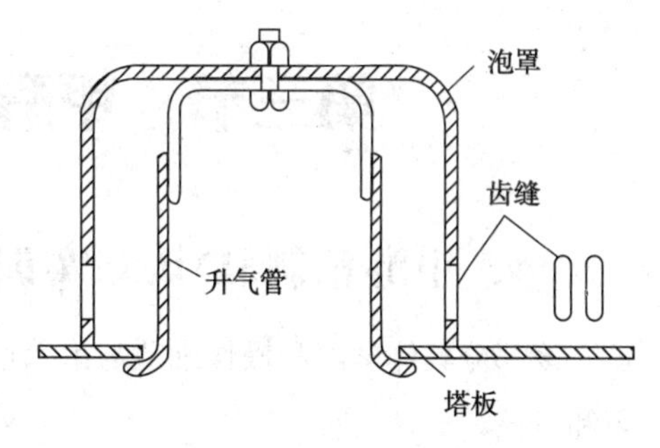

图7-7　泡罩结构示意图

操作时，气体自下而上流动，通过塔板上的升气管进入泡罩，再折转向下由泡罩下端的齿缝以鼓泡的形式穿过塔板上的液层与液体进行热量和质量交换。液体则由上层塔板的降液管流下，横穿塔板，翻越溢流堰，再沿降液管流至下层塔板。

优点：不易发生漏液现象，操作弹性较高；不易堵塞，对各种物料的适应能力强，操作稳定可靠。

缺点：结构复杂，造价高，安装和维修麻烦，气相压降大，液泛气速低，生产能力小。

3）浮阀塔

自20世纪50年代问世以来，得到了迅速的发展，现已成为最广泛的一种类型，其原

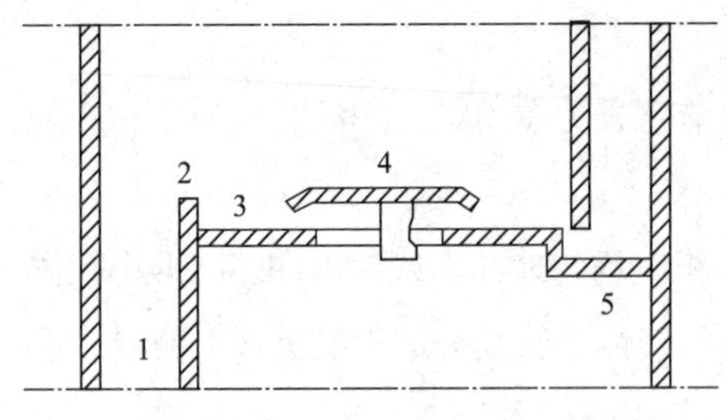

图7-8 浮阀塔板示意图
1—降液管；2—溢流堰；3—塔板；
4—浮阀；5—受液盘

因就是浮阀塔在一定程度上结合了筛板和泡罩板的优点。

浮阀塔板示意如图7-8所示，板上开有若干较大的孔，在每个孔的上方装有一个可以上下浮动的阀片，称为浮阀。由孔上升的气流经过阀片与塔板的间隙先从水平方向吹出并折转向上与板上的液体接触，阀片与塔板的间隙即气体在板上的通道，此通道的大小可随气体流量的变化自动调节，气量小时阀的开度较小，气量较大时阀片浮起，由阀“脚”钩住塔板来维持最大开度。

浮阀类型有很多，常用的有F-1型浮阀，它又有轻阀和重阀之分。轻阀是由1.5mm薄板冲压而成的，重阀是由2mm钢板冲压而成的，一般多采用重阀。

优点：生产能力大，操作弹性大，塔板效率高，液位落差及气体压降较小，结构简单，安装容易，造价低，对于黏度较大及有一般聚合现象系统亦能适用。

缺点：气体沿浮阀的周边喷出时，仍然有液体的逆向混合，因而会降低传质效率；阀片易被卡住、锈住或粘住，影响其自由开启。

第三节　甲醇精制3D认知实训

一、甲醇精制3D认知实训任务及考核

该部分具体学习和操作细节与第六章第三节对应内容相同，请参照相关步骤展开学习和考核。

二、甲醇精制相关知识学习

该部分具体学习和操作细节与第六章第三节对应内容相同，请参照相关步骤展开学习和考核。

三、甲醇精制工艺简况与主要设备的3D视图

甲醇精制生产操作3D虚拟仿真认知实训的工艺简图如图7-9所示。以下是甲醇精制工段涉及的相关设备在3D工厂中所处的位置、在工艺流程中的编号、设备结构和工作原理以及设备在整个工艺流程中的作用。

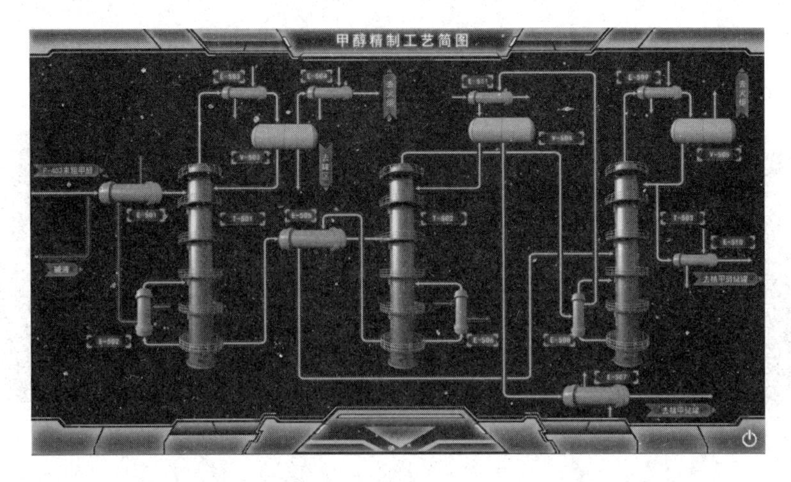

图7-9　甲醇精制工艺简图及3D设备位置连接图

（1）预塔（T-501）：主要除去粗甲醇中溶解的气体（如CO_2、CO、H_2等）及低沸点组分（见图7-10）。

（2）加压塔（T-502）：提高压力，除去水及高沸点杂质（如异丁基油等），塔顶产出精甲醇（见图7-11）。

图7-10　预塔在3D虚拟工厂中的位置

图7-11　加压塔在3D虚拟工厂中的位置

（3）常压塔（T-503）：塔顶产出精甲醇，塔釜分离出水、侧线采出杂醇油（见图7-12）。

图7-12　常压塔在3D虚拟工厂中的位置

（4）粗甲醇预热器（E–501）：用蒸汽余热给预塔进料加热（见图7–13）。

（5）预塔再沸器（E–502）：用蒸汽给预塔提供热源（见图7–14）。

图7–13　粗甲醇预热器在3D虚拟工厂中的位置

图7–14　预塔再沸器在3D虚拟工厂中的位置

（6）预塔冷凝器（E–503）：冷凝预塔塔顶的粗甲醇（见图7–15）。

（7）预塔排气冷凝器（E–504）：冷凝预塔回流罐排出的粗甲醇蒸气，控制不凝汽甲醇含量（见图7–16）。

图7–15　预塔冷凝器在3D虚拟工厂中的位置

图7–16　预塔排气冷凝器在3D虚拟工厂中的位置

（8）加压塔预热器（E–505）：对加压塔进料加热（见图7–17）。

（9）加压塔再沸器（E–506）：用蒸汽给加压塔提供热源（见图7–18）。

图7–17　加压塔预热器在3D虚拟工厂中的位置

图7–18　加压塔再沸器在3D虚拟工厂中的位置

（10）精甲醇冷却器（E–507）：冷凝加压塔部分采出精甲醇（见图7–19）。

（11）常压塔再沸器（E–508）：用加压塔塔顶气体给常压塔提供热源（见图7–20）。

图7–19　精甲醇冷却器在3D虚拟工厂中的位置

图7–20　常压塔再沸器在3D虚拟工厂中的位置

（12）常压塔冷凝器（E–509）：冷凝常压塔塔顶粗甲醇（见图7–21）。

（13）精甲醇冷却器（E–510）：冷凝常压塔部分采出精甲醇（见图7–22）。

图7–21　常压塔冷凝器在3D虚拟工厂中的位置

图7–22　精甲醇冷却器在3D虚拟工厂中的位置

（14）加压塔冷凝器（E–511）：冷凝加压塔塔顶粗甲醇（见图7–23）。

图7–23　加压塔冷凝器在3D虚拟工厂中的位置

（15）精甲醇储罐（V–502）：储存从精甲醇冷却器来的精甲醇（见图7–24）。

（16）预塔回流罐（V–503）：储存预塔粗甲醇回流液，萃取异丁基油（见图7–25）。

图7–24　精甲醇储罐在3D虚拟工厂中的位置

图7–25　预塔回流罐在3D虚拟工厂中的位置

（17）加压塔回流罐（V–504）：储存预塔粗甲醇回流液，并采出合格精甲醇（见图7–26）。

（18）常压塔回流罐（V–505）：储存常压塔回流液，并采出合格精甲醇（见图7–27）。

图7–26　加压塔回流罐在3D虚拟工厂中的位置

图7–27　常压塔回流罐在3D虚拟工厂中的位置

四、甲醇精制工段的流程梳理

与甲醇合成工段相同，点击软件界面中的“流程梳理”按钮，如图7–28所示，勾选相应的选项，在3D工厂中，对应的管路会凸显亮度（红色），在屏幕下方居中位置出现对应的简介，认知工艺管线及装置设备的布置、物料走向和过程，梳理工艺生产过程。精制工段包含以下流程梳理。

（1）粗甲醇（分离）：粗甲醇自预热器E–501至预塔T–501，来自合成工段的粗甲醇与来自预塔、加压塔和回收塔的冷凝水进行热交换进入预塔进行分离。

（2）预塔塔顶馏分（冷凝）：预塔塔顶馏分自预塔T–501至冷凝器E–503，塔顶蒸汽进入冷凝器冷凝。

（3）预塔塔顶馏分（回收）：预塔塔顶馏分自冷凝器E–503至预塔回流罐V–503，冷凝器冷凝液进入预塔回流罐。

（4）预塔回流罐采出（加压）：预塔回流罐采出的甲醇自预塔回流罐V-503至回流泵，冷凝液中补充脱盐水送至回流泵。

（5）预塔回流罐采出（回流）：预塔回流罐采出的甲醇自预塔回流泵至预塔T-501，冷凝液回到预塔作为回流。

（6）预塔塔釜采出（加压）：预塔塔釜出料液自预塔T-501至泵P-503A，预塔塔釜甲醇水溶液至泵P-503A。

（7）预塔塔釜采出（预热）：预塔塔釜出料液自泵P-503A至加压塔预热器E-505，预塔塔釜的甲醇水溶液由泵P-503A增加后送至加压塔预热器。

（8）预塔塔釜采出（分离）：预塔塔釜出料液自泵P-503A至加压塔T-502，甲醇水溶液与加压塔塔釜出料液在加压塔预热器E-505中预热后，进入加压塔进行分离。

（9）加压塔塔顶馏分（加热）：气相甲醇蒸气自加压塔T-502至常压塔再沸器E-508。

（10）加压塔塔顶馏分（换热）：自常压塔再沸器E-508至加压塔冷凝器E-511进行换热。

（11）加压塔塔顶馏分（回收）：自加压塔冷凝器E-511至加压塔回流罐V-504，气相甲醇与来自常压塔塔釜液于E-511换热后，部分进入加压塔回流罐。

（12）加压塔回流罐采出（加压）：自加压塔回流罐V-504至加压塔回流泵。

（13）加压塔回流罐采出（回流）：自加压塔回流泵至加压塔T-502，经加压塔回流泵返回加压塔。

（14）加压塔回流罐采出（冷凝）：自加压塔回流罐V-504至加压塔精甲醇冷却器E-507，加压塔回流罐中甲醇另一部分采出作为精甲醇产品。

（15）加压塔精甲醇采出（产品）：自加压塔精甲醇冷却器E-507至中间产品罐。

（16）加压塔塔釜采出（预热）：自加压塔T-502至加压塔预热器E-505，加压塔塔釜出料液在加压塔预热器换热。

（17）加压塔塔釜采出（分离）：自加压塔预热器E-505至常压塔T-503进料。

（18）常压塔回流罐采出（回收）：自常压塔冷凝器E-509至常压塔回流罐V-505。

（19）常压塔回流罐采出（加压）：自常压塔回流罐V-505至常压塔回流泵，常压塔回流罐部分采出至常压塔回流泵。

（20）常压塔回流罐采出（回流）：自常压塔回流泵至常压塔T-503，经常压塔回流泵返回常压塔回流。

（21）常压塔回流罐采出（冷凝）：自常压塔回流罐V-505至常压塔精甲醇冷却器E-510，加压塔塔顶冷凝液另一部分作为精甲醇采出。

（22）常压塔精甲醇采出（产品）：自常压塔精甲醇冷却器E-510至中间罐区产品罐。

图7-28 甲醇精制工艺管线及装置设备的布置走向

五、互动任务

该部分具体学习和操作细节与第六章第三节对应内容相同，请参照相关步骤展开学习和考核。

第四节 岗位操作

一、冷态开车

装置冷态开工状态为所有装置处于常温、常压下，各调节阀处于手动关闭状态，各手操阀处于关闭状态，可以直接进冷物流。

1. 开车前准备

（1）分别打开预塔冷凝器E-503冷却水阀VA5006和预塔排气冷凝器E-504的冷却水阀VA5008。

（2）分别打开加压塔冷凝器E-511和E-507的冷却水阀门VA5018和VA5021。

（3）分别打开常压塔冷凝器E-509、E-510冷却水阀门VA5027和VA5026。

（4）打开加压塔的N_2进气阀VD5043，充压至0.65MPa，关闭N_2进口阀VD5043，如果PIC5007超过0.9MPa，现场报警装置会响起。

2. 预塔、加压塔和常压塔开车

（1）打开粗甲醇预热器E-501的进口阀门VA5001，向预塔T-501进料。

（2）打开碱液阀VD5133加入碱液。

（3）待T-501塔顶压强大于0.02MPa时，打开不凝气流量控制前阀VD5107。

（4）打开不凝气流量控制后阀VD5108。

（5）调节不凝气控制阀FV5003开度，使塔顶压强维持在0.03MPa左右，PIC5003投自动，设定SP为0.03，若控制不住，应及时改为手动操作。当压强值低于0.015MPa或高于0.05MPa时将被扣分。

（6）待预塔T-501塔底液位超过10%后（达50%左右较好），启动泵P-503A。塔底液位应控制在20%~80%，否则将被扣分。

（7）分别打开T-501塔底釜液流量控制前阀VD5109和后阀VD5110。

（8）手动调节T-501塔釜液流量控制阀FV5002，向加压塔T-502进料。

（9）当加压塔T-502塔底液位超过10%后（达50%左右较好），手动打开塔釜液流量控制前阀VD5113、后阀VD5114和调节阀FV5007，向常压塔T-503进料。塔底液位应控制在20%~80%，否则将被扣分。

（10）待常压塔T-503塔底液位超过10%后（达50%左右较好），打开塔底阀门VA5051。

（11）启动泵P-506A。

（12）手动打开T-503塔釜液流量控制前阀VD5131、后阀VD5132和调节阀FV5021，塔釜残液去污水处理。

（13）分别打开E-502低压蒸汽控制前阀VD5103和后阀VD5104。

（14）通过调节E-502低压蒸汽控制阀FV5005开度，给再沸器E-502加热，使塔釜温度TIC5005维持在77℃左右，若其值低于70℃或高于85℃将被扣分。

（15）分别打开E-501低压蒸汽控制前阀VD5101和后阀VD5102。

（16）分别打开T-502不凝气流量控制前阀VD5119和后阀VD5120，通过调节T-502不凝气流量控制阀PV5007的开度，使加压塔回流罐压强维持在0.65MPa。

（17）分别打开E-506低压蒸汽控制前阀VD5111和后阀VD5112，通过调节E-506低压蒸汽控制阀FV5014开度，给再沸器E-506加热。

（18）分别打开T-503不凝气流量控制前阀VD5129和后阀VD5130，通过调节T-503不凝气流量控制阀HV5001的开度，使常压塔回流罐压强维持在0.01MPa。

（19）打开脱盐水阀VA5005向回流罐V-503中补加脱盐水。

（20）当回流罐V-503液位达40%左右，启动回流泵P-502A。

（21）分别打开回流罐V-503出口流量控制前阀VD5105和后阀VD5106，手动打开回流罐V-503出口流量控制阀FV5004。

（22）注意维持回流罐V-503液位在50%左右，若其值低于20%或高于80%将被扣分。

（23）当回流罐V-504液位达40%左右，开T-502塔回流泵P-504A。

（24）分别打开回流罐V-504出口流量控制前阀VD5117和后阀VD5118，手动打开回流罐V-504出口流量控制阀FV5013。

（25）当回流罐V-504液位无法维持时，分别打开回流罐V-504液位控制前阀VD5121和后阀VD5122，逐步打开回流罐V-504液位控制阀LV5014，控制其液位在50%左右，若其值低于20%或高于80%将被扣分，如果超过90%，现场报警装置会响起。

（26）打开VA5052，采出塔顶产品。

（27）维持常压塔塔釜液位在50%左右。

（28）当回流罐V–505液位达40%左右，启动T–503塔回流泵P–505A泵。

（29）分别打开回流罐V–505出口流量控制前阀VD5125和后阀VD5126，手动打开回流罐V–505出口流量控制阀FV5022，控制其液位在50%左右，若其值低于20%或高于80%将被扣分。

（30）当回流罐V–505液位无法维持时，分别打开回流罐V–505液位控制前阀VD5127和后阀VD5128，逐步打开回流罐V–505液位控制阀FV5024。

（31）打开VA5054，采出塔顶产品。

3. 调节至正常

（1）通过调整PIC5003开度，使预塔PIC5003达到正常值，投自动，设定值为0.03MPa。

（2）调节FV5001，进料温度应控制在65～80℃，若超出该范围将被扣分。当其稳定至正常值72℃，投TIC5001自动，设定值为72℃。

（3）将调节阀FV5004逐步开至50%，若FIC5004低于12000 kg/h或高于30000 kg/h时将被扣分。当FIC5004稳定在16690 kg/h，将FIC5004设为自动。将LIC5005设自动，设定值为50%；将FIC5004设为串级。

（4）将调节阀FV5002逐步调至50%，若FIC5002低于20000 kg/h或高于50000 kg/h时将被扣分。当FIC5002稳定在35176 kg/h，将其设为自动，设定值为35176 kg/h。将LIC5001设自动，设定值为50%；将FIC5002设为串级。

（5）将调节阀FV5005逐步调至50%，若FIC5005低于6000 kg/h或高于15000 kg/h时将被扣分。当FIC5005稳定在11200 kg/h，将其设为自动，设定值为11200 kg/h。将TIC5005设自动，设定值为77.4℃；将FIC5005设为串级。

（6）加压塔压强应控制在0.7MPa，若其低于0.5MPa或高于0.9MPa时将被扣分。

（7）将LIC5014设自动，设定值为50%；将调节阀FV5013逐步开至50%，若FIC5013低于20000 kg/h或高于45000kg/h时将被扣分。当FIC5013稳定在37413kg/h，将其设为自动，设定值为37413kg/h。

（8）将调节阀FV5007逐步调至50%，若FIC5007低于10000 kg/h或高于30000 kg/h时将被扣分。当FIC5007稳定在22747kg/h，将其设为自动，设定值为22747kg/h。将LIC5011设自动，设定值为50%；将FIC5007设为串级。

（9）将调节阀FV5014逐步开至50%，若FIC5014低于8000kg/h或高于28000kg/h时将被扣分。当FIC5014稳定在15000kg/h，将其设为自动，设定值为15000kg/h。将TIC5027设自动，设定值为134.8℃；将FIC5014设为串级。温度TIC5027的波动不得超出120～150℃，否则将被扣分。

（10）将LIC5024设自动，设定值为50%；将调节阀FV5022逐步开至50%，若FIC5022低于15000kg/h或高于40000kg/h时将被扣分。当FIC5022稳定在27621kg/h，将其设为自动，设定值为27621kg/h。将LIC5021设自动，设定值为50%。

（11）将PIC5007投自动，设定值为0.65MPa。

（12）将各控制回路投自动，各参数稳定并与工艺设计值吻合后，投产品采出串级。

（13）送往甲醇储槽的甲醇温度TR5029和TR5052均不得超过45℃。

特别提醒：当投自动或串级后，若控制参数难以维持稳定，应及时投手动进行调节，待稳定（参数随时间变化较小）后再投自动或串级，此过程可视情况反复进行。

二、正常工况

正常工况下的工艺参数如下：

（1）进料温度TIC5001投自动，设定值为72℃。

（2）预塔塔顶压强PIC5003投自动，设定值为0.03MPa。

（3）预塔塔顶回流量FIC5004设为串级，设定值为16690 kg/h，LIC5005设自动，设定值为50%。

（4）预塔塔釜采出量FIC5002设为串级，设定值为35176 kg/h，LIC5001设自动，设定值为50%。

（5）预塔加热蒸汽量FIC5005设为串级，设定值为11200 kg/h，TIC5005投自动，设定值为77.4℃。

（6）加压塔加热蒸汽量FIC5014设为串级，设定值为15000 kg/h，TIC5027投自动，设定值为134.8℃。

（7）加压塔顶压强PIC5007投自动，设定值为0.65MPa。

（8）加压塔塔顶回流量FIC5013投自动，设定值为37413 kg/h。

（9）加压塔回流罐液位LIC5014投自动，设定值为50%。

（10）加压塔塔釜采出量FIC5007设为串级，设定值为22747 kg/h，LIC5011设自动，设定值为50%。

（11）常压塔塔顶回流量FIC5022投自动，设定值为27621 kg/h。

（12）常压塔回流罐液位LIC5024投自动，设定值为50%。

（13）常压塔塔釜液位LIC5021投自动，设定值为50%。

三、停车操作

1. 预塔停车

（1）手动逐步关小进料阀VA5001，使进料降至正常进料量的70%。

（2）关闭碱液阀VD5133。

（3）断开LIC5001和FIC5002的串级，手动开大FV5002，使液位LIC5001降至30%。

（4）停预塔进料，关闭调节阀VA5001。

（5）停预塔加热蒸汽，关闭阀门FV5005。

（6）停泵P-503A。

（7）手动关闭FV5002。

（8）打开塔釜泄液阀VA5012，排出不合格产品。

（9）关闭脱盐水阀门VA5005。

（10）断开LIC5005和FIC5004的串级，手动开大FV5004，将回流罐内液体全部打入精馏塔，以降低塔内温度。

（11）当回流罐液位降至5%以下，停回流，关闭调节阀FV5004。

（12）停泵P-502A。

（13）当塔压降至常压后，关闭FV5003。

（14）预塔温度降至30℃左右时，关冷凝器冷凝水。

（15）关VA5008。

（16）当塔釜液位降至0%，关闭泄液阀VA5012。

2. 加压塔停车

（1）关闭加压塔采出精甲醇阀VA5052，打开VA5053改去粗甲醇储槽。

（2）尽量通过LV5014排出回流罐中的液体产品，至回流罐液位LIC5014在20%左右，手动关闭LV5014。

（3）关闭阀门FV5014，停加压塔再沸器的加热蒸汽。

（4）断开LIC5011和FIC5007串级，手动关闭FV5007，停止产品采出。

（5）打开塔釜泄液阀VA5023，排不合格产品，并控制塔釜降低液位。

（6）停进料和再沸器后，手动开大FV5013，回流罐中的液体全部通过回流泵打入塔，以降低塔内温度。

（7）当回流罐液位降至5%以下，停回流，关闭调节阀FV5013，停泵P-504A。

（8）当塔釜液位降至5%，开大PV5007进行降压，当塔压降至常压后，关闭PV5007。

（9）当加压塔温度降至30℃左右时，关冷凝器冷凝水。关闭VA5021，当塔釜液位降至0时，关闭泄液阀VA5023。

3. 常压塔停车

（1）关闭精甲醇采出阀VA5054。

（2）打开粗甲醇阀VA5055。

（3）手动开大FV5024，使液位LIC5024降至20%。

（4）手动开大FV5021，使液位LIC5021降至30%。

（5）手动关闭FV5024。

（6）停泵P-506A。

（7）手动关闭FV5021。

（8）打开塔釜泄液阀VA5035，排出不合格产品。

（9）手动开大FV5022，将回流罐内液体全部打入精馏塔，以降低塔内温度。

（10）当回流罐液位降至5%以下，停回流，关闭调节阀FV5022。

（11）停泵P-505A。

（12）当塔压降至常压后，关闭HV5001。

（13）常压塔温度降至30℃左右时，关冷凝器冷凝水。

（14）关VA5026。

（15）关VA5033。

（16）当塔釜液位降至0后，关闭泄液阀VA5035。

（17）关闭阀VA5051。

第五节　仿真界面

1. 预塔T-501 DCS图

预塔T-501 DCS图见图7-29。

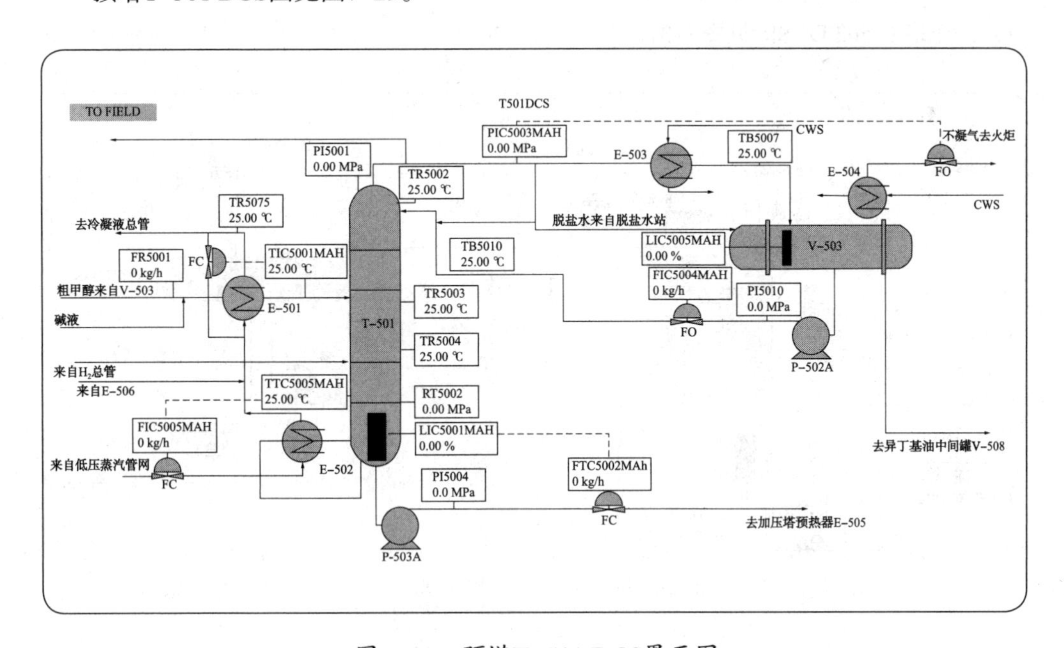

图7-29　预塔T-501 DCS界面图

2. 预塔T-501现场图

预塔T-501现场图见图7-30。

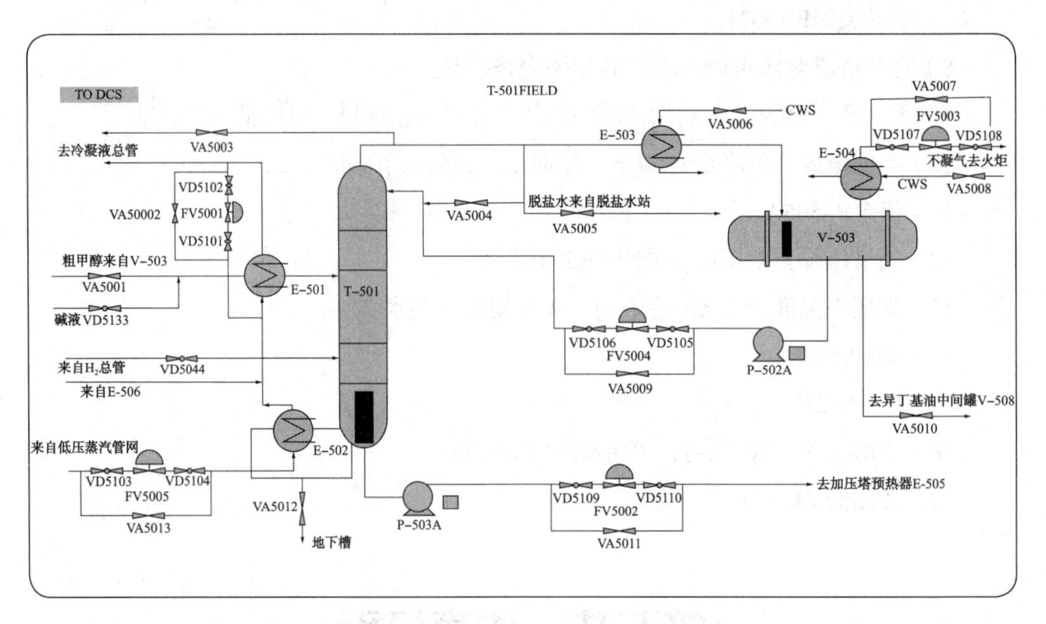

图7-30 预塔T-501现场界面图

3. 加压塔T-502 DCS图

加压塔T-502 DCS图见图7-31。

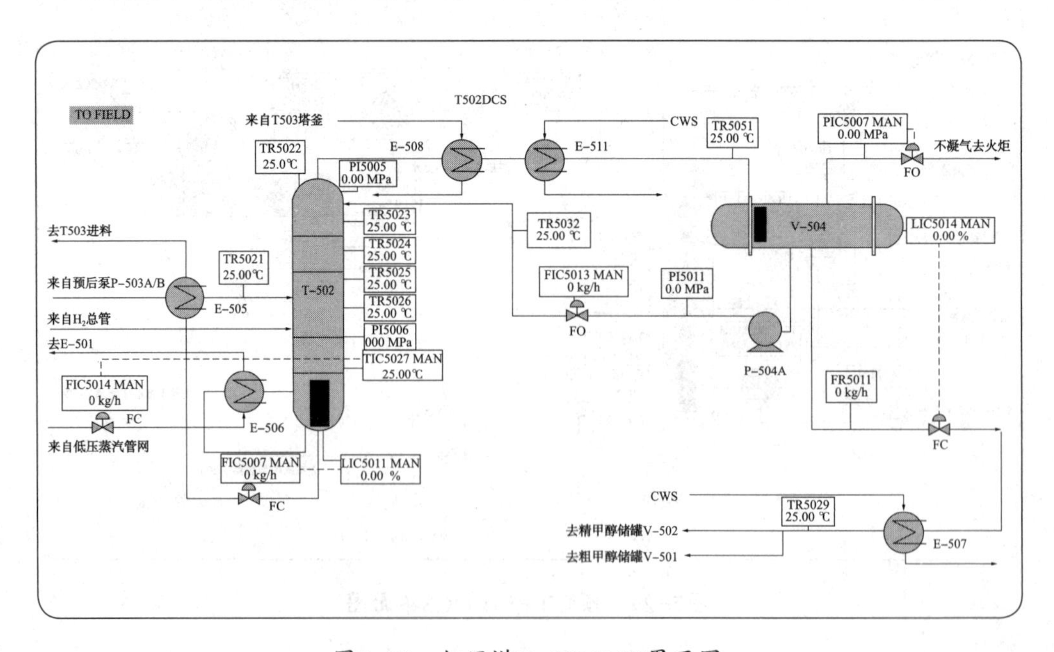

图7-31 加压塔T-502 DCS界面图

4. 加压塔T-502现场图

加压塔T-502现场图见图7-32。

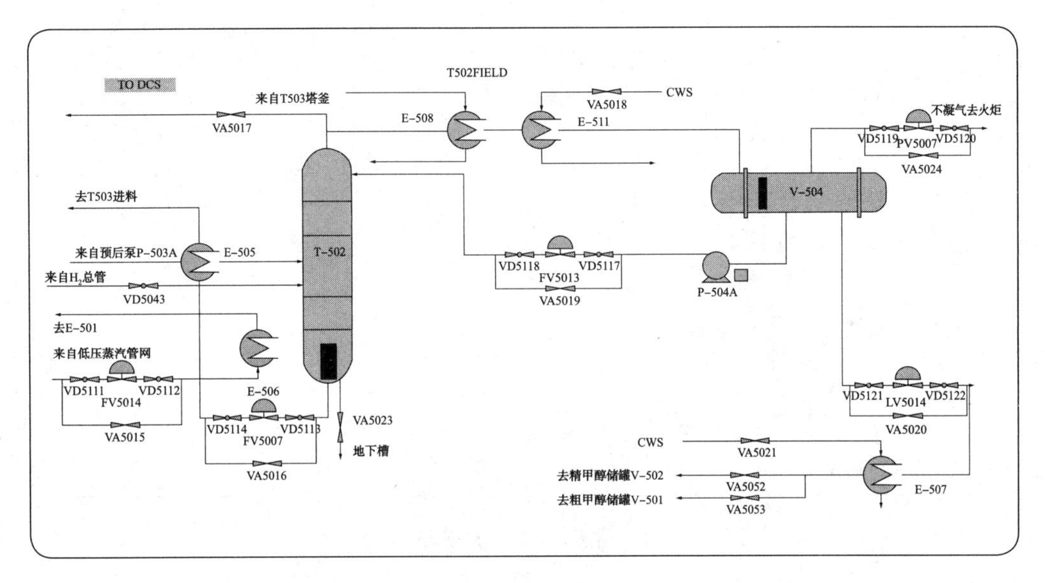

图7-32　加压塔T-502现场界面图

5. 常压塔T-503 DCS图

常压塔T-503 DCS图见图7-33。

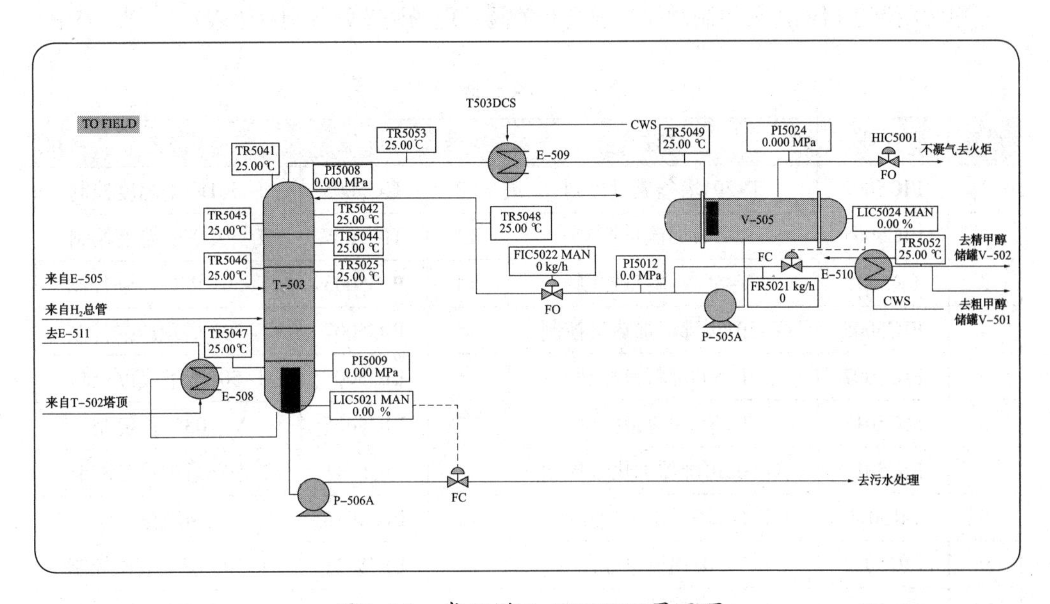

图7-33　常压塔T-503 DCS界面图

6. 常压塔T-503现场图

常压塔T-503现场图见图7-34。

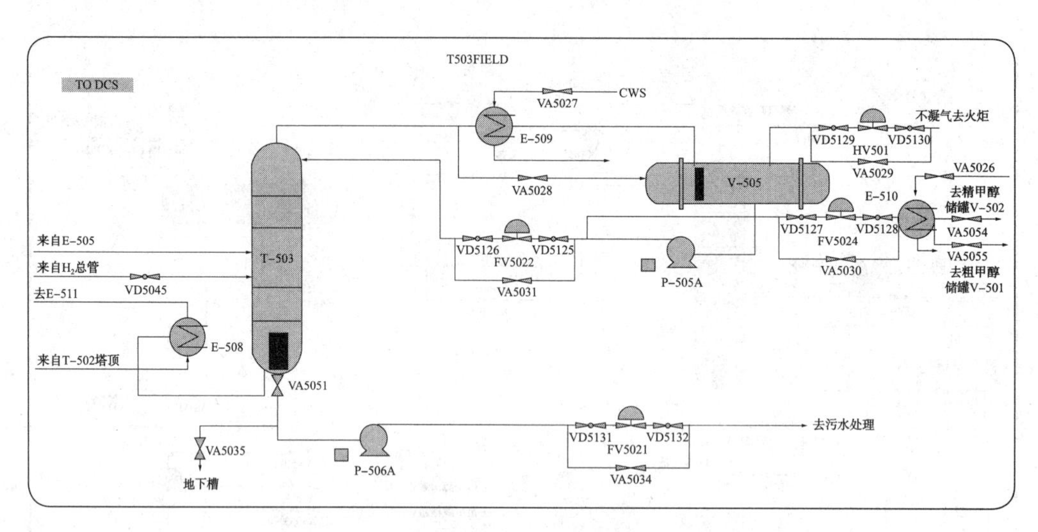

图7-34　常压塔T-503现场界面图

第六节　主要阀门与仪表

一、主要阀门

甲醇精制工段的主要控制阀门、现场开关阀及现场调节阀分别示于表7-3～表7-5中。

表7-3　控制阀门

序号	位号	备注	序号	位号	备注
1	FIC5002	T-501塔釜流量控制	12	TIC5005	T-501塔釜温度控制
2	FIC5004	T-501回流量控制	13	TIC5027	T-502塔底温度控制
3	FR5001	T-501进料量控制	14	PIC5003	T-501 塔顶压强控制
4	FIC5005	T-501再沸器加热量控制	15	PIC5007	T-502 塔顶压强控制
5	FIC5007	T-503进料量控制	16	LIC5001	T-501塔釜液位控制
6	FIC5013	T-502回流量控制	17	LIC5005	V-503液位控制
7	FIC5014	T-502再沸器加热量控制	18	LIC5011	T-502 塔釜液位控制
8	FR5011	T-502塔顶采出量控制	19	LIC5014	V-504液位控制
9	FIC5022	T-503回流量控制	20	LIC5021	T-503 塔釜液位控制
10	FR5021	T-503塔顶采出量控制	21	LIC5024	V-505液位控制
11	TIC5001	T-501 进料温度控制			

表7-4　现场开关阀

序号	位号	说明	序号	位号	说明
1	VD5101	E-501冷凝液出口旁路控制阀前阀	17	VD5119	V-504不凝气控制前阀
2	VD5102	E-501冷凝液出口旁路控制阀后阀	18	VD5120	V-504不凝气控制后阀
3	VD5103	E-502低压蒸汽控制阀前阀	19	VD5121	V-504粗甲醇流量控制前阀
4	VD5104	E-502低压蒸汽控制阀后阀	20	VD5122	V-504粗甲醇流量控制后阀
5	VD5105	T-501回流液控制阀前阀	21	VD5125	T-503回流液控制阀前阀
6	VD5106	T-501回流液控制阀后阀	22	VD5126	T-503回流液控制阀后阀
7	VD5107	V-503不凝气控制前阀	23	VD5127	V-505粗甲醇流量控制前阀
8	VD5108	V-503不凝气控制后阀	24	VD5128	V-505粗甲醇流量控制后阀
9	VD5109	T-501塔釜排液控制阀前阀	25	VD5129	V-505不凝气控制前阀
10	VD5110	T-501塔釜排液控制阀后阀	26	VD5130	V-505不凝气控制后阀
11	VD5111	E-506低压蒸汽控制前阀	27	VD5044	T-501的氮气阀
12	VD5112	E-506低压蒸汽控制后阀	28	VD5043	T-502的氮气阀
13	VD5113	T-502塔釜排液控制阀前阀	29	VD5045	T-503的氮气阀
14	VD5114	T-502塔釜排液控制阀后阀	30	VD5131	FV5021前阀
15	VD5117	T-502回流液控制阀前阀	31	VD5132	FV5021后阀
16	VD5118	T-502回流液控制阀后阀	32	VD5133	碱液进口阀

表7-5　现场调节阀

序号	位号	说明	序号	位号	说明
1	VA5001	粗甲醇进料阀	14	VA5015	FV5014旁路阀
2	VA5002	FV5001旁路阀	15	VA5016	FV5007旁路阀
3	VA5003	T-501塔顶阀	16	VA5017	T-502塔顶阀
4	VA5004	脱盐水旁路阀	17	VA5018	E-511冷凝水阀
5	VA5005	脱盐水阀	18	VA5019	FV5013旁路阀
6	VA5006	E-503冷凝水阀	19	VA5020	LV5014旁路阀
7	VA5007	FV5003旁路阀	20	VA5021	E-507冷凝水阀
8	VA5008	V-503不凝气冷凝水阀	21	VA5023	T-502塔釜排液阀
9	VA5009	FV5004旁路阀	22	VA5024	PV5007旁路阀
10	VA5010	T-501塔顶采出异丁基油阀	23	VA5026	E-510冷凝水阀
11	VA5011	FV5002旁路阀	24	VA5027	E-509冷凝水阀
12	VA5012	T-501塔釜排液阀	25	VA5028	T-503塔顶产品阀
13	VA5013	FV5005旁路阀	26	VA5029	HV5001旁路阀

续表

序号	位号	说明	序号	位号	说明
27	VA5030	FV5024旁路阀	32	VA5052	T-502塔顶精产品阀
28	VA5031	FV5022旁路阀	33	VA5053	T-502塔顶粗产品阀
29	VA5034	FV5021旁路阀	34	VA5054	T-503塔顶精产品阀
30	VA5035	T-503塔釜排液阀	35	VA5055	T-503塔顶粗产品阀
31	VA5051	T-503塔釜阀			

二、主要仪表

甲醇精制工段的主要控制仪表和显示仪表分别示于表7-6、表7-7中。

表7-6　控制仪表

序号	位号	量程	正常值	单位	备注
1	FIC5002	0~55000	35176	kg/h	T-501塔釜流量
2	FIC5004	0~35000	16690	kg/h	T-501回流量
3	FR5001	0~50000	33201	kg/h	T-501进料量
4	FIC5005	0~16000	11200	kg/h	T-501再沸器加热量
5	FIC5007	0~33000	22747	kg/h	T-503进料量
6	FIC5013	0~50000	37413	kg/h	T-502回流量
7	FIC5014	0~40000	15000	kg/h	T-502再沸器加热量
8	FR5011	0~20000	12430	kg/h	T-502塔顶采出量
9	FIC5022	0~58000	27621	kg/h	T-503回流量
10	FR5021	0~20000	13950	kg/h	T-503塔顶采出量
11	TIC5001	0~150	72.0	℃	T-501 进料温度
12	TIC5005	0~150	77.4	℃	T-501塔釜温度
13	TIC5027	0~200	134.8	℃	T-502塔底温度
14	PIC5003	0~0.05	0.03	MPa	T-501 塔顶压强
15	PIC5007	0~1.2	0.65	MPa	T-502 塔顶压强
16	LIC5001	0~100	50	%	T-501塔釜液位
17	LIC5005	0~100	50	%	V-503液位
18	LIC5011	0~100	50	%	T-502 塔釜液位
19	LIC5014	0~100	50	%	V-504液位
20	LIC5021	0~100	50	%	T-503 塔釜液位
21	LIC5024	0~100	50	%	V-505液位

表7-7　显示仪表

序号	位号	量程	正常值	单位	备注
1	TR5075	0～150	95.0	℃	E-501热流体侧出口温度
2	TR5002	0～150	73.9	℃	T-501塔顶温度
3	TR5003	0～150	75.5	℃	T-501提馏段上部蒸汽温度
4	TR5004	0～100	76.0	℃	T-501提馏段中部蒸汽温度
5	TR5005	0～150	77.4	℃	T-501塔釜温度
6	TR5007	0～150	70.0	℃	E-503出料温度
7	TR5010	0～150	68.2	℃	T-501回流液温度
8	TR5021	0～200	116.2	℃	T-502进料温度
9	TR5022	0～200	128.1	℃	T-502塔顶温度
10	TR5023	0～200	128.2	℃	T-502精馏段上部蒸汽温度
11	TR5024	0～200	128.4	℃	T-502精馏段中部蒸汽温度
12	TR5025	0～200	128.6	℃	T-502精馏段下部蒸汽温度
13	TR5026	0～200	132.0	℃	T-502提馏段上部蒸汽温度
14	TR5051	0～200	127.0	℃	E-513热流体侧出口温度
15	TR5032	0～200	125.0	℃	T-502回流液温度
16	TR5029	0～100	40.0	℃	E-507热流体侧出口温度
17	TR5041	0～150	66.6	℃	T-503塔顶温度
18	TR5042	0～150	67.0	℃	T-503精馏段上部蒸汽温度
19	TR5043	0～150	67.7	℃	T-503精馏段中部蒸汽温度
20	TR5044	0～150	68.3	℃	T-503精馏段中部蒸汽温度
21	TR5045	0～150	69.1	℃	T-503精馏段中部蒸汽温度
22	TR5046	0～150	73.3	℃	T-503精馏段下部蒸汽温度
23	TR5047	0～200	107.0	℃	T-503塔釜温度
24	TR5048	0～100	50.0	℃	T-503回流液温度
25	TR5049	0～100	52.0	℃	E-509热流体侧出口温度
26	TR5052	0～100	40.0	℃	E-510热流体侧出口温度
27	TR5053	0～150	66.6	℃	E-509入口温度
28	PI5001	0～0.05	0.030	MPa	T-501塔顶压强
29	PI5002	0～0.05	0.038	MPa	T-501塔釜压强
30	PI5004	0～2.5	1.27	MPa	P-503A出口压强
31	PI5010	0～0.8	0.49	MPa	P-502A出口压强
32	PI5005	0～1.2	0.70	MPa	T-502塔顶压强
33	PI5011	0～2.5	1.18	MPa	P-504A出口压强

续表

序号	位号	量程	正常值	单位	备注
34	PI5006	0 ~ 1.2	0.71	MPa	T-502塔釜压强
35	PI5008	0 ~ 0.05	0.01	MPa	T-503塔顶压强
36	PI5024	0 ~ 0.04	0.01	MPa	V-505平衡管线压强
37	PI5012	0 ~ 1.2	0.64	MPa	P-505A出口压强
38	PI5009	0 ~ 0.05	0.03	MPa	T-503塔釜压强

思考题

1. 甲醇精制工段的目的是什么？
2. 简述精馏的分离原理。
3. 简述甲醇精制工段工艺流程，并说明有何特点。
4. 简述板式塔内气液流动方式及塔板的主要类型和特点。
5. 试分析T-501塔釜液位的影响因素。
6. 操作时，若预塔回流罐V-503液位持续下降，可采取哪些措施？
7. 操作时，若某个参数已设置自动，但发现难以维持稳定时该如何处理？
8. 通过甲醇精制工段操作，试总结回流罐和塔釜液位的控制规律。
9. 粗甲醇精馏时为何需要补加碱液？
10. 精馏中的回流有何作用？
11. 在3D工厂中找到预塔回流罐、预塔再沸器、预塔冷凝器、精甲醇储罐。
12. 通过流程梳理，找到粗甲醇预热、进入预塔的管路。

参考文献

[1] 王训遒，宁卓远，高健．煤制甲醇半实物仿真实训教程[M]．北京：中国石化出版社，2015.

[2] David A.Bell．煤气化及其应用（导读版）[M]．北京：科学出版社，2011.

[3] 彭建喜．煤气化制甲醇技术[M]．北京：化学工业出版社，2010.

[4] 侯侠，王建强．煤化工生产技术[M]．北京：中国石化出版社，2012.

[5] 张子锋，张凡军．甲醇生产技术[M]．北京：化学工业出版社，2008.

[6] 谢冰，张勇．德士古水煤浆加压气化的几个重要影响因素[J]．内蒙古石油化工，2014，(5)：55-56.

[7] 陈莉．煤气化配套一氧化碳变换工艺技术的选择[J]．大氮肥，2013，36(3)：150-157.

[8] 杨瑞华，孙小红．浅谈Co-Mo系变换催化剂的工业应用[J]．化工进展，2012，31(S1)：186-189.

[9] 赵建军．甲醇生产工艺[M]．北京：化学工业出版社，2010.

[10] 付长亮，张爱民．现代煤化工生产技术[M]．北京：化学工业出版社，2009.

[11] 厉玉鸣．化工仪表及自动化[M]．5版．北京：化学工业出版社，2011.

[12] 陈敏恒，从德滋，方图南，等．化工原理[M]．3版．北京：化学工业出版社，2006.

[13] 冯元琦，李关云．甲醇生产操作问答[M]．2版．北京：化学工业出版社，2009.

[14] 房鼎业，朱炳辰，陈闽松．气体在甲醇中的溶解度[J]．煤化工，1990，18(3)：25，52-58.

[15] 马沛生，徐明．各种气体在甲醇中的溶解度[J]．天然气化工（C1化学与化工），1991，16(6)：45-55.

[16] 王显炎．大型煤气化配套低温甲醇洗的优势[J]．化工设计，2008，18(5)：8-13.

[17] 陈常贵，柴诚敬，姚玉英．化工原理[M]．3版．天津：天津大学出版社，2010.

[18] 侯翠红，王训遒，陈卫航，等．煤气化与氯碱生产实习教程[M]．郑州：郑州大学出版社，2010.

[19] 朱连顺．甲醇合成塔结构合理设计[J]．化肥设计，2001，39(5)：11-13.

[20] 唐宏青．现代煤化工新技术[M]．北京：化学工业出版社，2009.

[21] 程鹏飞，杜瑜. 大型煤制甲醇的气化和合成工艺选择［J］. 化工设计通讯，2017，43（7）：10-10.

[22] 李季. 大型煤制甲醇的气化和合成工艺选择分析［J］. 化工管理，2019，（5）：100-101.

[23] 谢肥东. 煤制甲醇装置中CO变换工艺的优化与应用研究［J］. 化工设计，2019，57（5）：44-47.

[24] 陈峻贤，姬加良，谭金浪. 180万t/a煤制甲醇装置变换单元的瓶颈问题及对策［J］. 化工技术与开发，2019，48（10）：59-63.